최고들의
이상한
과학책

최고들의 이상한 과학책

초판 1쇄 인쇄 2020년 6월 9일
초판 2쇄 발행 2020년 11월 16일

지은이 신규진

펴낸이 이상순 **주간** 서인찬 **편집장** 박윤주 **제작이사** 이상광
기획편집 최은정 박월 김한솔 이주미 이세원 **디자인** 유영준 이민정
마케팅홍보 신희용 김경민 유희열 **경영지원** 고은정

펴낸곳 (주)도서출판 아름다운사람들
주소 (10881) 경기도 파주시 회동길 103
대표전화 (031) 8074-0082 팩스 (031) 955-1083
이메일· books777@naver.com 홈페이지 www.books114.net

생각의길은 (주)도서출판 아름다운사람들의 교양 브랜드입니다.

ⓒ인물 일러스트 신로아

ISBN 978-89-6513-607-1 03400

파본은 구입하신 서점에서 교환해 드립니다.

이 도서의 국립중앙도서관 출판예정도서목록(CIP)은 서지정보유통지원시스템 홈페이지(http://seoji.nl.go.kr)와
국가자료종합목록구축시스템(http://kolis-net.nl.go.kr)에서 이용하실 수 있습니다. (CIP제어번호 : CIP2020021705)

신규진 지음

최고들의 이상한 과학책

WONDER BOOK OF SCIENCE

원리와 법칙, 공식과 이론을 꿰뚫은
결정적 과학 28가지

생각의길

이 책은 몇 년 동안 학생의 자세로 즐겁게 배우고 열정적으로 탐구한 결과물입니다. 인류의 과학을 만들어 온 과학자들의 일생과 그들이 이룩한 과학적 발견에 대해 간결하지만 이해하기 쉽도록 서술하는 데 집중했습니다. 과학자가 무엇을 어떻게 발견했는지 그 과정과 원리의 이해에 초점을 두었고, 정확한 정보를 제공하기 위해 많은 원전 논문과 저서들을 섭렵하고 참고했습니다.

　각 장은 과학자의 일대기를 따라 이야기가 전개되지만, 일반적인 전기와는 달리 과학 개념과 원리에 대한 설명이 상세한 편입니다. 한정된 지면에 보다 많은 정보를 담기 위해서 각주를 활용하기도 했습니다. 각주의 내용은 본문을 보다 깊이 있게 이해하는 데 유용할 것입니다.

　이 책은 과학자의 삶과 과학적 발견에 대한 내용이 뼈대를 이루고 있지만, 이해력이 높은 독자들은 과학자들의 이야기 속에서 교육과 과학, 철학과 역사, 신념과 종교, 신분과 성(性, Gender)에 대한 인문학적인 통찰을 얻을 수도 있을 것입니다.

　예리한 독자는 책에 소개된 과학자 28인 중에 9명이 영국 출신이라는 것을 알아채고 '왜 영국인이 많을까?' 궁금해할 수도 있습니다. 그 이유를 사회문화적으로 조망하는 일은 저의 재량을 넘어서는 일입니다만, 과학자의 사료를 구하는 과정에서 영국이 역사와 인물을 중요하게 부각시키는 기록 시스템을 가지고 있다는 느낌을 받았습니다. 심지어 영국 출신이 아닌 유럽 과학자에 대한 기록에서도 영국이 보유한 자료가 더 상세한 경우가 많았습니다.

학술정보원과 문서보관서의 참고 도서를 열람하며 자료와 각종 정보를 얻는 과정에서 적잖이 놀란 점도 있습니다. 옥스퍼드, 케임브리지, 하버드, 웁살라, 파도바 등 세계의 유수한 대학들은 자신들이 가진 정보를 낱낱이 공개하고 있었습니다. 고대 문서는 물론이고 학자들의 깨알 같은 자필 노트와 편지들까지. 그들이 운영하는 디지털 도서관의 자료를 얻는 데는 로그인조차 필요하지 않았습니다. 특히 미국 캘리포니아에 본부를 둔 인터넷 아카이브(archive.org)는 방대한 양의 문서를 무상으로 제공해 주어 정말 큰 도움이 되었습니다. 지면을 빌어 아카이브 설립자인 브루스터 케일(Mr. Brewster Lurton Kahle)과 직원들에게 감사를 표합니다.

우리나라도 고대 문서와 저작권 시효가 지난 근현대 문서들을 세계에 개방한다면, 우리 민족의 우수한 문화를 세계에 전파하고 인류의 학문 발전에 크게 기여하게 될 것입니다. 물론 정약용이 쓴 책을 누구나 볼 수 있도록 디지털화하는 작업들은 사회적 공감이 형성되고 여러 사람들의 협력과 노력이 뒤따라야 가능한 일입니다.

이 책은 학생과 일반인을 위한 대중서로서 마냥 쉽게만 쓴 책은 아닙니다. 수학식으로 설명해야만 하는 부분도 있고, 심지어 공대생들이 배우는 벡터방정식이 등장하기도 합니다. 그렇지만 수학을 잘 모른다고 성급하게 책장을 넘기지 않았으면 합니다. 피카소의 그림을 감상하듯이 수학식을 보는 것만으로도 과학 발전의 전체적인 흐름을 이해하는 데 큰 도움이 되기 때문입니다.

이 책은 완성되지 않은 책이기도 합니다. 역사와 기록은 발굴과 해석에 따라서 달라질 수 있고, 저술 과정에서 생긴 오해나 오류를 바로잡는 일도 필요하기 때문입니다. 고맙게도 이 책의 초고가 매거진 「톱클래스(topclass)」에 연재되는 동안 학계 지인들이 꾸준히 의견을 보내

왔습니다. 지인들이 '뉴턴'이냐 '뉴톤'이냐와 같은 표현 하나에도 신경을 써준 덕분에 글 쓰는 데 큰 도움이 되었습니다. "이거 이상한 책이야, 이야기 속에 이론이 있고, 이론 속에 이야기가 있어!" 대기과학자 조천호 박사의 말입니다. '이상한 과학책'이라는 제목은 여기서 비롯했습니다. 또한 과학자가 아닌 인문학, 교육학 교수들로부터 뜻밖의 감사인사를 받기도 했습니다. 역사와 교육 철학을 연구하고 가르치는 데 과학자 스토리가 큰 도움이 된다는 것이었습니다. 원전을 꼼꼼히 추적한 덕분이라는 생각이 듭니다.

끝으로, 독자의 이해를 돕기 위해 과학자의 성격과 정서, 건강 상태 등을 최대한 반영하여 과학자의 초상을 그려 준 신로아 작가에게 감사를 표합니다. 아울러 많은 독자로부터 사랑받는 책이 되기를 소망합니다.

2020년 6월
글쓴이

차례

2장

왜 힘들게 끓이고 졸이고 맛보며 연구했을까?

화학, 물질, 원소, 원자, 방사능

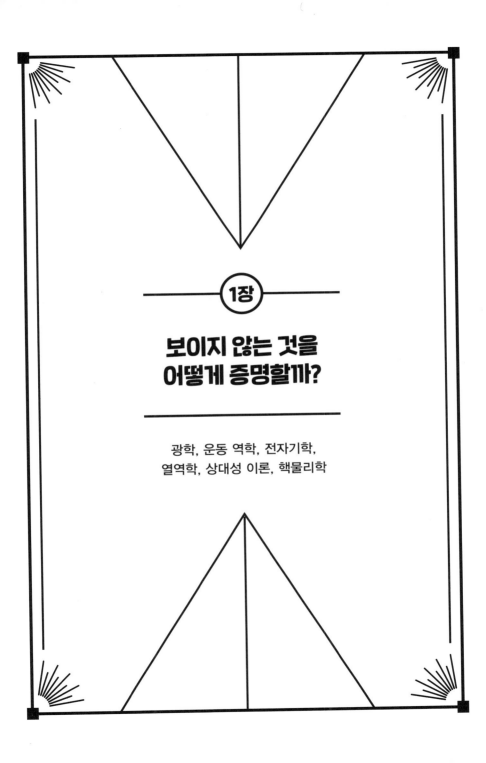

1장

보이지 않는 것을
어떻게 증명할까?

광학, 운동 역학, 전자기학,
열역학, 상대성 이론, 핵물리학

1

식초 속에서 뱀장어를 발견한
그의 초상화는 왜 사라졌을까?

로버트 훅

Robert Hooke (1635. 7. 18. ~ 1703. 3. 3.)

　　로버트 훅은 통찰력이 뛰어나고 다방면에 박식한 과학자요 발명가
였다. 현미경 제작, 세포 발견, 진공 실험, 망원경 제작, 기상학, 광학, 운
동 역학, 탄성의 법칙, 화석학, 인지심리학[1], 건축학 등등에서 뛰어난
역량을 발휘했고, 영국 왕립학회의 결성과 발전에도 중추적인 역할을

1.　**認知心理學**, cognitive psychology: 뇌의 정보처리 과정에 중점을 둔 심리학. 1682년 왕립학회 강
　　연에서 로버트 훅은 기억 부호화, 기억 용량, 검색, 망각 등의 개념을 제시한 것으로 알려져 있다.

했다. 그럼에도 불구하고 과학사에서 중요한 인물로 부각되지 않았으며, 심지어 왕립학회에 걸려 있었던 초상화마저 사라졌다.

영국 남해안의 와이트섬(Isle of Wight)에서 태어난 로버트 훅은 어린 시절 너무나 병약해서 일곱 살 무렵까지 분유와 같은 유동식을 주식으로 먹으면서 큰 것으로 전해진다. 지역 교회의 운영자였던 그의 아버지 존(John Hooke)은 아들을 교회에서 손수 가르쳤다. 훅은 허약한 소년이었지만 그림에 소질이 있었고 모형 만들기(나무를 깎아 시계 부속품을 만들거나 하는)에도 재능이 있었다. 십 대 초반에는 화가가 되기 위해 미술 과외 수업을 받았다. 그렇지만 열세 살이던 해에 아버지가 돌연 자살했기 때문에 훅은 도제[2] 수업을 받기 위해 화가 피터 레리(Sir Peter Lely, 1618~1680)와 함께 런던으로 보내졌다.

그러나 훅은 도제 수업을 포기하고 웨스트민스터(Westminster) 공립학교를 졸업한 후 16세에 옥스퍼드대학(University of Oxford)에 합격했다. 그는 가난한 고학생이었으므로 대학의 하인 계급으로 허드렛일을 하면서 천문학, 화학 등의 과목을 수강했다. 그렇지만 기계를 제작하고 장비를 다루는 솜씨가 뛰어났기 때문에 훅은 점차 옥스퍼드대학에서 유명해졌고, 로버트 보일(Robert Boyle, 1627~1691)의 눈에 띄어 조수로 발탁되었다.

로버트 보일은 거대한 영지를 보유했던 코크 백작(Earl of Cork,

---

2. 徒弟, Apprenticeship: 장인(匠人)과 상인(商人)의 직업 교육 제도. 12세기부터 시작된 영국의 도제는 14~21세의 청년기에 5~9년 동안 수업을 받는 것이 일반적인 과정이었다. 19세기에 들어서는 기술자, 미용사, 요리사, 배관공, 목수 등의 직업군에서 도제 수업을 마치면 대학 석사 수준의 인증을 부여하였다. 오늘날 도제는 영국을 비롯하여 독일, 프랑스, 스위스, 오스트리아, 체코, 터키, 미국, 캐나다, 오스트레일리아, 인도, 파키스탄, 리비아 등 여러 나라에서 법제화되어 운용되고 있다.

Richard Boyle)의 일곱 번째 아들로 '보이지 않는 대학(Invisible College)'이라는 이름의 과학 모임을 이끌고 있었다. 그는 과학 연구에 뜻을 가진 사람들을 모아 실험과 토론회를 자주 열었다. 훅은 그 모임에서 실험 기구를 제작하는 역할을 맡았다. 1660년 보일은 새로 즉위한 국왕 찰스 2세(Charles II)의 협조를 얻어 '자연 지식의 향상을 위한 런던 왕립학회[3]'를 결성했다. 훅은 왕립학회의 실험 관리자로 지명되었다.

그 무렵 이탈리아의 토리첼리(Evangelista Torricelli, 1608~1647)가 시험관에 수은을 채워 진공을 만드는 실험에 성공하였다.

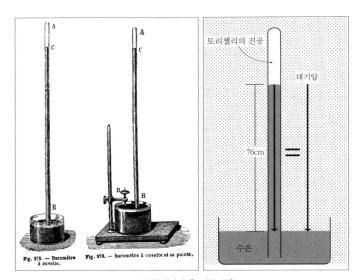

▎ 토리첼리의 수은 기둥 실험

---

3.   The Royal Society of London for the Improvement of Natural Knowledge: 1660년 로버트 보일의 주도로 창립한 지식인들의 모임으로 오늘날까지 영국 과학아카데미의 역할을 하고 있으며 근현대 과학 발전에 크게 기여했다.

수은(Mercury, 화학 기호 Hg)은 쇳물보다 두 배 정도 무겁고, 물보다는 13.6배나 무겁다. 토리첼리는 시험관에 수은을 가득 담고 수조에 거꾸로 세우면 수은이 일부 흘러나오다가 기둥의 높이가 76센티미터 되는 지점에 이르렀을 때 멈춘다는 사실을 알아냈다. 시험관은 외부와 단절되어 있으므로 내부에 생긴 빈 공간은 진공 상태라는 해석이 가능했다.

토리첼리의 진공 실험 소식을 들은 보일은 훅에게 진공 펌프를 만들 수 있는지 문의했고, 훅은 실험하기에 편리하고 독특한 진공 펌프를 만들었다.

보일이 쓴 책[4]에 의하면, 훅이 만든 진공 펌프는 대기압의 3퍼센트 수준으로 기압을 낮출 수 있는 장비였다. 보일과 훅은 진공 펌프를 이용하여 촛불과 화약을 이용한 연소 실험, 곤충이나 새를 넣고 상태를 관찰하는 실험, 시계를 넣어 똑딱 소리를 측정하는 실험, 종을 넣어 울림을 측정하는 실험, 액체의 기포나 연기를 관찰하는 실험 등을 수행했다. 그 결과 진공 속에서는 소리가 전달되지 않고, 촛불이 꺼지며, 벌레는 버둥거리

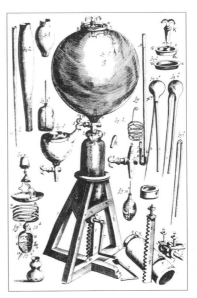

❙ Boyle with Robert Hooke
공기 펌프와 부품 해부도 ①

4. 『New Experimets Physico—Mechanical: Touching the Spring of the Air and their Effects』

다가 죽고, 참새나 종달새는 기절한다는 사실을 확인했다.

보일은 훅과의 진공 펌프 실험을 토대로 1662년 '온도가 같으면 기체의 부피는 압력에 반비례한다'는 보일의 법칙을 발표했다.

로버트 훅은 보일을 비롯한 여러 학자의 조수로 일한 경력이 인정되어 1663년에 석사 학위를 받았고, 1664년부터 그레샴(Gresham)대학에서 천문학 강좌를 진행하였다.

훅은 섬세한 솜씨로 현미경을 제작했다. 현미경의 경통을 비스듬하게 기울이고 접안렌즈 위에 깔때기 모양의 덮개를 부착하여 관찰의 편리성을 높였고, 램프의 불빛을 구형 물통에 비추도록 한 후 렌즈로 빛을 집중시켜 밝기가 일정한 상태로 볼 수 있도록 만들었다.

훅은 현미경으로 머리카락, 피부를 비롯하여 바늘, 면도칼, 섬유, 유

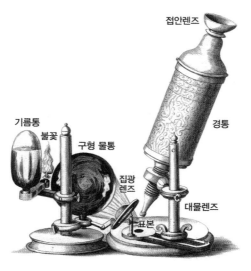

▌ 훅의 현미경②

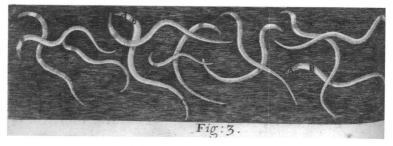

▌마이크로그라피아 관찰57. fig3. 뱀장어

리, 다이아몬드, 얼음, 눈의 결정, 오줌에 포함된 결석, 석탄 등의 무생물과, 푸른곰팡이, 쐐기풀, 해초, 제비꽃, 양귀비, 티미(Tyme), 쇠비름 등의 식물과, 파리, 누에알, 각다귀, 나방, 거미, 개미, 책벌레, 벼룩, 이, 진드기 따위의 곤충들을 관찰했다. 달팽이 이빨, 벌침, 공작의 깃털, 식초 속의 작은 뱀장어[5]와 같은 특이한 대상도 관찰했다.

　포도주 병마개로 쓰이는 코르크(Cork)를 얇게 잘라 관찰한 혹은 벌집처럼 보이는 조직의 모양에 '셀(Cell, 세포)'이라는 표현을 붙였다. 라틴어로 셀(Cella)은 본래 수도승들이 거주하는 다닥다닥 붙은 작은 방을 의미하는 말이었다. 혹이 명명한 '셀'은 19세기에 중반 세포이론[6]이 정립되면서 '생명체의 몸을 이루는 기본 단위'를 지칭하는 용어가 되었다.

5.　로버트 훅은 여러 가지 종류의 자연 식초에서 뱀장어처럼 보이는 아주 작은 생물을 발견하고 그 특성을 마이크로그라피아의 관찰57에 설명했다. 그는 그 작은 생물을 거름종이로 걸러서 꺼냈을 때 마치 뱀처럼 둥글게 말리는 형상을 보고 어쩌면 거머리일지도 모른다고 생각했다.

6.　cell theory: 세포가 생명체의 기본 단위이며, 생물의 몸은 세포로 이루어진다는 이론. 독일의 식물학자 슐라이덴(Matthias Jakob Schleiden, 1804~1881)의 식물 세포설(1838), 생리학자 슈반(Theodor Schwann, 1810~1882)의 동물 세포설(1939)에서 학문으로 발전했다. 사람의 몸은 약 60조 개의 세포로 이루어져 있는 것으로 추산되고 있다.

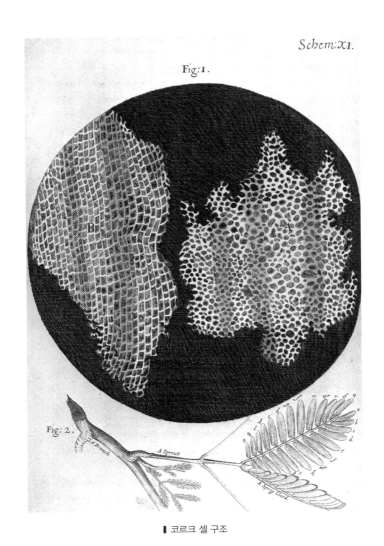

Schem:XI.

Fig:1.

Fig:2.

■ 코르크 셀 구조

훅은 현미경으로 관찰한 대상(2개는 망원경 관찰)을 섬세하게 스케치
하여 『마이크로그라피아^{Micrograpia}』(1665)에 싣고 자세한 설명과 이론을

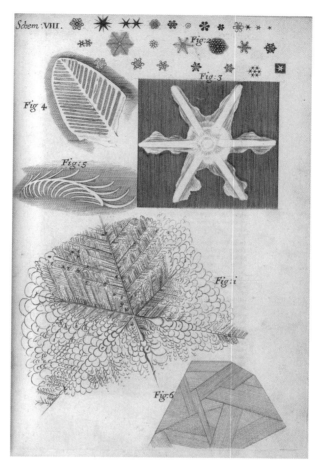

┃ 눈송이(fig. 3), 얇은 얼음(fig. 4), 대리석의 얼음(fig. 5),
오줌의 얼음 (fig. i), 약간 두꺼운 얼음(fig. 6)

전개했다. 빛과 색채, 온도와 열, 불꽃, 결정 구조, 모세관 현상, 곰팡이 부패 작용, 식물의 독성, 공기의 탄성도, 천문 관찰에 이르기까지 훅의 지식 전개는 방대했고 다채로웠다.

1665년, 그레샴대학은 훅을 정교수로 임명하고 거주할 집도 마련해 주었다. (훅은 그레샴대학이 제공한 집에서 여생을 보냈다.) 같은 해에 훅은 왕립학회의 실험 관리인으로 임명되어 매년 연금을 받을 수도 있게 되었다. 이 시기에 그는 공기의 성질, 연소, 비중, 낙하하는 물체의 성질, 기압과 날씨와의 관계를 연구하였고, 전보 방식을 개선하고 수중 작업용 도구인 잠수종을 개량하는 등 가장 왕성한 활동을 한 것으로 알려져 있다. 망원경 관측을 통해 목성의 대적점을 발견한 것도 같은 해였다.

1666년 9월 2일 새벽에 런던 대화재가 발생했다. 빵 공장에서 발생한 불이 런던 전역에 번졌고 5일 동안 87채의 교회와 1만 3천 채의 집이 불탄 것으로 집계된 엄청난 사건이었다. 로버트 훅은 런던 재건의

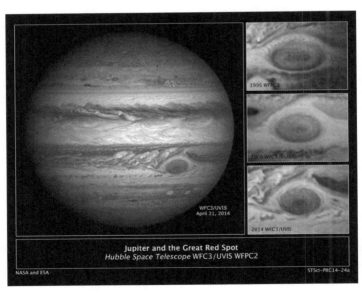

▌목성과 대적점(2014년 허블 망원경 촬영 사진)③

설계 및 감독관으로 임명되어 그리니치 천문대를 비롯하여 대학과 병원, 교회와 공연장, 추모비 등을 건설하는 일에 참여했다.

1672년에 빛의 회절에 관한 논문을 출판하였고, 1674년에는 최초의 그레고리안식 반사망원경을 제작하였다. 반사망원경은 오목거울을 이용해 빛을 모으고 이를 확대하여 보는 방식의 망원경으로 빛의 경로를 바꾸는 부거울(보조 거울)의 형태에 따라 뉴턴식, 그레고리안식, 카세그레인식으로 분류된다. 뉴턴식은 부거울이 평면이고, 그레고리안식은 타원형이며, 카세그레인식은 쌍곡면이다.

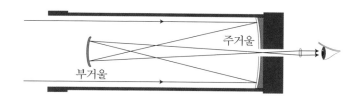

1674년에는 논문 「지구의 운동을 입증하려는 시도An Attempt to Prove the Motion of the Earth by Observations」를 발표했다. 훅은 논문에서 코페르니쿠스의 태양 중심설을 강력하게 옹호하면서 지구의 공전 증거가 되는 '별의 연주 시차(아리스타르코스 편 참조)'를 측정하지 못한 것은 천문학자들의 실수나 관측 기기의 결함 때문이라고 지적했다. 또한 태양이 환하게 빛나고 있는 한낮에 별을 관찰하는 놀라운 경험을 했는데, 별의 크기는 밤에 관찰한 것보다 3분의 2 수준으로 작게 보였으나 하얀 점으로 훨씬

또렷하게 보였다[7]면서 그 관찰 방법을 소개했다. 논문의 결론 부분에는 '물체는 그들의 중심을 향해 끌어당기는 힘이 존재한다'라는 내용의 가정을 짤막하게 언급했다.

1678년에는 '훅의 법칙'을 발견하였다. 훅의 법칙은 용수철처럼 탄성이 있는 물체가 외부 힘의 작용에 의해 늘어나거나 줄어들었을 때 원래의 상태로 돌아오려는 복원력(F)의 크기와 변형(x)의 관계를 나타내는 물리 법칙이다.

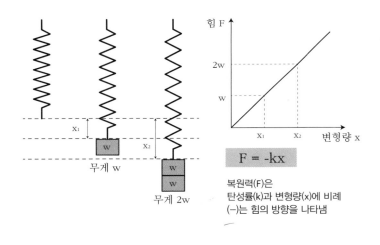

$$F = -kx$$

복원력(F)은
탄성률(k)과 변형량(x)에 비례
(−)는 힘의 방향을 나타냄

1677년 로버트 훅은 혜성을 관측한 논문 「코메타Cometa」를 발표하여 천체의 운동이 역학적 문제인 것을 밝혔고, 천체의 운동이 역제곱 법

---

7. 캄캄한 밤에는 우리 눈이 약한 빛도 감지할 수 있기 때문에 별빛이 일렁거리며 반짝이는 것처럼 보인다. 그러므로 별의 본 모습은 구형(●)이지만, 별 모양(★)에 가까운 느낌이 든다. 낮에 별이 보이는 경우에는 별 주변의 흐린 산란광을 우리 눈이 감지하지 못하므로 별이 작은 점(●)처럼 보인다.

칙[8]에 따른다는 사실을 언급한 것으로 알려져 있다.

1686년 아이작 뉴턴(Isaac Newton, 1643~1727)의 역작 『프린키피아』가 출판되고 중력 역제곱의 법칙에 관한 사실이 세상에 알려지기 시작했다. 이에 로버트 훅은 자신이 먼저 역제곱 법칙을 알아냈는데 뉴턴이 이를 가로채어 발표한 것이라며 노여워했다. 그러나 그의 주장은 부질없었다. 뉴턴의 『프린키피아』는 물리학의 바이블로 평가될 만한 놀라운 수준의 내용을 담고 있었다. 이러한 문제에 대해서 18세기 프랑스의 수학자 클레로(Alexis Clairaut, 1713~1765)는 '힐끗 본 것과 증명한 것의 차이'라고 논평했다.

훅은 결혼식을 올리지 않았지만, 조카인 그레이스를 사랑하여 부부로 살았다고 알려져 있다. 슬하에 자식은 없었다. 1687년 그레이스가 사망한 후에 그는 급격히 쇠약해졌다고 한다. 급기야 1702년에는 시력을 잃고 다리를 절게 되었으며 유언장도 없이 1703년에 삶을 마감했다. 그의 시신은 교회(St Helen's Church, Bishopsgate) 묘지에 안치되었다.

훅이 죽은 후 영국 왕립학회의 회장이 된 아이작 뉴턴은 학회 건물을 이전하는 과정에서 훅의 논문과 원고를 모조리 불태우고 걸려 있던 초상화[9]마저 없애 버린 것으로 과학사는 전한다. 두 사람은 젊은 학자 시절에 편지를 교환하면서 과학적 주제를 논의했었지만 서로의 주장이 엇갈릴 때가 많았고, 빛 이론에 대한 의견 대립과 중력 법칙에 대한 우선권 논쟁 등으로 서로를 무척 미워했다.

---

8. 逆제곱, inverse square law: 어떤 힘이나 세기가 거리의 제곱에 반비례하는 법칙을 말한다. 중력, 전기력, 빛의 세기 등은 역제곱 법칙에 따라 세기가 변한다.
9. 훅의 초상화는 17세기 증언 기록을 토대로 한 상상도만 있다.

로버트 훅이 세상을 떠나고 2년 후, 생전의 강의와 논문 내용을 토대로 엮은 『지질학 역사 *Lectures and Discourses of Earthquakes and Subterraneous Eruptions(History of geology)*』가 출판되었다.

그의 묘지는 19세기에 런던으로 이장된 후 현재는 그 위치를 아는 사람이 아무도 없다고 한다.

로버트 훅은 아이작 뉴턴의 그늘에 가려진 불운한 천재로 알려져 있다. 너무 많은 분야에 에너지를 분산시킨 탓에 2인자로 머물 수밖에 없었다는 평도 있다. 그러나 로버트 훅은 중세 과학의 암흑기에 근대 과학의 초석을 놓은 선구자였고, 과학철학자, 박물학자, 기술자, 공학자, 건축가, 예술가로 다방면에 걸쳐 많은 업적을 이루었다. 그럼에도 불구하고 자료가 충분하지 않아 그의 업적을 보다 상세히 소개할 수 없었다. 이에 전문가들의 후속 연구와 그에 대한 재평가가 이루어지기를 기대해 본다.

2

물리학을 설계한 천재는
왜 연금술과 신학에 빠졌을까?

아이작 뉴턴
Isaac Newton(1642. 12. 25. ~ 1727. 3. 20. *율리우스력[1] 적용)

아이작 뉴턴을 검색하면 'Sir Isaac Newton, PRS'라고 소개되어 있는 경우를 볼 수 있다. Sir(경)는 1705년 영국 여왕 앤(Anne)이 뉴턴의 공로를 치하하여 훈작사[2]를 수여함으로써 붙게 된 경칭이고, 이름 뒤의 PRS는 1703년 영국 왕립학회 의장(President of Royal Society)에 선출되면서 붙게 된 직함이다. 뉴턴은 죽을 때까지 24년 동안 왕립학회 의장[3]을 맡았다.

뉴턴은 질량, 속도, 힘, 운동, 중력 등 물리학 전체의 기틀이 되는 개념을 정의하고 수학적인 증명을 통해 법칙을 세웠다. 물리학 교과서에서 그의 이름을 빼면 책 껍데기만 남을지도 모른다. 그래서 그는 가장 위대한 물리학자(Physicist)로 불리지만, 동시에 미적분학[4]을 발명하고 많은 수학 법칙을 증명한 천재 수학자(Mathematician)였다. 또한 그는 거울을 이용한 최초의 반사 망원경을 만들었고, 케플러의 법칙과 천체들의 운동 궤도를 수학적으로 증명하고 예측한 위대한 천문학자(Astronomer)이기도 했다.

그렇지만 뉴턴을 전형적인 과학자(Scientist, 19세기에 만들어져 쓰이기 시작한 용어)로 한정할 수는 없다. 그는 신학자(Theologian)요 연금술사(Alchemist)이기도 했다. 수학과 과학 분야에서 그가 남긴 기록은 100만 단어로 추정되지만, 신학과 종교 분야에서는 140만 단어, 연금술 관련해서는 55만 단어의 글을 남긴 것으로 추정되고 있다.[④]

---

1. 율리우스력은(Julian calendar)은 1년을 365.25일로 설정한 역법으로, 로마의 집정관이었던 율리우스 카이사르(Julius Caesar)가 제정하여 기원전 45년부터 시행한 양력이다. 지구의 공전 주기는 약 365.2564일이므로 작은 오차가 누적되면서 율리우스력은 점차 계절과 맞지 않게 되었다. 이러한 작은 오차를 보정하고자 교황 그레고리오 13세(Papa Gregorio ⅩⅢ)는 1582년 그레고리역(Gregorian calendar)을 제정하여 공포하였다. 그레고리역의 시행 연도는 나라별로 달라서 영국의 경우 1752년부터 시행되었다. 이는 아이작 뉴턴이 사망한 후의 일이므로 그의 생몰 연월일을 율리우스력으로 표기하였다.
2. Knight Bachelor: 영국의 2등급 훈장에 준하는 서훈. 훈작사를 받은 경우에 남자는 Sir(경), 여자는 Dame(여사, 귀부인)라는 칭호가 붙으며, 준남작(Baronet) 지위가 인정된다.
3. 영국 왕립학회 의장의 임기는 19세기 후반부터 5년으로 정착되었지만, 그 이전에는 임기가 일정하지 않았다. 의장을 가장 오래 역임한 사람은 식물학자 조지프 뱅크스 준남작(Sir Joseph Banks, 1st Baronet Banks, 1743~1820)으로 41년(1778~1820) 동안 그 지위를 유지했다.
4. 미적분학의 발명에 관해서 영국의 뉴턴과 독일의 라이프니츠(Gottfried Wilhelm Leibniz, 1646~1716)의 우선권 논쟁이 있었지만, 후대의 학자들은 그들이 비슷한 시기에 각각 독자적으로 발명한 것으로 인정하는 편이다. 라이프니츠는 $\frac{dy}{dx}$ 의 형식으로 미분 기호를 썼고, 뉴턴은 방점을 사용하여 ẏ과 같은 형태로 표현했다.

▌ 뉴턴의 출생지 울즈소프 장원

　아이작 뉴턴에게 가장 어울리는 포괄적인 직함은 자연철학자(Natural Philosopher)가 아닐까 싶다. 하지만 국회의원으로 세금징수위원회 일을 했고, 화폐 개혁에 기여하고 조폐국장을 역임한 정부의 관료이기도 했으니 그의 인생 경력에 정치인(Politician)의 역할도 빼놓을 수 없다.

　아이작 뉴턴의 출생지는 영국 콜스터워스(Colsterworth)에 위치한 울즈소프 장원(Woolsthorpe manor)이다. 그는 생부가 죽고 3개월 뒤에 미숙아로 태어났다. 3년 후에는 어머니 해나(Hannah Ayscough)가 나이 많은 목사와 재혼하여 집을 떠나 버렸다. 뉴턴은 외가에 맡겨져 자랐다. 뉴턴이 열 살이 되었을 때, 계부가 71세의 나이로 사망하자 어머니 해나는 두 번째 남편과의 사이에서 낳은 세 명의 자식(아들1, 딸2)을 거느리고 울즈소프 장원으로 돌아왔다.

2년 후, 뉴턴은 15킬로미터 떨어져 있는 북쪽의 도시 그랜섬 (Grantham)의 무료 문법학교에 보내졌다. 뉴턴에게 학교생활은 즐거운 편이었다. 라틴어로 교육을 받았으며 풍차, 호롱등, 해시계를 제작하여 소년 발명가로 불렸다. 그런데 17세가 되기 전에 어머니가 그의 학업을 중단시키고 집으로 불러들였다. 공부는 그만두고 농장 일을 배우라는 것이었다. 뉴턴은 반항심에 시키는 일은 하지 않고 9개월 동안 농땡이를 피웠다. 다행이 그의 비범함을 알아본 외삼촌 윌리엄 목사가 어머니를 계속 설득하였고 학교장 스톡스 교장도 복학을 적극 권유하여 1660년 가을 학기에 뉴턴은 문법학교로 복학했다.

1661년, 뉴턴은 케임브리지대학 트리니티 칼리지[5]에 준급비생[6] 자격으로 입학했다.

뉴턴의 집이 가난했던 것은 아니었다. 그의 친부가 남긴 장원과 토지, 가축의 재산 규모는 보통 농민들보다 열 배나 많은 것이었고, 계부가 남긴 재산도 있었다. 그런데도 다른 학생들의 시중을 들어야 하는 준급비생으로 입학한 것은 뉴턴의 어머니가 학비를 아까워했기 때문이었다. 뉴턴이 남긴 기록에 의하면 어머니의 수입은 연간 700파운드 정도였는데, 맏아들인 그에게 1년에 10파운드 이하의 용돈만 주었다고 한다.

---

5. Trinity college: 1209년 설립된 케임브리지대학은 수십 개의 칼리지로 구성되어 있다. 트리니티 칼리지는 1546년 헨리 8세에 의해 설립되어 현재까지 33명의 노벨상 수상자를 배출한 것으로 알려져 있다.

6. 급비생(Sizar)은 학장이나 평의원의 시중을 들고, 특별자비생(기부금을 많이 낸 학생)이나 자비생(학비를 전액 내는 학생)들이 하지 않는 청소와 허드렛일을 하며 남은 음식으로 식사를 했다. 준급비생(Subsizar)은 급비생과 같은 처지이지만 자신의 식대를 납부한다는 점에서만 다르다. (Richard S. Westfall, 2016, 『Never at Rest A Biography of Isaac Newton』 알마출판사)

뉴턴이 19세에 작성한 '내가 지은 죄 고백록' 중에는 '설교를 잘 안 듣고 저질렀다, 어머니 지시를 차단하고 거부했다, 어머니와 계부 스미스와 그들의 집을 불태우겠다고 위협했다, 죽음을 희망하고 원했다'와 같은 내용이 적혀 있다. 당시 그는 나이 많은 급비생의 처지에 친구도 거의 없는 외톨이로 고독감을 많이 느꼈던 것 같다. 그렇지만 뉴턴은 독학으로 수학식 $(a+b)^n$의 답을 쉽게 구할 수 있는 이항정리를 알아내어 교수들의 주목을 받았고, 특별장학생에 선발(1664)되어 식비와 의복비를 포함한 약간의 급료도 받을 수 있게 되었다. 그리고 이 무렵에 유율법(流率法, Method of Fluxions: 흐름에 대한 방법, 미적분법)을 만들기 시작했다.

1665년 여름부터 1666년 말엽까지 흑사병(黑死病, Black Death, 페스트)이 창궐하여 런던 시민 10만 명(당시 런던 인구의 25퍼센트) 정도가 목숨을 잃는 대참사가 일어났다. 대학은 문을 닫았고, 뉴턴은 고향인 울즈소프로 몸을 피했다. 18개월 동안 시골에 머무르며 사색과 탐구의 시간을 가진 뉴턴은 장차 과학 업적의 토대가 되는 많은 생각들을 이 시기에 정리했다. 급수, 이항식, 유율법(미분법), 유율의 역관계(적분법), 색채론, 중력…. (어린이 책에 곧잘 소개되는 뉴턴의 사과나무는 이 시절을 배경으로 한 이야기다.)

흑사병이 진정되자 케임브리지대학으로 돌아온 뉴턴은 석사 학위(1668)를 받은 후 케임브리지대학 평의원이 되었다.

뉴턴은 세상이 빨갛거나 파랗게 보일 때까지 뚫어지게 태양을 쳐다보거나, 뜨개바늘을 자신의 눈 밑으로 찔러 넣어 안구를 찌그러뜨리는 위험한 실험도 하면서 광학 연구에 집중했다.

그의 집요한 탐구 정신은 놀라운 발명품을 개발하는 성과로 이어졌다. 1668년 뉴턴은 오목 거울로 빛을 집광시켜서 볼 수 있는 최초의 반사 망원경을 제작했다.

1669년에는 케임브리지 루카스좌 수학 교수(Lucasian Chair of Lucy)로 발탁되었다. 루카스 강좌는 아이작 배로(Isaac Barrow, 1630~1677) 교수가 맡고 있었으나 뉴턴의 뛰어난 재능을 보고 자리를 물려준 것이었다.

▌ 뜨개바늘로 안구를 찌그러뜨려서 눈에 나타나는 밝고 어두운 서클 무늬를 관찰함

1671년 런던 왕립학회가 뉴턴에게 망원경 실물 전시를 요청했다. 그는 두 번째 망원경을 새로 제작하여 왕립학회에 보냈다. 그의 반사 망원경은 왕립학회를 흥분시킬 정도로 인기를 끌었고, 이듬해 1월 11일 뉴턴은 만장일치로 회원에 선출되었다.

뉴턴은 왕립학회에 색채론(Of Colors) 논문과 반사 망원경에 대한 설명서도 보냈다. 그의 논문이 왕립학회 회보에 게재되자 뉴턴은 유명해지기 시작했다. 그의 색채론은 프리즘에 빛을 쏘아 무지개 색으로 분리시켰다가 볼록렌즈로 다시 빛을 모아 흰색의 빛을 합성하거나, 여러 개의 프리즘으로 분산된 빛을 겹쳐서 흰색의 빛을 만드는 관찰 실험을 통해 얻어진 것이었다.

다수의 학자들은 뉴턴의 색채론을 호평했지만, 로버트 훅은 예외였

▌ 1671년 뉴턴이 왕립학회에 보낸 반사 망원경

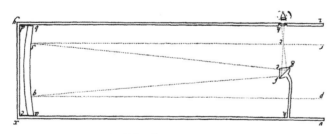

▌ 뉴턴의 『광학』(1704)에 실린 반사 망원경 원리도
입사한 빛이 큰 오목거울(주경)에 반사된 후 작은 평면거울(부경)에서
90도 방향으로 꺾여 관측자의 눈에 들어오므로 관찰이 편리하다.
볼록렌즈로 빛을 모으는 굴절 망원경에 비해 가볍고,
경통의 길이를 짧게 만들 수 있으며, 광선의 색깔마다 굴절률이 달라 생기는
색수차가 없는 장점이 있다.

다. 그는 뉴턴의 빛 입자설을 신랄하게 비판했고, 색채론 실험에 문제가 있다는 내용의 편지를 보냈다. 그러나 거부감을 느낀 뉴턴은 훅의 공[7]을 인정하지 않았고 오히려 그가 모욕감을 느낄 만한 답신[8]을 보냈다.

뉴턴은 유명세를 타면서 생기는 피곤한 일들을 참다 못해 「나는 회원임을 명예롭게 생각하지만, 아직까지 다른 사람들에게 별 도움이 못 되는 것 같고, 학회까지 거리[9]도 멀어서 별 이점도 없으니 탈퇴하

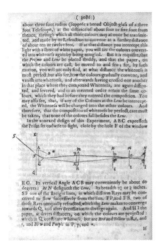
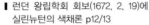

▌ 런던 왕립학회 회보(1672. 2. 19)에
실린 뉴턴의 색채론 p12/13

▌ 1664~1696년 기간에 작성한 뉴턴의 노트
Of Colors의 p12 이미지

---

7. 훅은 그의 책 『마이크로피아(*Micrographia*)』(1665)에서 빛은 몸체가 없고(no luminous body) 움직임만 있는 파동(pulse)이라는 의견을 명백히 밝혔으며, 운모 유리를 비롯한 박막에서 일어나는 광선의 굴절과 반사를 비롯한 다양한 광학적 현상에 대한 설명을 실은 바 있다.
8. 회보에 게재될 글을 쓸 때에는 특정인의 이름을 거명하지 말아 달라는 간사 올덴부르크의 부탁을 거부하고, 오히려 훅이라는 이름을 25회 이상 반복적인 후렴구처럼 넣어 답변서를 보냈다. (Westfall, "Reply Hooke")
9. 뉴턴이 있는 케임브리지와 왕립학회가 있는 런던의 직선거리는 약 80킬로미터 정도다.

고 싶습니다.」라는 내용의 편지 (1673. 3. 8)를 왕립학회로 보냈다. 이에 간사였던 올덴부르크(Henry Oldenburg, 1619~1677)는 4개월분 회비를 면제시켜 주면서 그를 달랬다고 전해진다.

■ 뉴턴의 연금술 노트
Three apparently unrelated fragments
(early-mid 1670s), p13

결국 왕립학회를 탈퇴하지는 않았지만, 뉴턴은 서른 살 이후 십여 년이 넘도록 학회 모임에 참석하지 않았다. 그러고는 연금술(錬金術)과 신학(神學)에 심취했다.

마법과 주술, 신비주의로 상징되는 연금술(alchemy)의 뿌리는 고대 이집트에서 비롯된 것으로 알려져 있다. 뉴턴은 선대의 연금술 책들을 섭렵하며 요약하고, 현자의 돌(philosopher's stone)을 상징하는 도형을 그리기도 했다. 현

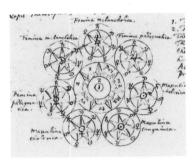

■ 현자의 돌 스케치

자의 돌은 값싼 금속을 귀금속으로 바꿀 수 있고, 미지의 힘으로 정신과 육체를 통합하여 젊음을 유지할 수 있다는 전설의 물질이었다. 그는 수은, 유황 등을 이용하여 다양한 연금술 실험을 하였고, 보일(Robert Boyle, 1627~1691)과 서신으로 의견을 나누었으며, 상당한 분량의 기록물을 남겼다.

☉ 금(태양)	▽ 물	♃ 주석(목성)	⧓ 질산
☿ 수은(수성)	☐ 오줌	♄ 납(토성)	♈ 왕수
♀ 구리(금성)	⚯ 기름	♆ 비스무트(해왕성)	⊕ 황산염
☷ 안티몬(지구)	⊖ 소금	♧ 황	✚ 도가니
♂ 철(화성)	✠ 식초		

뉴턴의 신학 연구는 1670년 이후 평생에 걸친 작업의 하나였다. 그는 그리스도론을 요약정리하고, 교회사와 성경 계시록을 연구했다. 그가 작성한 신학 관련 기록물의 양은 연금술보다 더 많은 것으로 파악된다. 히브리어로 된 성서를 독해하여 솔로몬 신전의 도면을 그리기도

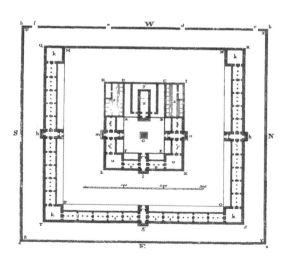

■ 솔로몬 사원의 묘사도(A Description of the Temple of Solomon)
『수정된 고대 왕국의 연대기』 삽입 그림

했다. 그는 건축물의 기하학 속에 상징적이고 수학적인 지혜의 코드가 숨겨져 있다고 생각했다. 신전의 도해는 『수정된 고대 왕국 연대기 *The Chronology of Ancient Kingdoms Amended*』에 실렸고 사회적으로 큰 관심을 끌었다.

1684년 1월 런던 왕립학회 3대 의장인 렌(Sir Cristopher Wren, PRS, 1632~1723), 올덴부르크가 죽은 후 간사가 된 훅(Hooke), 회원인 핼리[10]가 중력 역제곱 법칙에 관해 논의했지만 명쾌한 답을 얻지 못했다. 답답했던 핼리는 8월에 케임브리지를 방문하여 뉴턴에게 중력 법칙에 대해 자문을 구했다. 뉴턴은 그 문제에 대해서 이미 오래전에 계산한 바 있다면서 "중력 역제곱에 따르는 태양계 천체들의 궤도는 타원을 그리게 된다."라고 즉답하여 핼리를 깜짝 놀라게 했다. 뉴턴은 옛날 원고를 뒤적였으나 찾을 수가 없었으므로 다시 계산해서 보내 주겠다고 핼리에게 약속했다. 그해 11월 뉴턴은 약조한 대로 「물체의 궤도 운동에 관하여 *De motu corporum in gyrum*」(1684)라는 제목의 소논문을 핼리에게 보내 행성들이 타원 궤도를 그리게 되는 원리와 케플러 법칙을 수학적으로 증명했다.

아이작 뉴턴은 핼리가 다녀간 이듬해 여름부터 『자연 철학의 수학적 원리 *Philosophiæ Naturalis Principia Mathematica*』, 줄임말로 『프린키피아 *Principia*』를 쓰기 시작했다.

소제목의 개수만 809개로 집계되는 『프린키피아』는 고전 역학의 거룩한 경전이라고 할 만하다.

---

10. Edmond Halley, 1656~1742: 핼리는 뉴턴의 후원자가 되어 훗날 『프린키피아』 출판 비용을 부담했고, 뉴턴의 법칙을 이용하여 핼리 혜성을 발견했다.

	정의	공리/법칙	명제		명제	따름법칙	가설	보조정리	규칙	사례	현상	실험	예제	연산	주석	일반주석	합계
			정리	문제													
1권	8	3	50	48	·	181	·	29	·	40	·	·	6	·	24	·	389
2권	1	·	41	12	·	147	1	7	8	42	·	14	4	·	16	1	294
3권	·	·	20	22	2	45	2	11	4	2	6	·	1	3	7	1	126
합계	9	3	111	82	2	373	3	47	12	84	6	14	11	3	47	2	809

❙ 『프린키피아』의 내용 구성 집계표

프린키피아에서, 뉴턴은 관성력(*intertiae*), 구심력(*centripetal*), 중력(*gravitas*) 등 여러 가지 힘을 정의하고, 법칙, 규칙, 문제, 보조 정리, 사례, 현상, 실험, 예제, 연산, 주석 등으로 내용을 세분화하여 운동 역학 이론을 전개했다. 그 방대한 내용은 총 3권으로 나뉘어 편집되었다. 제1권은 '물체의 운동', 제2권은 '저항이 있는 공간에서의 물체의 운동', 제3권은 '수학적으로 본 세계의 체계'라는 부제를 달고 있다. 관성의 법칙, 힘과 가속도의 법칙, 작용 반작용의 법칙, 만유인력(중력)의 법칙, 유체의 운동 역학, 천체의 운동 법칙, 조석 현상…, 뉴턴이 기술한 내용과 증명들은 너무나 세세하고 치밀했다. (단, 제3권의 후반부에 담긴 조석 현상에 대한 내용은 조석력에 작용하는 힘을 제대로 파악하지 못하여 잘못된 해석과 결론에 도달했다.)

미적분법(유율법)을 개발했던 뉴턴은, 『프린키피아』에서는 주로 기하학적인 방식으로 수학적인 증명을 했다. 그에게는 미적분이 더 쉬웠을 테지만, 당시에 미적분법을 아는 사람이 없었기 때문이었다.

● **뉴턴의 제1법칙(관성의 법칙)**

외부로부터 힘이 작용하지 않으면 물체의 질량 중심은 일정한 속도로 움직인다.

● **뉴턴의 제2법칙(가속도의 법칙)**

물체의 운동량(P)의 시간(t)에 따른 변화율은 그 물체에 작용하는 힘(F)과 같다.

$$F = \frac{dP}{dt} = \frac{d(mv)}{dt} = m \frac{dv}{dt} = ma \quad \Rightarrow \quad \boxed{F = ma}$$

F는 물체에 작용하는 알짜힘, P는 운동량($P=mv$), t는 시간, m은 물체의 질량, v는 물체의 속도, a는 물체의 가속도, ($\frac{dv}{dt}$는 변화율을 나타내는 미분 형식)

● **뉴턴의 제3법칙(작용 반작용의 법칙)**

물체가 다른 물체에 힘을 가하면, 크기는 같고 방향은 반대인 힘이 동시에 작용한다.

● **만유인력의 법칙(law of universal gravitation)**

질량이 있는 물체는 서로 끌어당긴다. 그 힘은 질량의 곱($m_1 \times m_2$)에 비례하고, 질량 중심 사이의 거리 제곱에 반비례한다.

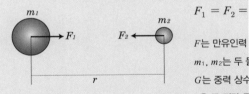

$$F_1 = F_2 = G \frac{m_1 \times m_2}{r^2}$$

F는 만유인력
m_1, m_2는 두 물체의 질량
G는 중력 상수(만유인력 상수)
r은 두 질량 중심까지의 거리

1687년 『프린키피아』 초판이 출판되자 영국을 중심으로 큰 파장이 일면서 차차 유럽 대륙으로 그 내용이 전파되기 시작했다. 한 학생이 뉴턴을 보고 "저기 가는 저 사람이 남들은 물론이고 자기도 이해하지

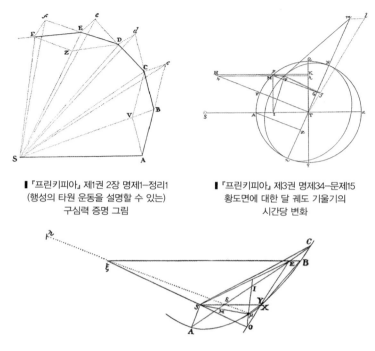

■ 『프린키피아』 제1권 2장 명제1-정리1
(행성의 타원 운동을 설명할 수 있는)
구심력 증명 그림

■ 『프린키피아』 제3권 명제34-문제15
황도면에 대한 달 궤도 기울기의
시간당 변화

■ 『프린키피아』 제3권 보조정리8-혜성의 궤도와 시간 비례 증명

못하는 책을 쓴 사람이래"라고 말했다는 일화가 있을 정도로 『프린키피아』 내용은 난해했지만, 그가 어려운 증명을 통해 이끌어 낸 법칙과 원리들은 단순했기 때문에 더욱 놀라움을 주었다. 철학자 존 로크(John Locke, 1632~1704)는 『인간 지성론』(1690)의 서문에서 '비교할 수 없는 뉴턴(the incomparable Mr. Newton)'이라는 문구를 넣어 존경심을 표했다. 『프린키피아』 내용에 대한 날카로운 비판은 독일의 라이프니츠가 제기했다. 중력 법칙의 원인을 밝혀내지 않았다는 것이 그의 지적이었다. (현대 과학도 이를 명쾌하게 설명하지 못하고 있다.)

1688년에는 명예혁명이 일어나 윌리엄 3세와 메리 2세가 영국 국왕으로 공동 즉위했고, 이듬해인 1689년에는 의회정치의 시작을 알리는 권리장전이 선포되었다. 정변의 소용돌이 속에서 아이작 뉴턴은 임시의회 케임브리지 대표 2인에 선출되었고, 세금징수위원회의 일을 맡았다. 1695년에 영국 주화의 개정에 관한 소논문을 쓴 뉴턴은 이듬해 조폐국 감독관에 임명되었다.

1697년 1월 29일 프랑스에서 보낸 편지가 뉴턴에게 도착했다. 스위스 태생의 수학자 베르누이(Johann Bernoulli, 1667~1748)가 보낸 것이었다. 〈학술기요〉에 6개월 시한으로 게재된 미적분 문제와 추가 문제까지 합하여 두 문항[11]에 대한 풀이를 부활절까지 제출할 수 있겠냐는 일종의 시합 제안이었다. 베르누이는 독일의 라이프니츠[12]가 먼저 발명한 미적분법을 뉴턴이 훔쳐갔다고 의심하는 사람 중의 하나였다.

뉴턴은 편지를 받은 그날 밤 곧바로 문제를 풀었고 바로 다음날인 1월 30일 왕립학회 의장에게 해답을 보냈다. 그런데 미적분 시험 문제는 누가 출제한 것일까? 베르누이가 시합을 제안하기까지의 과정에는 라이프니츠가 관여되어 있었는데, 이 두 사람이 불공평한 시합을 기획한 것으로 의심을 살 수밖에 없었다. 나중에 라이프니츠는 그 문제를 자신이 출제한 것이 아니라고 왕립학회에 해명의 편지를 보냈지만, 의

---

11. [문제1] 무거운 물체가 한 점에서 수직선상에 있지 않은 다른 한 점으로 갈 때 가장 빠르게 하강하는 경로를 구하라. [문제2] 점 P에서 임의의 직선을 긋고, 그 선을 자르는 점을 K, L이라 하고, 두 개의 선분 PK와 PL에 대해 어떠한 거듭제곱을 취하더라도, 그 합이 상수가 되는 곡선을 발견하라. (김한영, 김희봉 역)
12. Gottfried Wilhelm Leibniz, 1646~1716: 독일 라이프치히(Leipzig) 출생. 철학(형이상학 서설, 인간 오성신론, 단자론, 합리주의), 수학(무한소 미적분 발명, 이진법 발명, 위상수학), 물리학(뉴턴의 절대공간 이론 반대, 시간과 운동 상대론 주장), 공학(기계식 계산기 발명, 프로펠러, 물 펌프, 잠수함, 시계 설계 등). 사회과학(공중위생학, 도서관학, 심리학, 경제학, 법률) 등의 여러 분야에서 업적을 남겼다.

구심마저 지울 수는 없었다. 그런데 정작 뉴턴의 해답을 보게 된 베르누이는 "사자의 발자국과 같구나!(tanquam ex ungue leonem)"라고 감탄했다.

1699년 왕립학회 평의원 38인에 포함된 뉴턴은 학회에 참석하여 항해 관측기구인 육분의를 회원들에게 소개했지만 로버트 훅 때문에 기분이 잡쳐서 돌아왔다. 훅이 30년 전에 자신이 발명했던 것이라고 김새는 발언을 했기 때문이었다. 그러나 그해 크리스마스 다음날 뉴턴은 큰 선물을 받았다. 조폐국 감독관의 신분에서 조폐국장(종신직)으로 발탁되는 파격적인 인사의 주인공이 되었기 때문이다. 그때까지 뉴턴은 케임브리지 평의원과 석좌교수의 신분을 유지하고 있었으나 1701년에 두 직위를 사퇴했다.

1703년 왕립학회 간사였던 로버트 훅이 사망했고, 뉴턴은 왕립학회의 투표를 거쳐 12대 의장[13]으로 당선되었다. 이전까지 참석률이 저조했던 뉴턴이었으므로 찬성표는 적었다고 한다. 그러나 의장으로 당선된 이후 그는 평의원회의에 20년 동안 거의 빼놓지 않고 참석했다.

1704년 뉴턴은 『광학Opticks: Or, A treatise of the Reflections, Refractions, Inflexions and Colours of Light』을 출간했다. 책의 서문에서 그는 '이 책에서 다룬 내용이 논쟁에 휘말리는 것을 피하려고 지금까지 인쇄를 미루고 있었다'라고 밝혔다. (로버트 훅을 의식해서 출판을 미룬 것이라는 견해가 있다.) 『광학』은 수학식 없이 프리즘과 같은 광학 도구를 이용한 실험과 관찰 내용을 산문체로 적은 것이어서 폭넓은 독자층을 확보할 수 있었다. (1판에서는 광학과 관련이 없는 수학 논문 '곡선의 구적법'과 '3차 곡선의 요약'을 부록으로 집어

---

13. 11대 의장은 소머스 남작(John Somers, 1st Baron Somers, 1651~1716)이다.

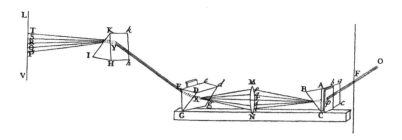

■ 『광학』 1권 2부 명제11-문제6 색깔이 있는 여러 가지 빛의 혼합 그림

넣었는데, 2판에서 삭제되었다.)

　1705년 아이작 뉴턴은 케임브리지에서 여왕 앤(Anne)으로부터 훈작사 작위를 받았다. 1707년 스코틀랜드가 완전히 영국에 병합되자 조폐국장으로서 뉴턴은 일이 많아졌지만 재산도 많아져서 1710년 첼시의 고급 주택으로 이사했다. 1711년부터 몇 년 동안은 라이프니츠가 왕립학회에 편지를 보내 미적분 우선권에 대한 논쟁이 다시 불붙었다. 이에 뉴턴은 우선권 논쟁에 관한 보고를 〈철학회보〉에 익명으로 발표하기도 했다. 1716년 라이프니츠가 죽은 후에는 베르누이가 라이프니츠를 옹호하며 논쟁에 합세했다. 그들 모두 나이가 들면서 새로운 발명보다는 옛것에 집착하며 명예를 다투고 싶었던 모양이다. 뉴턴 역시 세월을 비켜갈 수 없었다. 요실금과 기억감퇴, 기침, 폐렴 등의 증상으로 고생하면서 죽음의 그림자가 다가오기 시작하자 재산을 처분하여 친척들에게 기부했다.

　1727년 3월 2일 마지막으로 왕립학회 의장석에 앉았던 아이작 뉴턴 경은 방광담석으로 고생하다가 3월 19일 의식을 잃고 이튿날 새벽

1시 84세의 나이로 생을 마감했다. 시신은 웨스트민스터 사원에 안치되었다.

영국 시인 알렉산더 포프(Alexander Pope, 1688~1744)는 뉴턴의 업적을 기리며 묘비명을 썼다. 종교계의 반대로 묘비에 새겨지지는 못했지만, 포프가 쓴 명문은 지금도 널리 회자되고 있다.

NATURE and Nature's Laws lay hid in Night: God said, "Let Newton be!" and all was light. (자연과 자연 법칙은 밤의 어둠 속에 숨겨져 있었다. "뉴턴이 있으라!" 신이 말하자 모든 것이 밝아졌다.)

▌아이작 뉴턴 경의 묘지, 웨스트민스터 사원

아이작 뉴턴은 평생 결혼하지 않았다. 뉴턴은 이복동생들과 친밀하게 지냈는데, 특히 조카(여동생 해나 스미스의 딸)인 캐서린 바턴(Catherine Barton, 1679~1739)을 친자식처럼 아껴서 오랜 기간 자신의 집에서 함께 살았던 것으로 추정된다. 캐서린은 『걸리버 여행기』를 쓴 스위프트(Jonathan Swift, 1667~1745)와 친구였으며, 작가 볼테르(Voltaire, 1694~1778)도 인정한 재치 있고 매력적인 미녀였다. 그녀는 화폐 개혁을 주도한 몬태규 백작(Charles Montagu, 1st Earl of Halifax)의 부인이 죽은 후에 안주인의 자리를 물려받은 것으로 알려져 있다. 또한 아이작 뉴턴이 조폐국장이 되고, 여왕으로부터 훈작사 작위를 받는 과정에는 몬태규 백작의 적극적인 지원이 있었던 것으로 과학사는 전하고 있다. 조카 캐서린이 뉴턴의 실질적인 후원자였던 셈이다.

뉴턴은 만유인력 법칙을 유도했지만, 그 힘의 본질에 대해서 알 수 없어 불만스러워 했다.

"질량은 왜 당기는 힘을 발휘하는가?"

20세기 양자역학은 중력자(graviton)라는 가상의 입자가 힘을 매개하는 것으로 설명하지만, 그것을 관측하는 데는 아직 성공하지 못했다. 설령 중력자라고 이름을 붙인 입자의 존재가 관측된들, 그것이 어떻게 힘을 매개하는 것인지 인간의 언어로는 설명하거나 이해하기가 불가능할 수도 있다. 세상은 알면 알수록 모르는 것이 더 많이 늘어난다.

3

신문배달부는 어떻게
발전기와 모터를 발명했을까?

마이클 패러데이

Michael Faraday (1791. 9. 22. ~ 1867. 8. 25.)

1791년, 마이클 패러데이는 영국 런던 테임즈강 남부의 뉴잉턴에서 대장장이 제임스와 마가렛의 4남매 중 셋째로 태어났다. 당시는 문맹자가 많았던 시절이어서 가난한 대장장이의 자녀가 학교를 가지 않아도 흉이 될 것은 없었지만, 제임스 부부는 자녀들이 초등교육을 받을 수 있도록 했다.

열세 살이 되었을 때 패러데이는 조지 리보(George Ribeau)가 운영하는 책 제본소의 심부름꾼이 되어 신문 배달을 했다. 그는 영특하고 부지런했기 때문에 사장 리보는 물론이고 고객들도 그를 좋아하였다.

▍ 신문 배달부 소년, 마이클 패러데이⑤

신문 배달을 시작한 지 1년 후 사장 리보가 7년 도제 계약직을 제안하여 패러데이는 수습생 계약서에 서명하고 일을 시작했다. 인쇄된 종이를 묶어 바느질하고 가죽 표지를 덧대어 책을 제본하는 방법을 익혔으며, 신문을 빠짐없이 읽고 『브리태니커 백과사전』을 제본하면서 그 내용을 두루 섭렵했다. 또한 공부한 내용은 꼼꼼히 요약 노트에 적고 제본하여 주머니에 넣고 다니면서 틈틈이 읽었다. 그가 가장 흥미롭게 읽은 책은 제인 마셋(Jane Marcet, 1769~1858)이 쓴 『화학에 대한 대화 Conversations on Chemistry』(1805)였다고 한다.

런던의 단칸방에서 대장장이로 고단한 삶을 살았던 패러데이의 아버지는 그가 19세이던 해에 세상을 떠났다. 그해 패러데이는 1실링을 내고 간절히 듣고 싶었던 과학철학협회 존 테이텀(John Tatum)의 강연을 들었다. 그리고 강연에서 보고 들은 내용을 꼼꼼히 노트에 정리하여 스승인 리보에게 증정했다.

20세 무렵 패러데이는 런던철학협회에 가입하였고 매주 한 번씩 열리는 협회 강연에 참석하며 공부했다. 강연을 통해 볼타전지의 제작법을 알게 된 그는 동전과 아연판을 이용하여 축전지를 만들었고 전기분해 실험도 했다. 그가 밤낮으로 열심히 공부한다는 이야기를 들은 제본소 고객 중의 한 사람이 패러데이의 열정에 감복하여 왕립연구소[1]에서 네 번의 강연을 들을 수 있는 입장권을 선물했다. 강연에 초대된 패러데이는 연미복을 빌려 입고, '웃음 가스(일산화 이질소)'의 마취 효과를 발견하여 유명해진 험프리 데이비(Humphry Davy, 1778~1829)의 화학 강연을 들었다.

7년의 도제 수업을 마치고 직장을 알아보던 패러데이는 프랑스 이주민이 운영하는 서점에 취직했다. 독신이었던 서점 주인은 자기 재산을 물려주겠다는 달콤한 조건으로 그를 곁에 두고 싶어 했다. 그러나 과학의 매력에 빠진 청년 패러데이는 왕립연구소에서 일하고 싶다는 소망을 적은 편지를 험프리 데이비에게 보냈고, 1813년 2월에 그를 만날 수 있었다. 그러나 결국 빈자리가 없으므로 당신을 채용할 수 없다는 실망스러운 답변을 듣고 돌아와야 했다. 그런데 며칠 지나지 않아서 데이비가 화학 실험 중 폭발 사고로 눈을 다쳤고, 얼마 후에는 그의 조수가 실험기구 제작자와 치고받고 싸우는 바람에 연구소에서 쫓겨나게 되었다. 덕분에 패러데이는 데이비의 조수로 계약을 맺고 연구소의 맨 위층 두 개의 방을 사택으로 받아 연구소 생활을 시작했다.

---

1. 과학의 대중화를 위해 1799년에 설립된 기관이다. 1660년 상류층을 중심으로 결성된 왕립학회(Royal Society)와는 구별된다.
2. 데이비의 아내 제인(Jane Kerr)은 사망한 부친과 사별한 전남편의 유산까지 물려받은 부유한 여인으로 사교계에서 유명했다. 그녀는 새 남편 데이비와 유럽 여행을 하는 동안 패러데이를 아랫것으로 취급하면서 많이 괴롭혔다. 특히 제인 마셋이 마련한 만찬 식탁에서 그녀는 합석했던 패러데이에게 부엌에 가서 하인들과 함께 식사하라며 모욕을 주기도 했다. 남편 데이비와 다툼이 잦아지면서 그녀는 홀로 외국 여행을 다녔다.

그해 가을 데이비는 아내[2]를 동반하고 유럽 과학 순례 여행을 떠나면서 패러데이를 조수 겸 수행 비서로 데려갔다. 여행 기간 동안 일행은 물리학자 앙페르(André-Marie Ampère), 화학전지를 만든 볼타(Alessandro Volta), 패러데이가 존경하는 제인 마셋도 만났다.

1816년 25세의 패러데이는 과학 계간지에 첫 논문을 발표했고, 런던철학협회에서 강연 활동도 시작했다. 1821년에는 교회에서 만난 사라(Sarah Barnard, 1800~1879)에게 청혼하여 백년가약을 맺고 왕립연구소에 신혼집을 차렸다.

1820년 4월 하순 덴마크의 물리학자 외르스테드(Hans Christian Ørsted, 1777~1851)는 강연 도중에 전류가 흐르는 전선 주위에서 나침반의 자석 바늘이 움직이는 현상을 우연히 발견했다. 이 소식을 들은 왕립연구소의 월러스턴(William Hyde Wollaston, 1766~1828)은 데이비와 대화하면서 자침이 회전할 것이라고 예측했다. 그렇지만 데이비와 월러스턴은 각자 자신들의 볼일을 보느라 더 깊이 연구하지 않았고, 패러데이는 그들의 대화를 귀담아 두었다가 혼자서 전기 실험에 몰두했다.

패러데이는 전선 주위에서 나침반 바늘이 회전하므로, 자석을 고정하면 전선이 회전할 것이라는 발상을 떠올렸다. 예상은 적중했고, 그는 실험을 거듭하여 1821년 9월 수은에 도선을 담가 금속 막대와 전선이 회전하는 장치를 만드는 데 성공했다. 전기 에너지를 역학 에너지로 바꾸는 인류 최초의 전기 모터였다. 이에 관한 논문「전자기력에 의한 회전Electromagnetic rotation」은 물리학 연보와 계간 과학 저널에 실렸다.

그런데 패러데이는 논문에서 데이비와 월러스턴의 이름을 거명하지 않았다. 이로 인해서 데이비는 배은망덕하다며 크게 노여워했고,

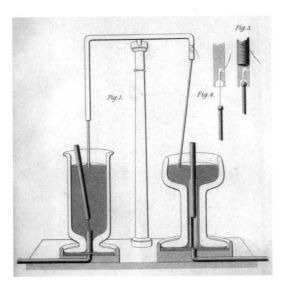

▌패러데이의 전동 장치⑥
왼쪽 그릇에서는 금속 막대가 회전하고, 오른쪽 그릇에서는 도선이 회전한다.

1824년 패러데이가 왕립학회 회원 후보로 추천을 받게 되자 적극적으로 반대했다. (데이비는 1820년부터 왕립학회 의장을 맡고 있었다.) 그렇지만 그의 방해에도 불구하고 패러데이는 다수 회원들의 지지를 받아 회원으로 선출되었다. 그리고 이듬해에는 자신의 원래 직장인 왕립연구소의 실험실 관리자로 승진했다. 1826년부터 패러데이는 학자들의 학술 토론을 위한 '금요일의 저녁 강연'과 어린이들을 위한 '크리스마스 강연'을 시작했다.

험프리 데이비는 1826년에 손과 발에 마비 증상이 왔고 1827년에 왕립학회 의장직에서 물러난 후 1829년 51세에 뇌졸중으로 세상을 떠났다. 패러데이는 그의 죽음을 무척 슬퍼했다고 한다.

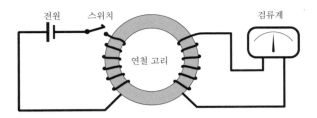

전원   스위치   검류계

연철 고리

전원을 켜거나 끌 때 연철 고리의 자기장이 변화하고
변화한 자기장으로 인해 반대편의 도선에 전류가 생성되어
검류계의 바늘이 반응한다. (도선은 절연되어 있으므로
연철 고리를 통해 직접 전류가 흐르는 것은 아니다.)

패러데이는 전기가 자기력을 만들어 내므로, 자기력이 전기를 만들어 낼 수 있을 것이라는 또 하나의 중요한 발상을 떠올리고 1831년 8월 말에 전자기 유도 실험을 하였다.

그는 연철로 만든 둥근 고리의 양쪽에 피복으로 감싼 구리 전선을 감아 한쪽에는 전지를 연결하고 다른 한쪽에는 검류계를 연결했다. 스위치를 켜서 한쪽 전선에 전류가 흐르게 되면 연철 고리는 자석이 되었다가 스위치를 끄면 자성을 잃어버리는 전자석 역할을 한다. 반대편 쪽에 감은 도선은 전원과 연결하지 않은 상태이기 때문에 전류가 흐르지 못한다. 그런데 패러데이는 스위치를 켜거나 끄는 순간에 전원과 연결되어 있지 않은 도선에 전류가 생성되어 검류계의 바늘이 움직이는 것을 확인했다. 패러데이는 전류의 변화가 연철 자기장의 변화를 일으켰고, 자기장의 변화로 인해 반대편의 도선에 전류가 생성된 것으로 해석했다.

앞서의 발견에 이어 원통형으로 감은 전선 코일 속으로 자석을 밀어 넣거나 빼낼 때 전류가 흐르게 된다는 사실도 발견했다. 자석을 움

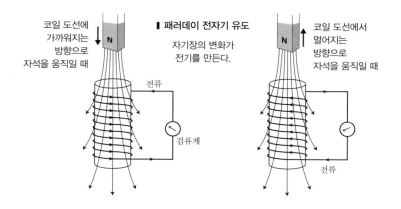

코일 도선에
가까워지는
방향으로
자석을 움직일 때

▌패러데이 전자기 유도

자기장의 변화가
전기를 만든다.

코일 도선에서
멀어지는
방향으로
자석을 움직일 때

전류

검류계

전류

직이지 않고 그대로 두면 전류가 흐르지 않았고, 반드시 자석을 움직일 때에만 전류가 흘렀다. 또한 자석의 운동 방향이 바뀌면 전류의 방향도 바뀐다는 사실도 파악했다.

패러데이는 발견 사실을 발표하면서 전기장을 시각화하기 위해 전기력을 역선(力線)으로 묘사했다. 양전하에서 뻗어 나와 음전하로 들어가는 역선은 끊어지거나 교차하지 않으며 조밀한 곳일수록 전기력이

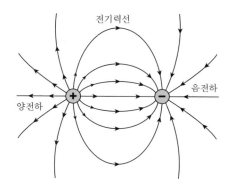

전기력선

양전하

음전하

강하다. 전기력선의 모양을 보면 전하 주변의 각 공간에서 전기력의 크기가 다르다는 것을 쉽게 알 수 있다.

그러나 다른 과학자들은 역선 개념을 쉽사리 수용하지 않았다. 전기력이 두 개의 점 사이에 순간적으로 원격 작용하는 힘이라고 믿고 있었기 때문이다. 또한 지식인의 언어인 라틴어도, 과학의 언어인 수학[3]도 배우지 못한 자가 제시한 이론이어서 학자들의 거부감이 더 심했다고 과학사는 전하고 있다.

패러데이는 풍부한 상상력을 가진 열정적인 실험가였다. 전자기 유도를 발표하고 두 달 후, 패러데이는 자기장을 지속적으로 변화시켜 전류가 계속 흐를 수 있도록 하는 장치를 만들었다. 구리로 만든 둥근 원

▌ 패러데이 디스크 발전기 ⑦

---

3. 패러데이 전자기 유도 법칙이 발표된 그해에 태어난 맥스웰이 훗날 그의 이론을 아름다운 수학 방정식으로 만들게 된다.

판을 말굽자석 사이에서 회전시켜 전기를 만들어 내는 인류 최초의 발전기였다.

1845년 패러데이는 자기장에서 편광[4]된 빛의 방향이 회전하는 현상도 발견하였다. 이를 '패러데이 효과'라고 한다.

그는 또한 강한 자석 사이에 유리 막대를 매달았을 때 유리 막대가 N극과 S극의 중간에 가로 방향으로 놓이게 된다는 사실을 발견했다. 이는 유리가 자기력에 대해 반발하는 성질이 있음을 알려 주는 것이었다. 패러데이는 그와 같은 물질의 성질에 반자성(反磁性)[5]이라는 명칭을 붙였다. 자석에 잘 들러붙는 철, 니켈, 코발트와 같은 금속의 성질은 상자성(常磁性)이라고 명명했다. 아울러 대부분의 기체가 반자성의 성질을 띠지만, 산소는 상자성을 가진다는 사실도 발견했다.

패러데이는 영국 왕립학회 의장 자리를 제안받았지만 거절했고, 어린이를 위한 책 『양초의 화학적 역사*The Chemical History of a Candle*』(1861)를 제외한 대부분의 출판을 거부했으며, 기사 작위를 수여하겠다는 빅토리아 여왕의 제의도 거절했다. 그렇지만 호의를 한사코 마다할 수는 없어서 1865년 여왕이 하사한 저택으로 이사하였고, 아내와 함께 평온한

---

4. 빛은 모든 방향으로 진동하지만, 방해석과 같은 결정을 통과한 빛은 한 방향으로만 진동하는 빛으로 바뀐다. 한 방향으로만 진동하는 빛을 편광이라고 한다.
5. 현대의 자성 분류
    ● 강자성(強磁性, ferromagnetism): 물질에 외부 자기장을 걸면 물질을 구성하는 원자들이 자기장과 같은 방향으로 자화되고, 자기장을 제거하여도 자석의 효과를 오래 유지하는 성질. 강자성체에는 철, 니켈, 코발트 등이 있다.
    ● 상자성(常磁性, paramagnetism): 물질에 외부 자기장을 걸었을 때 물질을 구성하는 원자들이 약하게 자화되는 자성체로 자기장을 제거하면 자석의 효과가 바로 사라지는 성질. 상자성체에는 종이, 알루미늄, 마그네슘, 텅스텐, 산소 등이 있다.
    ● 반자성(反磁性, diamagnetism): 물질에 외부 자기장을 걸면 물질을 구성하는 원자들이 자기장과 반대 방향으로 자화되는 성질. 반자성체에는 구리, 유리, 흑연, 플라스틱, 금, 수소, 물 등이 있다.

▌패러데이 크리스마스 강연, 1855 ⑧

말년을 보내다가 1867년 8월 25일 76세를 일기로 사망했다. 패러데이와 사라 부부는 자식이 없었지만 조카를 데려와 애정을 쏟아 키웠고 아이들을 매우 사랑했다고 한다. 패러데이가 시작한 어린이를 위한 '크리스마스의 강연(The Christmas lectures)'은 왕립과학연구소의 가장 중요한 행사로 오늘날까지 이어지고 있다.

패러데이의 삶은 세상을 밝히는 온화한 조명처럼 느껴진다. 대장장이 아들, 씩씩한 신문배달부, 실로 꿰맨 공책, 배움에의 열망, 불 켜진 공부방….

도입부의 '신문배달부 소년' 삽화는 월터 제럴드(Walter Jerrold, 1865~1929)의 책 『Michael Faraday』에 실린 것으로 패러데이에 대한 작가의 심상이 오롯이 반영되어 있다. 활기찬 거리에서 신사 숙녀를 대하는 소년의 뒷모습이 당당하다. 소년은 겸손하고 온유한 성품을 가진 어른으로 성장한다. 데이비의 부인이 패러데이를 하인과 동일시하여 멸시를 일삼아도 그는 잘 참고 화내지 않았다. 이는 자기유능감이 높은 사람들의 특성이기도 하다. 패러데이는 부와 명예를 좇지 않고 아이들을 사랑하며 여생을 평화롭게 살았다. 그는 바른 삶의 태도가 무엇인지를 인생으로 보여 준 사람이다.

최초의 축전기 레이던병

전기(electricity)의 어원은 호박(琥珀, 나무의 수액이 굳어서 만들
어지는 보석)을 뜻하는 그리스어 엘렉트론(ἤλεκτρον, elektron)에서
유래했다고 알려져 있다.

호박을 털가죽으로 문지르면 마찰 전기가 발생하여 털가죽은
양전기(+)를 띠고 호박은 음전기(-)를 띠게 된다. 마찰로 생긴
전기가 흐르지 않고 일시적으로 털가죽이나 호박에 고여 있는
것이 정전기(靜電氣)이다. 그러나 정전기는 오래 유지되지 못하
고 공기나 물체와의 접촉에 의해서 방전된다. 정전기를 저금통처
럼 모아 두었다가 필요할 때 쓸 수는 없을까?

1746년 네덜란드 레이던대학의 뮈스헨브룩(Pieter van Muss
chenbroek, 1692~1761)은 정전기를 병 속의 액체에 담아 두는 장

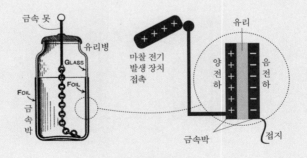

■ 레이던병

치를 만드는 데 성공했다. 유리병의 외부에 금속박 칠을 하고 병마개에 길쭉한 황동 못을 박아 만든 장치였다. 이 장치는 레이던병(Leyden jar)으로 불리게 되었는데, 1745년 말에 독일의 크라이스트(Ewald Georg von Kleist, 1700~1748)도 동일한 장치를 만든 것으로 알려지면서, 레이던병은 두 사람의 발명 업적으로 인정되었다. 이후에 개량된 레이던병은 내부에도 금속박을 칠하여 효율성을 높였다.

레이던병은 전기를 모아 두는 역할을 하지만 스스로 전기를 만들지는 못한다. 그러므로 전기를 만들어 공급해 주어야 하는데, 그 시대에는 전지도 발전기도 없었으므로 커다란 유리구슬을 회전시켜 마찰 전기를 일으키고 이를 레이던병에 연결하여 전기를 모았다. 유리병 내부의 전하가 (+)인 경우에 외벽을 감싸고 있는 금속박은 (-)로 대전되고 유리가 전기 흐름을 차단하는 역할을 하므로 전기 에너지가 병 속에 고여 있게 된다.

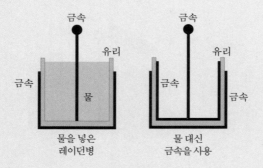

▌두 종류의 레이던병

4

전기, 자기, 빛의 성질을 표현하는
아름다운 방정식

제임스 클러크 맥스웰
James Clerk Maxwell (1831. 6. 13. ~ 1879. 11. 5.)

전기력과 자기력은 겉보기에 공통점이 별로 없어 보인다. 전기는 헝겊으로 문지르기만 해도 만들 수 있지만, 자석은 그처럼 손쉽게 만들 수가 없다. 전기에 감전된 사람은 있지만, 자석에 감전된 사람은 아무도 없다.

맥스웰이 전기와 자기와 빛을 하나로 통합하는 논문을 냈을 때, 대부분의 과학자들은 이해를 못했고 심지어 그가 미쳤다고 생각한 사람들도 있었다. 빛은 전기나 자기와 무슨 상관이 있을까?

맥스웰은 보이지 않는 실재를 수학으로 묘사하여 그 정체를 알린 사람이다. 그는 전기장, 자기장과 같은 장(場, field) 개념을 만들었고, 처음으로 통계 수학을 이용하여 기체의 운동과 열 이론을 전개했다. 그의 이론들은 아인슈타인이 특수상대성 이론을 이끌어 내는 데 커다란 영감을 주었고, 헤르츠가 전자기파를 발견하도록 동기를 부여했고, 플랑크가 양자(量子, Quantum) 개념을 만드는 데에도 기여했다. 맥스웰의 생애를 연구한 학자들은 전자기 문명이 모두 그에게서 비롯되었다고 평가한다. 그는 21세기 물리학자들이 뽑은 역사상 가장 위대한 과학자 3인의 한 명이기도 하다. 그럼에도 그는 대중에게 잘 알려져 있지 않다. 그의 전기를 쓴 메이헌의 표현을 빌면, 맥스웰은 '너무 커서 한눈에 들어오지 않은 거인'이다.

◐ ◑

영국 에든버러의 변호사였던 존(John Clerk Maxwell)은 삼십 대 후반에 친구의 여동생 프랜시스(Francis Cay)와 결혼하고, 상속받은 영지에 저택을 짓고 이사했다. 그곳은 에든버러에서 아주 멀리 떨어진 스코틀랜드 남서부 갤러웨이(Galloway)주의 미들비(Middlebie)라고 불리는 시골이었다. 부부는 저택에 글렌레어(Glenlair house)라는 이름을 붙이고 평화로운 시골의 삶을 시작했다. 부부가 낳은 첫 여자아이는 태어난 지 얼마 안 되어 죽었다. 아내가 마흔이 다 되었을 때 가진 둘째 아이는 대도시 에든버러에서 출산했다. 이 아이가 제임스 클러크 맥스웰이다. 맥스웰은 책 읽기를 좋아하고 성경 암송도 잘하는 영특한 아들이었다. 그러나 그가 여덟 살이던 해에 커다란 슬픔이 찾아왔다. 엄마 프랜시스가 복부 암에 걸려 수술을 받다가 세상을 떠난 것이다.

존은 재혼하지 않았고, 아들의 교육을 16세의 남학생 가정교사에게 맡겼다. 그러나 가정교사가 암기를 강요하고 체벌도 했기 때문에 참다못한 제임스가 집을 뛰쳐나가는 일이 생겼다. 결국 맥스웰은 고모와 이모가 살고 있는 에든버러로 보내졌고, 11세에 에든버러 아카데미(Edinburgh Academy) 2학년에 편입했다.

갤러웨이에서 온 시골뜨기 소년은 학교에 편입하자마자 동급생들로부터 괴롭힘을 당했다. 편입한 첫날에 옷이 거의 다 찢어져서 집에 돌아왔다고 한다. 담임교사는 엄하게 수업하는 교사였기 때문에 맥스웰은 발표를 두려워했고 성적도 한 해 동안 꼴찌를 맴돌았다. 괴롭히는 애들은 그를 얼간이라고 불렀다. 그러나 맥스웰은 차차 새 환경에 적응하면서 3학년이 되자 성적이 오르기 시작했고, 특히 기하학에 탁월한 재능을 보였다. 평생의 벗이 되는 친구들도 사귀었다.

14세에 맥스웰은 달걀 모양, 찐빵 모양 등의 여러 가지 타원체를 그리는 방법에 관한 논문을 썼다. 아버지 존은 아들의 논문을 에든버러대학 자연철학 교수인 친구 제임스 포보스(James David Forbes, 1809~1868)에게 보여 주었다. 포보스는 어린 소년이 쓴 논문이 위대한 철학자이자 수학자인 데카르트(René Descartes, 1596~1650)가 쓴 것보다 더 창의적이고 쉽다는 사실을 알고 깜짝 놀라 왕립학회에 이 논문[1]을 소개했다.

---

1. 「복수의 초점과 여러 비율의 반지름을 지닌 외접 도형에 관한 관찰(Observations on circumscribed figures having a plurality of foci, and radii of various proportions)」

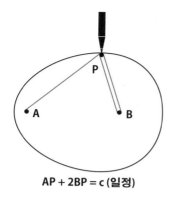

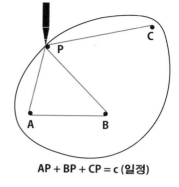

AP + 2BP = c (일정)

맥스웰의 설명에 따라, 고정 핀 2개에 실을 묶고
연필을 회전시켜 그린 달걀 모양의 타원체

AP + BP + CP = c (일정)

맥스웰의 설명에 따라, 고정 핀 3개에
실을 묶고 연필을 회전시켜 그린 타원체

맥스웰은 16세에 에든버러대학에 입학했고, 아버지의 바람대로 법학을 전공하려고 했다. 그렇지만 그의 천재성을 알아본 포브스와 동료 교수가 그의 아버지를 설득했고, 19세에 맥스웰은 과학교육의 산실인 케임브리지대학에 입학했다. 기대했던 대로 맥스웰은 케임브리지에서도 최상위의 학업 성취를 보이며 활동적인 대학생활을 했다. 케임브리지대학은 전통적으로 트라이포스 수학 시험(Mathematical Tripos)을 통과해야 학위를 수여하는 제도를 실시하고 있었다. 이 시험은 기본적으로 사흘 동안 치러지며, 랭글러(wraglers, 수학 일급 학위자)로 졸업하고 싶은 학생은 나흘 동안 추가 시험을 치러야 했다. 트라이포스 시험의 시니어 (1위) 랭글러는 수학자인 E. J. 라우스가 차지했고, 맥스웰은 차석이었다. 또한 고급 수학 문제를 겨뤄 케임브리지 스미스 상(Smith's Prize)이 주어지는 시험에서는 라우스와 맥스웰이 공동 수상했다.

대학 졸업 후 케임브리지대학의 학사연구원을 거쳐 2년 후 펠로우[2]

가 된 맥스웰은 유체정역학과 광학을 강의했고, 빛의 3원색에 대해 연구했다.

그림물감은 빛을 흡수하는 물질이기 때문에 여러 가지 색깔을 혼합할수록 점점 검은색으로 변한다. 우리가 보는 물감의 색은 물감이 흡수하지 못하고 반사한 빛의 색깔이다.

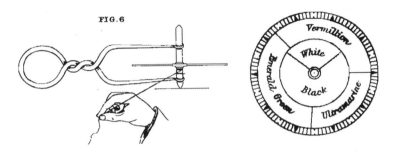

■ 맥스웰의 논문 『눈에 의해 인지되는 색상의 실험』에 소개된 색 팽이⑨

빛의 혼합은 물감의 경우와 다르다. 빛은 색을 느끼게 하는 본질체이다. 따라서 빨주노초파남보 여러 광선이 동시에 눈으로 들어오면 눈부신 흰색으로 느끼게 된다.

맥스웰은 빛이 가산 혼합(可算混合), 물감은 감산 혼합(減算混合)의 성질을 가진다는 사실을 파악했다. 그는 색팽이를 만들어 실험을 거듭하여 빛의 삼원색은 RGB, 즉 적색(Red), 녹색(Green), 청색(Blue)이라는 것을 알아냈다. 그리고 RGB 혼합 비율[3]에 따라 어떤 색상으로 보이게

---

2.   Fellow: 무료 숙식, 수업, 경영 참여 등의 권한을 갖는다.

되는지를 연구하여 1855년 에든버러 왕립학회지에 논문을 게재했다.

　같은 해 맥스웰은 전기력과 자기력을 설명하기 위해 만든 패러데이의 역선에 대한 연구에 몰두했다. 당시 대부분의 학자들은 패러데이의 역선 개념이 수학적으로 표현될 수 없는 것이라고 무시하고 있던 터였다. 그러나 맥스웰은 전기장을 유체의 흐름(flux)으로 가정하여 수학적 모델을 세웠고, 논문 『패러데이의 역선에 관하여 *On Faraday's Lines of Force*』를 집필한 후 1, 2부로 나누어 1855년과 1856년에 케임브리지 철학 학회지에 발표했다.

　1856년 폐질환을 앓고 회복한 것처럼 보였던 아버지가 갑자기 세상을 떠나는 바람에 맥스웰은 25세에 부모형제 없는 외톨이가 되었다. 그리고 그해 겨울, 애버딘에 위치한 매리셜 칼리지(Marischal College)의

3.　빛의 삼원색 R(적색), G(녹색), B(청색) 비율 값은, 오늘날 컴퓨터 색상 도표에서 RGB(255, 255, 255)와 같은 형식으로 표현된다. 아래한글과 같은 프로그램에서 글자색을 바꾸려고 클릭하면 RGB 숫자 값이 나타나는 것을 볼 수 있다.
　　RGB(255, 0, 0)는 빨강, RGB(0, 255, 0)은 초록, RGB(0, 0, 255)는 파랑이고, RGB 최솟값 (0, 0, 0)은 검정, RGB 최댓값 (255, 255, 255)는 흰색이다.
　　⋯⋯▶ 빨강, 초록, 파랑 빛의 조명을 벽에 쏘면 그림과 같은 색상을 볼 수 있다.

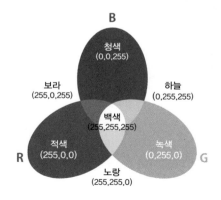

자연철학 교수로 채용되었다.

케임브리지대학은 존 카우치 애덤스(John Couch Adams, 1819~1892)가 수학적으로 해왕성의 존재를 예견[4]한 것을 기념하여 2년에 한 번 수학 문제를 출제하고 애덤스 상을 시상했다.

1855년 애덤스 상을 걸고 출제된 문제는 '토성의 고리가 고체일까, 유체일까, 아니면 별개의 물질 덩어리일까?' 하는 수학적 증명 문제였다.

맥스웰은 토성의 고리가 수많은 파편들로 이루어져 있을 때 안정성을 유지할 수 있다는 수학적 계산을 이끌어내고 논문을 제출하여 애덤스 상을 수상했다. 이에 관한 내용은 『토성 고리 운동의 안정성 *On the stability of the motion of saturn's rings* 』이란 제목으로 1859년 케임브리지에서 출간되었다. (20세기의 우주 탐사선들은 토성 근접 촬영을 통해 맥스웰의 추론이 옳

▌카니시 우주선(Cassini spacecraft)이 촬영한 토성과 고리(2019. 9. 20)[18]

---

4. 해왕성은, 천왕성의 공전 경로가 수학적으로 분석한 경로와 맞지 않기 때문에 그 존재가 예견된 후 발견되었다. 그러나 해왕성의 위치를 누가 먼저 정확하게 예측했는지에 대해서는 영국과 프랑스가 논쟁을 벌였다. 일반적으로는 프랑스의 르베리에(Urbain Jean Joseph Le Verrier, 1811~1877)가 먼저 정확하게 예측한 것으로 알려져 있다.

음을 밝혔다.)

1858년 26세의 맥스웰은 매리셜 칼리지 학장의 딸 캐서린 드워 (Katherine Mary Dewar, 1824~1886)와 결혼했다. ─캐서린은 맥스웰보다 7년 연상이었고, 부부 사이에는 자녀가 태어나지 않았다. 캐서린은 남편 맥스웰의 색 상자 관찰과 기체의 점도 실험 등의 조력자 역할을 했다.─

결혼 후 맥스웰은 독일의 물리학자 클라우지우스[5]가 쓴 기체 확산에 관한 논문을 접했다. 공기 분자는 초당 수백 미터씩 움직이지만 수없이 충돌하기 때문에 향수 냄새가 방 하나를 가로질러 가는 데 수 초가 걸린다는 설명이 담긴 논문이었다. 맥스웰은 통계수학을 이용하여 공기 분자의 속도를 그래프로 나타내면 종 모양의 정규분포 곡선 형태가 된다는 사실을 알아냈다. 이 발견은 훗날 루트비히 볼츠만(Ludwig Eduard Boltzmann)에 의해서 더욱 정밀하게 연구되어 통계역학을 이용한 분자 운동론으로 발전한다. (상세 내용은 볼츠만 편에서 다룸)

1860년 맥스웰은 기체의 역학에 대한 논문 및 색의 혼합과 스펙트럼 빛깔에 대한 논문을 각각 발표했다. 그러나 마리셜 칼리지와 킹스 칼리지가 합병되면서 교수직을 잃었다. 그해 그는 말 시장에 가서 아내에게 선물할 조랑말을 구입하여 돌아왔는데, 아마도 시장에서 옮은 듯 천연두에 걸려 생사의 기로를 헤매야 했다. 병마를 힘겹게 이겨 낸 그는 런던대학교 자연철학 교수로 부임하여 1860년 시월에 런던으로 거

---

5. **Rudolf Clausius, 1822~1888:** 열역학 제1법칙(에너지 보존의 법칙), 열역학 제2법칙(고립된 계의 엔트로피는 일정하거나 증가할 뿐 감소하지 않는다.)을 발견하였고, 엔트로피, 엔탈피와 같은 개념을 창안했다.

처를 옮겼다.

1861년 5월 왕립연구소의 강연에서 그는 빨강, 녹색, 파랑 필터를 통해 각각 촬영한 사진을 세 대의 프로젝터로 스크린에 투영하여 최초의 컬러사진을 시연하는 데 성공했다. 1864년에는 논문 「전자기장의 역학적 이론A Dynamic Theory of Electromagnetic Field」을 썼고, 이 논문은 일곱 부분으로 나뉘어 이듬해 1월부터 왕립학회지에 게재되었다.

1865년에는 말을 타다가 나뭇가지에 부딪혀 생긴 염증으로 심하게 앓았다. 이에 맥스웰은 런던대학교를 사직하고 어릴 때 살던 고향집 글렌레어로 돌아왔고, 5년 동안 고향에 기거하며 집필 활동에 몰두했다. 그 기간 동안 십여 편의 논문을 왕립학회에 발표하고, 『열 이론Theory of Heat』(1872)과 『전기와 자기에 관한 논고A Treatise on Electricity and Magnetism』(1873)를 집필했다.

맥스웰 최고의 역작이라 일컬어지는 『전기와 자기에 관한 논고』는 선대 과학자들이 알아낸 전기와 자기에 관한 법칙과 이론들을 수학 방정식으로 빚어낸 작품이다. 이 책에는 빛이 전자기파라는 내용도 담겨 있다. (가장 유명한 '맥스웰 4방정식'은 별도의 꼭지로 다룸)

맥스웰 이전의 전기, 자기에 관한 법칙이나 발견들은 다음과 같다.

- 1785년 쿨롱(Charles-Augustin de Coulomb, 1736~1806) 법칙: 전하에 작용하는 전기력은 거리의 역제곱에 비례함.
- 1800년 볼타(Alessandro Volta, 1745~1827): 묽은 황산에 구리판과 아연판을 번갈아 쌓아 화학 전지 볼타 파일을 제작함.
- 1820년 외르스테드(Hans Christian Ørsted, 1777~1851): 전류가 흐르는

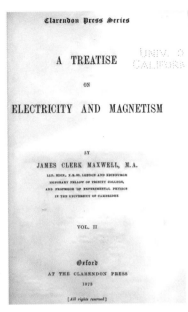

■「전기와 자기에 관한 논고」[11] 속표지

■「전기와 자기에 관한 논고」[11]
파트4. 10장. 빛의 전자기 이론 p390

도선 주위에서 자석 바늘이 회전하는 현상을 발견함.

- 1820년 비오사바르(Jean-Baptiste Biot, 1774~1862, Félix Savart, 1791~1841) 법칙: 자기장은 전류 흐름 방향에 수직이고 거리의 역제곱에 비례함.

- 1820년 앙페르(André-Marie Ampère, 1775~1836) 회로 법칙(오른나사 법칙): 자기장의 크기는 전류 밀도에 비례하며, 도선의 전류가 엄지손가락 방향으로 전류가 흐를 때 자기장은 나머지 네 손가락을 말아 쥔 방향으로 형성됨.

- 1821년 패러데이(Michael Faraday,1791~1867) 전자기 유도 법칙: 자기력

선속(磁氣力線束, 자기력선 다발)의 변화가 기전력을 발생시킴.

몇 년 동안 고향에서 집필 활동을 하던 맥스웰은 1871년 3월에 케임브리지대학 실험물리학 교수로 임용되었다. 그는 케임브리지에 오자마자 '캐번디시 연구소(Cavendish Laboratory)' 건립의 세부 설계를 맡게 되었다. 헨리 캐번디시(Henry Cavendish FRS, 1731~1810)는 수소를 발견하고, 지구의 밀도를 정확하게 측정하였으며 전기 저항에 관한 옴의 법칙(Ohm's law: 도체의 저항의 크기와 전류의 크기는 반비례)을 옴(Georg Simon Ohm, 1789~1854)보다 50년 앞서 알아낸 것으로도 알려져 있다. 그는 케임브리지대학 출신이었지만 중년 이후 자신의 성에 은둔하면서 혼자서 연구한 독특한 인물이었다. 그와 얼굴이 마주친 하녀를 해고했다는 일화도 있다. '캐번디시 연구소'라는 이름이 붙여진 이유는, 연구소 건립비용을 대는 데번서 공작(William Cavendish, 7th Duke of Devonshire, 1808~1891)이 그의 친족 후손이었기 때문이다.

1876년 맥스웰은 학생들을 위한 역학 기초 교재『물질과 운동Matter and Motion』을 출간했고, 1879년에는 데번서 공작이 건네준 캐번디시의 미출판 논문을 추려서『존경하는 캐번디시의 전기 연구The Electrical Researches of the Honourable Henry Cavendish』라는 제목의 책을 출간했다.

맥스웰은 전기, 자기, 빛에 관한 연구뿐만 아니라 광학, 역학, 열역학을 비롯하여 속도 제어 시스템과 기상학 등에 이용되는 응용 수학 이론들을 제시하여 후대에 큰 영향을 준 것으로도 평가받는다.

그는 자신의 어머니처럼 1877년부터 위암이 시작되어 속 쓰림에 시달리다가 1879년 48세를 일기로 세상을 떠났다. 맥스웰의 유해는 부모의 묘소에 합장되었다. 그의 아내 캐서린도 7년 후 같은 곳에 묻혔다.

맥스웰이 예측한 전자기파의 실체는 그가 세상을 떠나고 십 년 후 (1888년)에 독일의 물리학자 하인리히 헤르츠(Heinrich Rudolf Hertz, 1857~1894)의 라디오파 유도 실험을 통해 입증되었다. 1893년 세르비아 출신 니콜라 테슬라(Nikola Tesla, 1856년~1943), 1895년 이탈리아 전기공학자 마르코니(Guglielmo Giovanni Maria Marconi, 1874~1937)는 각각 독자적으로 전파를 이용한 장거리 무선통신에 성공했고, 이후 라디오의 시대가 열렸다.

◖◗

맥스웰 방정식

어떤 힘을 매개하는 물리적 공간을 장(場, field)이라고 한다. 전기장은 전기력을 매개하는 공간이고, 자기장은 자기력을 매개하는 공간이다. 장은 한 개의 점이 아니므로 공간의 각 지점마다 작용하는 물리량의 크기가 다를 수 있다. 전기장과 자기장은 벡터 미적분 공식을 사용하여 표현된다. 벡터(vector)는 물리량의 크기와 방향 성분을 함께 나타내는 수학 표현 도구이다. 미분(微分)은 선, 면적, 부피 등의 물리량을 아주 잘게 썰어서 생각하는 수학법이고, 적분(積分)은 잘게 썰어서 조각낸 대상을 다시 합쳐서 면적이나 부피 등을 계산하는 수학법이다. 예를 들어 둥글게 생긴 치즈 덩어리의 부피를 통째로 계산하기는 어려우므로, 치즈 덩어리를 작은 사각형 조각으로 썰어서 한 개당 부피를 측정한 후(미분), 다시 그 조각들의 부피 총합을 구하여(적분) 부피를 산출하는 방식이 미적분이다.

　『전기와 자기에 관한 논고』에 실린 맥스웰의 핵심 방정식은 20개인 것으로 알려져 있지만, 수리물리학자 올리버 헤비사이드(Oliver Heaviside, 1850~1925)가 4개로 압축했다.

　런던에서 태어난 올리버 헤비사이드는 가난한 탓에 대학을 가지 못했으나 독학으로 실력을 쌓아 18세에 전신회사의 기사가 되었다가 24세에 직장을 그만두고 골방에 틀어박혀 공부만 했던 독특한 인물이었다. 그는 복잡한 수식을 간편하게 정리하기 위해 curl(컬), div(다이버전스)와 같은 기호들을 창안하여 벡터 미적분에 적용했다. curl은 '회전'이라는 뜻을 가진다. div는 영어 divergence를 축약한 용어로, '발산'이라는 뜻을 가진다. 발산은 벡터장 공간의 한 점에서 장이 퍼져 나오는지, 아니면 모여서 없어지는지를 측정하는 연산자다. 플러스(+) 발산은 고슴도치의 가시처럼 뻗치는 형상에, 마이너스(-) 발산은 욕조의 마개를

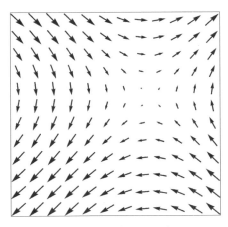

▌ 벡터장의 예, (sin y, sin x)

뺐을 때 물이 빠져나가는 형상에 비유할 수 있다.

전기력과 자기력을 수학적으로 서술하기 위해 컬, 다이버전스와 같은 개념들이 필요한 이유는 그 힘들을 벡터장(vector field)으로 표현하기 위함이다.

헤비사이드는 과학 잡지에 글을 기고하고 소액의 원고료를 받아 생계를 유지했을 뿐 평생 직업을 갖지 않은 채 궁핍하게 살다가 쓸쓸히 죽은 것으로 전해진다. 그의 대표 저서는 3권으로 된 『전자기 이론 *Electromagnetic Theory*, Vol Ⅰ (1893), Vol Ⅱ (1899), Vol Ⅲ (1912)』이다.

흔히 '맥스웰 방정식'으로 불리는 4개의 방정식은 헤비사이드가 정리하였으므로 '맥스웰-헤비사이드 방정식'라고도 불린다. 4개의 방정식에는 ⅰ) 전기장의 가우스 법칙, ⅱ) 자기장의 가우스 법칙, ⅲ) 패러데이 전자기 법칙, ⅳ) 앙페르-맥스웰 회로 법칙이라는 별칭이 각각 붙어 있다.

ⅰ) $\nabla \cdot E = \dfrac{\rho}{\varepsilon_o}$ (전기장의 가우스 법칙)

$\nabla \cdot$ (델 도트)는 div(다이버전스, 발산)와 같은 의미의 기호다.

부피가 있는 아주 작은 공간이 있다. 그 작은 공간은 면으로 둘러싸여 있어서 빈틈이라고는 없다. 닫힌 공간을 둘러싸고 있는 면을 폐곡면(閉曲面)이라고 한다. 그 닫힌 공간에 전기를 띤 전하 Q가 들어 있다. 전하 Q는 보이지도 않고 향기도 없다. 그러나 전기력이라는 힘으로 주변에 전기장을 형성하는 존재다. Q가 발산하는 힘은 폐곡면을 뚫고 뻗어나간다. 그 보이지 않는 힘은 크기와 방향을 가지고 있다. 크기와 방향이 있으니 그 힘은 벡터 함수로 표시된다. 가우스[6]는 전하 Q가 어떤 공간에 있을 때 폐곡면 밖으로 흘러나오는 전기적인 힘의 크기를 수식으로 만들었다. 이를 맥스웰이 정리하고 헤비사이드가 압축한 것이 ⅰ) 공식이다.

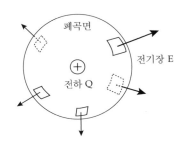

$\nabla \cdot E = \frac{\rho}{\varepsilon_o}$ 에서, $\nabla \cdot$ (델 도트)는 '폐곡면을 통과하여 출입하는 전기장의 발산 흐름(플럭스, flux)의 크기를 계산하라'는 명령을 담은 발산 연산자다. E는 전기장(V/m, 볼트/미터)을 의미한다. 우변의 ρ(로)는 세제곱미터당 전하량인 자유 전하 밀도(C/m^3, 쿨롱/세제곱미터)다.

따라서 ⅰ) 방정식의 의미는 '전하(ρ)는 발산($\nabla \cdot$)하는 전기장(E)을 만든다.'로 요약할 수 있다. (전하는 +, - 두 종류가 있으므로 발산은 +, - 방향 모두 가능하다.)

떨어져 있는 전하 사이를 채우고 있으며 전기장의 변화를 전달하는 물질을 유전체(誘電體, dielectric material)라고 한다. 물, 종이, 고무 등의 물질은 모두 유전체가 될 수 있고 진공도 유전체가 될 수 있다. ε(엡실론)은 유전체가 전기장에 미치는 영향을 나타내는 유전율(誘電率, permittivity) 기호다. 유전체는 전하를 저장하는 것과 같은 효과를 발휘

---

6. Johann Carl Friedrich Gauß, 1777~1855: 수학의 왕자라고 불리는 독일의 수학자. 전자기학, 측지학, 천문학, 광학 등에서도 천재성을 발휘하였다. 지구 자기장의 원인이 지구 내부에 있다는 사실을 추론했고, 자기학의 일반 이론을 세웠다. 자기력선속의 밀도를 나타내는 단위인 '가우스(G)'도 그의 이름에서 비롯되었다. 맥스웰 방정식의 가우스 법칙은 1835년에 가우스가 알아냈으나 1867년에 발표한 것으로 알려져 있다.

하므로 전하 사이의 전위차를 줄이는 역할을 한다. 따라서 유전율이 큰 매질에서는 전기장이 약해지므로 방정식의 우변 분모 항으로 들어가 있다. ϵ_0는 진공의 유전율이다.

ⅱ) $\nabla \cdot B = 0$ (자기장의 가우스 법칙)

$\nabla \cdot B = 0$는 '발산($\nabla \cdot$)하는 자기장(B)은 없다(0).'라는 의미를 가진다.

자석은 언제나 N극과 S극이 한 쌍을 이루어 암수한몸처럼 존재한다. 자석을 쪼개고 또 쪼개고 원자 수준보다 작게 쪼개도 N극과 S극은 분리되지 않는다. 이는 원자 자체가 독립적인 하나의 작은 자석이기 때문에 생기는 현상으로 파악된다.

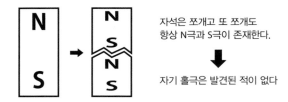

자기장(B)의 크기는 단위 면적을 통과하는 자기력선의 수(자기선속 밀도, 단위: T-테슬라)로 나타낸다. 자석의 자기력선은 N극에서 나와 S극으로 들어가는 닫힌 고리 형태를 띠고 있다. 그러므로 공간의 한 점에 점 자석이 있을 때 점 공간 밖으로 빠져나가고 들어오는 자기력의 흐름 벡터를 합산하면 0이 된다. 이를 식으로 표시한 것이 ⅱ) $\nabla \cdot B = 0$, 자

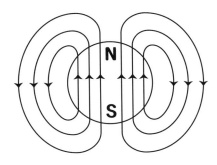

기장의 가우스 법칙이다. '발산(▽•)하는 자기장(B)은 없다(0).'라는 말은 '자기 홀극은 존재하지 않는다.'라는 말과 같다. 과학자들은 N극이나 S극이 홀로 있는 '자기 홀극(magnetic monopole)'을 발견하고자 애쓰고 있지만 아직까지 발견된 적이 없다.

iii) $\nabla \times E = -\dfrac{\partial B}{\partial t}$ (패러데이 전자기 유도 법칙)

　▽×(델 크로스)는 curl(컬)과 같은 의미의 기호다. 머리카락이 둥글게 말린 것을 컬이라고 하듯이, 컬(▽×)은 '점이나 선을 따라 한 바퀴 돌아가며 합산하라.'라는 뜻을 가진다.

　iii) 방정식은 '시간(t)에 따른 자기장(B)의 변화가 회전(▽×)하는 전기장(E)를 만든다.'라는 뜻을 함축하고 있다.

　∂(라운드 또는 디)는 편미분(偏微分, partial derivative) 기호다. 편미분은 변수가 여러 개인 함수를 특정한 한 개의 변수에 대해서만 미분하는 미분법이다. 예를 들면, 변수 x, y, z가 들어 있는 함수를 x에 대해서만 미분하는 것이다.

$\dfrac{\partial B}{\partial t}$ 는 't(시간)에 대한 B(자기장)의 변화를 편미분(∂)하라.'는 식이다. 마이너스(-)는 반대 방향을 나타내는 부호다. 따라서 iii) 방정식은 자기장이 $\dfrac{\partial B}{\partial t}$의 값으로 변화할 때 이를 방해하는 마이너스(-) 방향 쪽으로 전기장($\nabla \times E$)이 생긴다는 의미가 된다.

전자기 유도에서 중요한 것은 '변화'다. 도선과 자석을 가까이 두어도 정지 상태에서는 전류가 유도되지 않는다. 패러데이는 전기가 생성되려면, 도선이 움직이든지 자석이 움직이든지, 자기장의 변화가 일어나야 한다는 사실을 발견한 바 있다. 이러한 원리를 응용한 대표적 장치가 발전기다. 자석 사이에서 코일 도선을 회전시키면 도선에 가해지는 자기장이 연속적으로 변하게 되므로 전기장이 생기고 도선에는 전류가 흐르게 된다.

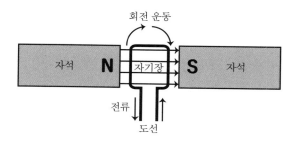

iv) $\nabla \times B = \mu_o \left(J + \varepsilon_o \dfrac{\partial E}{\partial t} \right)$ (앙페르-맥스웰 회로 법칙)

iv) 방정식은 제임스 맥스웰의 이름을 역사에 길이 남도록 만든 핵심 공식이다. iv) 방정식을 통해 맥스웰이 '전자기파'의 존재를 예언했기 때문이다.

원래의 앙페르 회로 법칙은 '도선에 흐르는 전류 밀도(J)에 비례하여 자기장의 세기(B)가 커진다.'라는 내용의 방정식이다. μ(뮤)는 매질이 자화되는 정도의 비율을 나타내는 투자율(透磁率, permeability) 상수이며, μ_0(뮤 제로)는 '진공의 투자율'이다.

맥스웰은 수학식의 대칭성을 파악하면서 앙페르 방정식이 불완전하다는 느낌을 받았고, 결국 축전기에 앙페르의 식을 그대로 적용하면 맞지 않는다는 것을 파악했다.

전하를 저금통처럼 모으는 축전기(capacitor, condenser)에는 두 장의 금속판이 약간의 거리를 두고 떨어져 있다. 두 금속판은 떨어져 있으므로 전류가 직접 흐르지는 않는다. 그렇지만 전원의 스위치를 개폐하는 순간이나 교류 전압이 걸리는 경우에는 도체판 양쪽의 전하량이 달라지면서 전기장이 생기고 마치 전류가 흐른 것과 같은 효과가 발생한다.

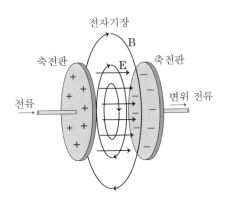

맥스웰은 축전지의 전기장에 의해 발생하는 전류를 '대체 전류(변위 전류)'라고 정의하였다. 축전기에서 전류가 직접 흐르는 것은 아니지

▎오늘날의 여러 가지 축전기

만 전류가 흐른 것과 같은 효과를 일으키기 때문이었다. 맥스웰은 앙페르의 식을 수정하여 우변에 $\varepsilon_0 \partial E / \partial t$ 라는 항을 추가로 집어넣어 iv)식 $\nabla \times B = \mu_0 (J + \varepsilon_0 \cdot \partial E / \partial t)$을 완성하였다.

iv) 식의 핵심 내용은 '전류 밀도(J)와 시간에 따라 변하는 전기장 ($\varepsilon_0 \cdot \partial E / \partial t$)이 회전하는($\nabla \times$) 자기장($B$)을 만든다.'라는 것이다.

에너지는 물질이 이동하여 전달할 수도 있고, 물질 자체는 이동하지 않으나 파동으로 전달될 수도 있다. 오르락내리락 곡선을 그리며 에너지를 전달하는 물결 파동은 물이 직접 흐르지는 않지만 막강한 에너지를 멀리까지 전달한다. 전기장과 자기장은 물질이 이동하는 것이 아니므로 파동이라는 생각을 떠올릴 수 있다. 맥스웰은 '변위 전류'가 그와 같은 방식에 의해서 흐르는 것이며 빈 공간에서도 전달되어야 한다고 생각했다. 그리고 전기장과 자기장이 함께 파동을 이루어 공간으로 전파되는 '전자기파(Electromagnetic wave)'의 존재를 예측하고 수식 계산을 통해 전자기파의 속력이 빛의 속력과 일치한다는 사실도 파악했다.

맥스웰 방정식의 풀이 과정에서 전자기파의 속력은 $v = 1 / \sqrt{\mu_0 \varepsilon_0}$

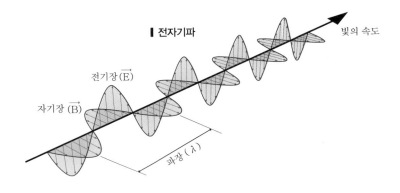

∥ 전자기파

빛의 속도

전기장 $(\vec{E})$

자기장 $(\vec{B})$

파장 (λ)

$(\mu_0$는 진공의 투자율, ε_0는 진공의 유전율$)$인 것으로 나타났는데, 이 값이 빛의 속력과 일치했던 것이다. 이는 빛도 전자기파의 일종이라는 사실을 말하는 것이었다.

한국의 학생들은 세계 수학올림피아드에서 줄곧 최상위의 우수한 성적을 거둔다. 그렇지만 그 성적표는 기계적이고 반복적인 문제풀이 훈련의 결과라는 것을 관계자들은 알고 있다. 한국의 어린 학생들은 수학의 쓰임새를 흔히 입시와 연관 짓곤 한다.

수학은 과학과 철학을 하는 과정에서 발전한 학문이고, 또한 수학은 과학의 발견을 견인한다. 맥스웰은 수학으로 새로운 과학 문명의 열쇠를 제공한 인물이다. 수학과 친하지 못해도 그의 방정식을 음미하는 것은 낭만적인 일이다.

신비한 마법의 상수, 자연 상수(e)

❧

자연 상수 e에 관한 이야기

[경우1] 연 이자율이 5%라고 할 때, 은행에 1,000원을 예금하면 1년 후에 얼마가 될까?

이 경우 원금에 이자를 더해 받아야 하므로, 아래의 식에 의해서 1050원을 받게 된다.

받을 돈 = 원금 + (원금 × 이자율)

　　　　= 원금 × (1 + 이자율)

　　　　= 1000원 × (1 + 0.05) = 1050원

[경우2] 연 이자율 5%를 4분기로 분할하여 복리(複利: 원금에 이자를 더해가며 이율을 적용하는 금리 계산법)로 약정하면 어떨까?

4분기로 분할하는 방식은, 기간을 4등분하고 이자율도 4등분하여 적용하는 것이다.

따라서 1년에 4회 이자가 붙되, 이자율도 4등분하여 $\dfrac{0.05}{4}$ 를 적용한다.

이를 수식으로 쓰면,

$$받을 돈 = 1000 \times (1 + \frac{0.05}{4}) \times (1 + \frac{0.05}{4}) \times (1 + \frac{0.05}{4})$$
$$\times (1 + \frac{0.05}{4}) = 1050.945원 \cdots\cdots(i)$$

따라서 1,050.945원으로 [경우 1]보다 더 많은 돈을 받게 된다.

[경우1]에서는 1,000원이 1,050원이 되었으므로 연 이자율 5%가 분명하다. 그런데 [경우 2]에서는 1,000원이 1,050.945원으로 늘어났으니, 이자율이 5.0945%로 둔갑한 셈이다. 금융업에서는 이러한 차이를 구분하기 위해서 연 이자율 5%를 '명목 이자율', 5.0945%를 '실효 이자율'이라고 부른다.

[경우3] 연 이자율을 1일 또는 1분 또는 1초 단위로 분할하여 적용하면 어떻게 될까? 이자가 어마어마하게 붙을까?

(i)식을 간략히 쓰면, 받을 돈 $= 1000 \times \left(1 + \dfrac{0.05}{4}\right)^4$ 이다.

이를 일반화된 식으로 쓰면,

$$\left[받을 돈 = 원금 \times \left(1 + \frac{이자율}{n}\right)^n \right] \cdots\cdots(ii)$$

(ii)식에서 n은 몇 등분하는지를 나타내는 값이다. 1년을 4등분하면 n = 4를 대입하고, 1년을 365등분하면 n = 365를 대입해야

각각 1년 후 받을 돈이 산출된다. 1초 단위로 이자가 붙는 것으로 셈을 하는 경우에는, 1년이 3,153,600초에 해당하므로 (2)식에 n = 3153600을 넣어 계산하면 된다.(윤년은 제외하고 1년을 365일로 잡은 경우)

$$\left[\text{받을 돈} = \text{원금} \times \left(1 + \frac{\text{이자율}}{n} \right)^n \right]$$

$$= 1000\text{원} \times \left(1 + \frac{0.05}{3153600} \right)^{3153600} \approx 1051.271\text{원}$$

1,000원을 예금하여 초당 분할 이자율을 적용하면 1년 후에 1,051.271원이 된다. 실효 이자율이 5.1271%가 된 것이다. 이러한 차이로 인해 세월이 오래 흐르면 받을 돈은 꽤 차이가 나게 된다.

[경우4] 1,000원을 예금한 후 잊고 살다가 236년 후에 생각이 나서 돈을 받는 것으로 가정해 보자. 받을 액수는 얼마가 될까? 이 경우, (ii)식의 승수에 년 수를 곱해서 받을 돈을 계산하면 된다.

$$\text{즉,} \left[\text{받을 돈} = \text{원금} \times \left(1 + \frac{\text{이자율}}{n} \right)^{n \times \text{년 수}} \right] \quad \cdots\cdots \text{(iii)}$$

(iii)식에 따라서 원금 1,000원에 연 이자율 5% 복리 이자를 적용하여 236년이 지나면 적어도 1억 원 이상의 목돈이 된다. n값에 따라서 표와 같이 다양한 액수가 될 수 있다.

명목 이자율 5% 복리 예금 (원금 1,000원)	236년 후 받을 돈	적용 n 값
연 이자율 적용	1억 15만 5449원	n=1
분기당 이자율 적용	1억 2천 385만 4018원	n=4
월당 이자율 적용	1억 3천 2만 5354원	n=12
일당 이자율 적용	1억 3천 314만 4709원	n=365
분당 이자율 적용	1억 3천 325만 2278원	n=525600
초당 이자율 적용	1억 3천 325만 2348원	n=3153600

연 이자율을 적용하면 약 1억 15만 원이 되고, 분기당 이자율을 적용하면 1억 2천 385만 원이 넘는다. 그런데 일당 이자율을 적용하면 1억 3천 314만 원이고, 분당이나 초당 이자율을 적용하면 1억 3천 325만 원 남짓한 액수에 도달하게 된다. 그런데 천분의 1초나 만분의 1초 단위로 쪼개어 이자율을 적용하더라도 액수는 거의 늘어나지 않는다. 왜 그럴까?

이는 이자율 공식에 들어 있는 $\left(1+\dfrac{1}{n}\right)^n$ 함수가 특정한 값 이상으로 증가할 수 없는 오묘한 원리의 지배를 받기 때문이다.

$\left(1+\dfrac{1}{n}\right)^n$ 식에 $n=\infty$(무한)을 넣으면 어떨까? 매 순간 이자가 붙는 것으로 가정하는 것이다. 그런데 ∞(무한)을 수식에 바로 적용할 수는 없다. 무한은 숫자가 아니기 때문이다. 대신에 '무한에 한없이 가까워지는 숫자'를 넣을 수는 있다. 이러한 개념을 표현

하기 위해 만들어진 것이 극한(極限, limit, 리미트)이다.

n이 무한(∞)에 한없이 가까워질 때 $\left(1 + \dfrac{1}{n}\right)^n$의 값이 e라면, 극한 식은 다음과 같이 표현된다.

$$\lim_{n \to \infty} \left(1 + \frac{1}{n}\right)^n = e \quad \cdots\cdots \text{(iv)}$$

여기서 e의 값은 무리수로 2.71828182845904523536028274… 끝나지 않는 숫자다.

[경우5] (iii)식과 (iv)식을 이용하여 매순간 이자가 붙는 복리 방식을 적용해 보자.

'매순간'이라는 개념 때문에 극한 공식을 적용해야 하므로,

$$\left[\text{받을 돈} = \text{원금} \times \lim_{n \to \infty} \left(1 + \frac{\text{이자율}}{n}\right)^{n \times \text{년수}} \right] \quad \cdots\cdots (\text{v})$$

(iv)식 를 이용하여 (v)식을 정리[1]하면, 다음과 같은 식이 된다.

$$\left[\text{받을 돈} = \text{원금} \times e^{\text{이자율} \times \text{년수}} \right] \quad \cdots\cdots (\text{vi})$$

(vi)식에 원금 1,000원, 이자율 5%, 년 수에 236을 대입하면 약 1억 3천 325만 2353원이 된다. 이 액수가 한계치이다. 즉, 매순간 이자가 붙는다고 가정해도 특정한 값에 수렴한다. 이자율은 영어로 '흥미로운 비율(interest rate)'이다.

e는 자연 현상과 밀접한 관계가 있는 특별한 숫자이기 때문에 '자연 상수'라고 불린다. 자연 상수 e는 이자율뿐만 아니라 물체가 냉각될 때 온도가 내려가는 비율, 방사성 물질이 붕괴할 때 질량이 줄어드는 비율, 빛이 물질을 통과할 때 빛의 세기가 감소하는 비율, 폭발력이 확산되는 비율 등 다양한 자연 현상과 연관이 있다.

---

1. (v)식을 (vi)으로 변환하는 과정은 다음과 같다.

받을 돈 $=$ 원금 $\times \lim\limits_{n \to \infty} \left(1 + \dfrac{\text{이자율}}{n}\right)^{n \times \text{년수}} =$ 원금 $\times \lim\limits_{n \to \infty} \left(1 + \dfrac{i}{n}\right)^{nt}$ 로 나타내면

$\lim\limits_{n \to \infty} \left(1 + \dfrac{i}{n}\right)^{nt} = \lim\limits_{n \to \infty} \left\{ \left(1 + \dfrac{i}{n}\right)^{\frac{n}{i}} \right\}^{it}$ ……①, 로 놓고 ①식을 치환하면,

$\lim\limits_{n \to \infty} \left\{ \left(1 + \dfrac{i}{n}\right)^{\frac{n}{i}} \right\}^{it} = \lim\limits_{x \to \infty} \left\{ \left(1 + \dfrac{1}{x}\right)^{x} \right\}^{it} = e^{it}$

따라서, 받을 돈 $=$ 원금 $\times e^{it}$

5
비둘기집 원리로 설명하는
열평형과 엔트로피

루트비히 볼츠만
Ludwig Eduard Boltzmann (1844. 2. 20 ～ 1906. 9. 5)

고대 그리스의 엠페도클레스(Empedocles, 기원전 493~430년 경)는 만물을 만든 4대 원소로 물, 흙, 불, 공기를 들었다. 불(火)을 물질의 본성 중의 하나로 해석한 것이다. 이와 같은 생각은 중세 이후까지 이어져 열소(熱素, 플로지스톤, phlogiston) 이론으로 발전했다.

독일의 화학자 슈탈(Georg Ernst Stahl, 1660~1734)은 목탄과 같은 물질은 열소를 많이 함유하고 있고, 연소할 때 열소가 빠져나오는 것으로 열의 이동을 설명했다. 열소는 불에 타지 않는 성분으로 이동할 수는 있어도 새롭게 생성되거나 사라지지 않는 것으로 간주했다. 그러나 1774년 프랑스의 라부아지에(Lavoisier)가 금속이 연소했을 때 무게가 줄지 않고 오히려 증가한 사실을 밝혀냄으로써 플로지스톤 이론은 힘을 잃기 시작했다.

영국의 제임스 프레스콧 줄(James Prescott Joule, 1818~1889)은 양조장에서 가동되는 증기 모터를 전기 모터로 바꾸면 효율이 어떨지를 연구하던 중에 1840년 줄의 법칙[1]을 알아냈고, 1845년에는 일명 '물갈퀴 실험'을 통해 일(work)과 열(heat)이 교환[2] 가능하다는 사실도 밝혀냈다. 물갈퀴 실험 장치는 줄에 달린 무거운 추가 낙하하면서 물통 속의 프로펠러를 회전시키는 장치였다. 프로펠러가 회전하면서 일하면 물의 온도가 상승한다. 이는 역학적 일을 통해 열이 생성됨을 밝힌 실험이었고, 에너지는 전환이 가능하다는 것을 알려 준 실험이기도 했다. 물리학에서 일(W)의 단위로 쓰는 줄(J)은 그의 이름에서 따온 것이다.

독일의 물리학자 클라우지우스(Rudolf Julius Emanuel Clausius, 1822~1888)는 1850년 논문 『열의 움직이는 힘』 *On the Moving Force of Heat* 에서 엔트로피(Entropy) 개념을 만들고 '우주의 총 엔트로피는 최대치를 지향한다.'라고 기술하였다. 절대 온도 T인 열역학적 계가 ΔQ만큼의 열을 흡수했을 때 엔트로피 변화량은 아래의 식과 같다.

---

1. 줄의 법칙: 도체에서 발생하는 열(Q)은 전류(I) 크기의 제곱, 저항(R)의 크기, 전류가 흐른 시간(t)에 비례한다. $Q = I^2 Rt$
2. 1줄(J)의 일은 0.24칼로리(cal)의 열로 전환될 수 있다.

엔트로피 변화량(ΔS)=열량(ΔQ) / 절대 온도(T)

그가 엔트로피 개념을 만든 것은 열에너지의 이동을 설명하기 위해서였다. 열에너지는 고온의 계에서 저온의 계로만 이동한다. 그는 이러한 현상을 '고립계의 엔트로피는 감소하지 않으며 증가하는 방향으로 일어난다.'라고 설명하였다. 고립계(孤立系, Isolated system)란 외부와의 상호작용이 없는, 물질이나 에너지를 교환하지 않는 계를 말한다.

고온인 A계의 초기 온도는 T_1이고, 저온인 B계의 초기 온도는 T_2이다. A계에서 B계로 Q만큼의 열이 이동했다면 전체 고립계(A + B)의 엔트로피 변화는 어떻게 될까?

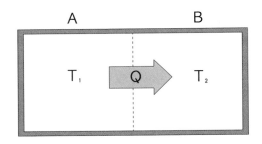

A계는 Q만큼의 열을 잃었으므로 A계의 엔트로피 변화량 $\Delta S_A = -Q/T_1$ 이다.

B계는 Q만큼의 열을 얻었으므로 B계의 엔트로피 변화량 $\Delta S_B = Q/T_2$ 이다.

전체 계(A + B)의 엔트로피 변화량은 A계와 B계의 엔트로피 변화량을 더하면 된다.

$\Delta S_{전체} = \Delta S_A + \Delta S_B = -Q/T_1 + Q/T_2 = Q\,(1/T_2 - 1/T_1)$, 초기 온도는 $T_1 \rangle T_2$ 이었으므로, 이 $\Delta S_{전체} = Q\,(1/T_2 - 1/T_1) \rangle 0$이 된다. 즉, 엔트로피가 증가한 것이다.

엔트로피는 고온의 계에서 저온의 계로 열이 이동하는 현상을 설명하기 위한 일종의 장치라고 할 수 있다. 만약 온도가 낮은 B계에서 온도가 높은 A계로 열이 이동하는 일이 생긴다면 전체 계의 엔트로피는 감소한다. 자연적으로 그와 같은 일이 생길 수는 없다는 것이 '엔트로피 증가의 법칙'이다.

엔트로피는 '무질서도(또는 분산도)'라는 의미로도 통용된다. 이와 같은 의미가 생긴 것은 루트비히 볼츠만이 통계확률을 이용한 새로운 방법으로 엔트로피를 정의한 데서 비롯되었다. 그는 열역학계의 분자들이 질서 있는 배열에서부터 시작하여 점점 무질서한 배열로 분산되면서 열의 평형이 이루어진다고 생각했다.

◐ ◑

루트비히 볼츠만은 오스트리아 빈(Wien)에서 삼남매 중 장남으로 태어났다. 그의 아버지 조지(Ludwig George Boltzmann)는 오스트리아 제국의 공무원이었고, 어머니 카타리나(Katharina Pauernfeind)는 부유한 상인 집안 출신이었다. 부부는 볼츠만이 어렸을 때 피아노를 배우게 했다. 그에게 피아노를 가르친 사람은 안톤 부르크너(Joseph Anton Bruckner, 1824~1896)로 당시에는 젊은 음악가였지만, 훗날 많은 종교음악과 교향곡을 작곡한 거장이 되었다. 볼츠만은 수준 높은 피아노 과외를 받으며 음악적 감수성을 키웠고, 초등교육 기초도 가정교사에게 배웠다. 아버지가 전근 발령을 받을 때마다 빈, 웰스(Wels), 린츠(Linz) 등 여러 도시로 이사했고, 11세에 린츠 아카데미 김나지움에 입학했다. 그런데 그가 15세가 되었을 때 아버지가 결핵으로 추정되는 병으로 사망했다. 이듬해에는 14세였던 동생 알베르토 아버지와 같은 병으로 세상을 떠났다. 가족의 죽음은 남은 가족에게 커다란 슬픔을 주었지만, 외가가 부자였으므로 경제적인 어려움은 없었다.

1863년 10월 빈대학에 입학하여 수학과 물리학을 공부한 볼츠만은 1867년 23세 때 박사 학위를 받고 슬로베니아 출신 요제프 슈테판 (Josef Stefan, 1835~1893) 교수의 조수가 되었다. 슈테판은 볼츠만에게 맥스웰의 기체 운동 속도에 관한 영어 논문을 공부하도록 권했고, 볼츠만은 그에 관한 연구를 1868년 빈 과학원 회보에 발표했다. 기체 분자들의 운동 속도는 맥스웰이 발표한 이론이 기본적으로 옳다는 내용의 논문이었다. 다만 맥스웰의 수식에 작은 오류가 있는 것을 발견하고 이를 수정했다. 이로써 기체 분자들의 운동 속도 분포에 관한 그래프에는 '맥스웰-볼츠만 분포 곡선'이라는 이름이 붙게 되었다.

맥스웰-볼츠만 분포 곡선은 온도 298.15K(25도씨)의 공기 중에서 아르곤(Ar)은 초속 350미터, 네온(Ne)은 초속 500미터, 헬륨(He)은 초속 1,000미터 이상의 평균 속도로 움직이고 있다는 것을 보여 준다. 이는 공기 입자의 질량이 무거울수록 평균 속력이 느린 상태에 집중되어 있고, 가벼운 기체일수록 평균 속력이 빠르고 다양한 속도로 넓게 분포되어 있음을 보여 준다.

맥스웰-볼츠만 분포에 대해서 비판적이었던 한 과학자는 공기 분

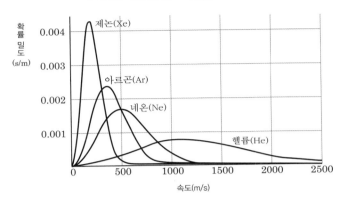

■ 맥스웰–볼츠만 분포 곡선(온도 298.15K=섭씨 25도)

자가 그처럼 빠른 속도로 움직인다면 향수 냄새가 어찌 그리 느리게 퍼질 수 있냐고 반박했다. 그러나 이는 공기 분자가 직선으로 움직일 것이라고 단순히 생각한 데서 비롯된 질문이었다. 공기 입자들의 평균 속력은 매우 빠르지만, 입자끼리 초당 수천만 번 이상 충돌하면서 무작위 방향으로 진행하기 때문에 냄새가 확산되려면 시간이 꽤 걸린다.

볼츠만은 열이 원자나 분자들의 운동과 진동으로 생긴다고 보았다. 즉 '온도'를 '입자들의 운동 에너지의 총합'과 같은 개념으로 생각했다. 그러나 공기와 같은 작은 입자들의 운동 속도를 개별적으로 계산할 수는 없으므로 확률과 통계를 이용하여 이를 나타내고자 했다. 그는 기체의 상태를 비둘기 집의 원리(pigeonhole's principles)로 표현했다.

비둘기 집의 원리에 따르면, 기체의 상태가 바뀌는 것은 비둘기들이 다른 집으로 옮겨 가는 것에 해당한다. 공기 입자들은 아주 많은 비둘기 떼와 같다. 무수히 많은 수의 비둘기가 무수히 많은 비둘기 집 구멍 속으로 들어가는 경우의 수는 무척 많지만 확률적으로 가장 높은 것은 어떤 경우일까? 모든 비둘기가 한 구멍 속으로 들어갈 확률은 거의 제로에 가깝다. 이때 가장 높은 확률은 모든 비둘기가 저마다 다른 구멍으로 들어가는 경우다. 마찬가지로 공기 입자의 속도가 다양한(온도가 다양한) 상태에 놓일 수 있지만, 확률적으로는 한 가지 상태에 놓이게 되며, 볼츠만은 이 한 가지 상태를 '열평형 상태'라고 정의했다.

열평형 상태란 두 계(system) 사이에 열 교환이 동일하여 온도의 변화가 없는 상태를 의미한다. 뜨거운 공기가 들어 있는 통과 차가운 공기가 들어 있는 통에 구멍을 뚫어 연결하면 결국에는 둘의 온도가 같아진다. 왜 같아지는 것인가? 질서정연하게 뜨거운 공기 입자들끼리 그냥 모여 있고, 차가운 공기 입자들끼리 그대로 모여 있으면 안 되는가? 한 걸음 더 나아가, 뜨거운 공기 입자들 중에 더러 섞여 있는 온도가 낮은 입자가 차가운 통으로 가고, 동시에 차가운 통에 더러 섞여 있는 뜨거운 입자가 뜨거운 통으로 이동하면 안 되는가? 이런 일이 가능하다면 뜨거운 공기는 더 뜨거워질 것이고 차가운 공기는 더 차가워질 수도 있다.

이와 같은 사고실험이 '맥스웰의 도깨비'다. '통을 연결하는 구멍을 도깨비가 관리하고 있어서 입자들을 이리 가라 저리 가라 한다면 가능할 수도 있지 않느냐?'라고 맥스웰이 던진 화두는 과학자들을 골치 아프게 했다. 그런 일이 발생할 확률이 수학적으로 0이 아니므로 불가능하다고 단정할 수 없고, 엔트로피 개념으로 보면 가능한 일도 아니었기 때문이다.

맥스웰의 도깨비는 일종의 역설로 볼 수 있다. 도깨비가 있어야 가능하니, 실제로 그런 일은 일어나지 않는다. 따라서 확률통계 수학으로 열 이론을 전개해도 문제될 것이 없다는 비유인 것이다. 맥스웰은 영국 케임브리지에 있었으므로 오스트리아 빈에 있는 볼츠만을 만나기는 어려웠지만, 그들은 서신을 통해 의견을 교환했다.

●●

확률과 통계

온도가 낮은 공기 속에 들어 있는 분자를 편의상 C라고 하고, 온도가 높은 공기 속에 들어 있는 분자를 H라고 하자. 왼쪽 방에 4개의 C분자가, 오른쪽 방에는 4개의 H분자가 있다. 두 방 사이에 통로를 만든 후 시간이 흐르면 어떻게 될까?

[배열1] 공기 분자는 제멋대로 운동하기 때문에 어느 방이나 들어갈 수 있다. 그런데도 처음과 같이 왼쪽 방에 4C가 그대로 있고, 오른쪽 방에 4H가 그대로 있는 것처럼 배열될 수도 있다. 그 방법은 딱 한 가지뿐이므로 '경우의 수(배열 방법의 수, 상태의 수)'는 1이다.

[배열1] 경우의 수 1

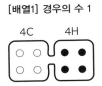

[배열2] 왼쪽 방에 있던 4개의 C 중에서 1개가 선택되어 오른쪽 방으로 이동하고, 오른쪽 방에 있던 4개의 H 중에서 1개가 선택되어 왼쪽 방

으로 이동하는 방법의 수는 몇 가지가 될까? 왼쪽 방의 4개 중에서 1개를 선택하는 방법은 4가지이고, 오른쪽 방의 4개 중에서 1개를 선택하는 방법도 4가지이므로 경우의 수는 4 × 4 = 16이다. 이동한 결과로 왼쪽 방에 3C + H, 오른쪽 방에 C + 3H의 분자 조합이 만들어진다.

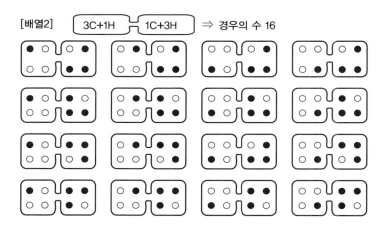

[배열3] 왼쪽 방이나 오른쪽 방이나 2C + 2H가 되는 방법의 수는 앞서 경우보다 더 늘어난다. 왼쪽 방 4C에서 2개를 선택하는 방법이 6가지고, 오른쪽 방 4H에서 2개를 선택하는 방법도 6가지이므로 배열 가능한 경우의 수는 6 × 6 = 36이 된다.

[배열4] 왼쪽 방의 분자 조합이 3H + C, 오른쪽 방의 분자 조합이 H + 3C가 되는 경우의 수는 [배열2]의 경우와 마찬가지 원리로 16이 된다.

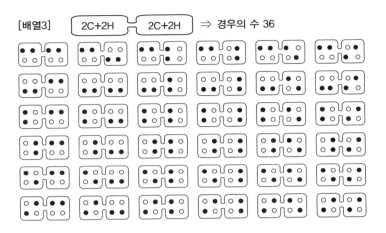

[배열3] 2C+2H — 2C+2H ⇒ 경우의 수 36

[배열5] 왼쪽 방의 분자 조합이 4H, 오른쪽 방의 분자 조합이 4C가 되는 경우의 수는 [배열1]의 경우와 마찬가지 원리로 1이 된다.

결과를 정리하면 다음과 같으므로, 배열이 가능한 모든 경우의 수는 70이 된다.

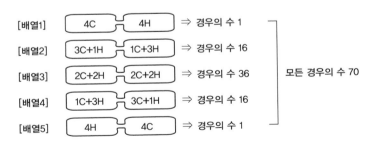

[배열1] 4C — 4H ⇒ 경우의 수 1
[배열2] 3C+1H — 1C+3H ⇒ 경우의 수 16
[배열3] 2C+2H — 2C+2H ⇒ 경우의 수 36   모든 경우의 수 70
[배열4] 1C+3H — 3C+1H ⇒ 경우의 수 16
[배열5] 4H — 4C ⇒ 경우의 수 1

위의 여러 배열 중 가장 높은 확률을 보이는 것은 [배열3]으로, 확률은 36/70이다. C분자 4개와 H분자 4개라는 아주 작은 계를 예로 들었을 뿐인데도, 분자가 골고루 분산되는 [배열3]의 확률이 1/2보다 더 큰 값이 나왔다.

분자의 수가 늘어나는 경우에는 확률의 격차가 훨씬 커지게 된다. [배열1]은 분자의 수가 증가해도 경우의 수는 증가하지 않고 항상 1이지만, [배열3]은 경우의 수가 어마어마하게 커지기 때문이다. 입자의 수가 증가하면 앞서의 방법처럼 일일이 그림을 그려서 파악하는 것은 불가능하다. 수학은 이런 경우를 풀기에 편리한 도구이다. 모든 경우의 수가 얼마인지를 파악하는 수학 공식은 다음과 같다.

$$[\ W = N!/N_C!N_H!\ ]$$

(W: 배열 가능한 모든 경우의 수, N: 총 분자의 수, N_C: C의 입자 수, N_H: H의 입자 수)

!은 수학의 팩토리얼(factorial, 계승, 차례곱) 기호다. 팩토리얼 연산의 예를 들면, $4! = 4 \times 3 \times 2 \times 1 = 24$이다.

앞서 사례 C = 4, H = 4인 경우를 계산하면,

$W = 8!/4!4! = (8 \times 7 \times 6 \times 5 \times 4 \times 3 \times 2 \times 1)/(4 \times 3 \times 2 \times 1 \times 4 \times 3 \times 2 \times 1) = 70$이다.

계의 크기를 조금만 늘려서 C = 10, H = 10인 경우에 배열 가능한 W의 수를 계산해 보자.

$W = 20!/10!10! = 2432902008176640000/(363880 \times 362880) = 184756$

분자 수를 몇 개 더 늘렸을 뿐인데 배열 가능한 수가 18만 개 이상으로 엄청나게 늘어났다.

열역학적 계는 무수히 많은 분자의 모임이다. 기체 1몰에는 6×10^{23}개의 분자가 들어있다. 기체 $1/2$몰과 $1/2$몰이 섞이는 경우를 가정하여, 위 공식을 적용하면 다음과 같은 식이 된다.

$\mathrm{W} = (6 \times 10^{23})! / \{(3 \times 10^{23})! \ (3 \times 10^{23})!\} \cdots \cdots (\mathrm{i})$

이렇게 어마어마하게 큰 수는 직접 계산이 불가능하므로, 볼츠만은 로그[3]를 적용했다.

로그를 적용하면 곱하기는 더하기로, 나누기는 빼기 연산으로 바뀌어 계산이 편리해지고 극댓값을 구하기도 용이해진다. (ⅰ)식에 자연로그(ln)를 취하면,

$\ln \mathrm{W}$

$= \ln \left[(6 \times 10^{23})! / \{(3 \times 10^{23})! \ (3 \times 10^{23})!\} \right]$

$= \ln(6 \times 10^{23})! - \ln(3 \times 10^{23})! - \ln(3 \times 10^{23})! \cdots \cdots (\mathrm{ii})$

위와 같은 식을 계산하기 쉽도록 스코틀랜드의 수학자 제임스 스털링 (James Stirling, 1692~1770)은 아래와 같은 간편한 근사식을 만들어 냈다.

---

3. '로그(Logarithm)'는 수학자 오일러(Leonhard Euler, 1707~1783)가 적분을 이용하여 정의하고, 이의 역함수를 '지수 함수'로 정의하였다.
    $y = a^x$이면, x는 a를 밑으로 하는 y의 로그(log)라고 하며, $\log_a y = x$로 표시한다.
    (1) 자연로그: 자연 상수 e를 밑으로 하는 로그($\log_e$)를 '자연로그'라고 한다. 자연로그는 ln으로 줄여서 쓰기도 한다. (예) $\log_e y = \ln y = 2$ 경우 $y = e^2$이다.
    20세기 초까지는 자연로그를 log로 기재하기도 했다. 볼츠만의 묘비에 새겨져 있는 log는 자연로그를 의미한다.
    (2) 상용로그: 밑 a = 10인 경우를 '상용로그'라고 한다. 상용로그는 밑을 생략하고 log로 쓰거나, 줄여서 lg로 표기하기도 한다. (예) $\log_{10} 10^2 = \log 10^2 = \lg 10^2 = 2$

스털링 근사식: $[\ \ln N! \approx N \ln N - N\ ]$

스털링 근사식을 (ⅱ)식에 적용하면

$\ln W$

$= \ln(6 \times 10^{23})! - \ln(3 \times 10^{23})! - \ln(3 \times 10^{23})!$

$\approx \{6 \times 10^{23} \times \ln(6 \times 10^{23}) - 6 \times 10^{23}\} - 2 \times \{3 \times 10^{23} \times \ln(3 \times 10^{23}) - 3 \times 10^{23}\}$

$\approx 3.22507 \times 10^{25} - 3.18438 \times 10^{25}$

$\approx 4.15888 \times 10^{23}$ ……(ⅲ)

(ⅲ)식 $\ln W \approx 4.15888 \times 10^{23}$ 이므로, $W \approx e^{4 \times 10^{23}}$ ……(ⅳ)

(ⅳ)식의 e(자연 상수)는 2.71828…이므로, $W \approx e^{4 \times 10^{23}} \approx 2.71828^{4 \times 10^{23}}$

경우의 수(W) $2.71828^{4 \times 10^{23}}$는 엄청나게 큰 수다. 그러나 이처럼 W가 커져도 앞서 살펴본 [배열1](H, C 분자들이 섞이지 않고 질서 있게 한 방에 모여 있는 상태) 경우의 수는 언제나 1이다. 그렇지만 [배열3](H, C 분자들이 서로 골고루 섞이는 상태) 경우의 수는 압도적으로 높아진다.

볼츠만은 두 계가 접촉하면 경우의 수 W가 가장 큰 상태가 될 때 열평형에 도달하는 것으로 설명했다. 즉 분자들이 가지고 있는 에너지가 골고루 퍼져 치우침이 없을 때 열평형이 되는 것이다. 만약 두 계의 에너지가 어느 한쪽에 치우치는 경우에는 W의 값이 최대가 되지 않는다.

볼츠만의 엔트로피와 관련한 연구들은 처음에 'H-정리'라고 불렸으나, 점차 다음의 식으로 표기되어 널리 알려지게 되었다.

$$[\ S = k_B \ \ln W \ ]$$

(S: 엔트로피, k_B: 볼츠만 상수, W: 경우의 수)

◑ ◐

볼츠만은 빈대학의 조교수(1867)로 시작하여 그라츠대학(1869)-빈대학(1873)-그라츠대학(1890)-빈대학(1894)-라이프치히대학(1900)을 전전하다가 빈대학(1904)으로 돌아왔다. 그리고 조울증, 천식, 편두통, 약시, 인후염 등으로 고통받으며 살았다. 그러나 학생을 동료처럼 여기고 허물없이 대했으며, 타인을 함부로 평가하지 않는 진중한 사람이었다.

1873년 볼츠만은 그라츠 교사양성대학의 학생인 헨리에테 아이겐

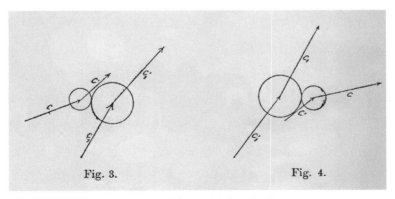

Fig. 3.   Fig. 4.

❚ 기체 분자의 충돌을 나타내는 모식도[②]

틀러(Henriette von Aigentler, 1854~1938)를 알게 되었다. 그녀는 여성이라 정식 학위를 받을 수 없었지만, 학구열이 높았기에 볼츠만에게 도움을 청하며 배움을 이어 갔다. 둘은 몇 년간 서신을 주고받으며 가까워졌고, 1876년에 결혼했다. 두 사람은 슬하에 딸 셋과 아들 둘을 두었는데, 아들 한 명은 11세에 사망했다.

볼츠만은 1896과 1898년에 『기체론 강의 Vorlesungen Über Gastheorie』 I 권, II권을 출판하여 기체 운동 이론을 포함한 통계물리학의 일반적인 체계를 완성했다.

그의 기체론은 원자설과 통계역학에 바탕을 둔 것이어서, 원자설을 인정하지 않는 학자들의 반발이 심했다. 특히 1894년 빈대학의 철학 교수가 된 에른스트 마흐(Ernst Mach, 1838~1916)는 볼츠만에게 매우 적대적이었다. 마흐는 물리학자였지만 과학철학자로서 더 활동적인 사람이었다. 그는 뉴턴의 물리 법칙을 순환 논리에 지나지 않는 관념이라고 비판했고, 관찰 가능하고 인식과 실증이 가능한 것만을 과학의 대상으로 삼아야 한다고 주장했다. 과학의 교주와도 같은 뉴턴마저 깎아내리는 마흐의 기개에 감탄한 추종자들은 볼츠만의 열역학 이론을 무시하고 비난하는 일에 합세했다.

1901년 볼츠만은 우울증이 더 심해져서 치료를 받아야 했다. 1904년과 1905년에는 학술회의로 미국을 다녀오기도 했다. 그러나 그는 끝내 우울증을 극복하지 못했다. 볼츠만은 1906년 9월 5일 이탈리아 해변에서 가족과 여름휴가를 보내던 도중에 슬며시 호텔 방으로 돌아와 창틀에 목을 매고 자살했다.

▌ 그의 묘비 상단에는 볼츠만 방정식 S=k log W가 새겨져 있다.
오늘날 log는 밑이 10인 상용로그를 의미하지만,
볼츠만 묘비의 log는 자연로그(ln)를 의미한다.

◖ ◗

막스 플랑크의 양자

두 계의 분자가 골고루 퍼진다고 해도 각 분자가 가진 에너지는 다를 수 있다. 볼츠만은 분자의 에너지를 1, 2, 3, 4처럼 셀 수 있는 형태로 가정하였고, 지수 e와 관련되는 특정한 값에 집중된다는 사실도 알아냈다. 이와 같은 업적은 독일의 막스 플랑크(Max Karl Ernst Ludwig Planck, 1858~1947)에게 영감을 주어 에너지 양자 개념이 탄생하는 데 기여했다.

양자(Quantum)는 막스 플랑크가 흑체 복사 에너지 분포 곡선을 설

빛

바늘구멍

▌흑체 장치:
바늘구멍을 통해 들어간 빛은
거의 빠져나오지 못한다.

명하기 위해 볼츠만의 통계역학을 이용한 것에서 비롯되었다. 흑체(黑體, blackbody)란, 모든 복사 에너지를 반사하지 않고 흡수하는 이상적인 물체를 일컫는다.

물체가 내는 빛은 두 가지로 구분할 수 있다. 하나는 외부의 빛이 물체의 표면에 충돌한 후 반사되는 빛이고, 다른 하나는 물체가 가열된 상태에서 스스로 방출하는 빛이다. 그러므로 물체가 온도에 따라서 어떤 복사파가 방출되는지를 연구하려면 빛이 반사되지 않는 장치를 만들어야 한다. 벽 속에 둥근 공간을 만들고 외부와 통하는 바늘구멍만 한 틈을 내면 흑체와 유사한 장치가 된다. 외부의 빛이 바늘구멍을 통해 들어가더라도 반사되어 되돌아 나올 가능성은 거의 없기 때문이다. 반면에 장치가 뜨겁게 가열되어 바늘구멍으로 빛이 나오는 경우에, 그 빛은 가열된 흑체 자체가 방출하는 빛으로 간주할 수 있다.

과학자들은 용광로 벽에 구멍을 뚫어 흑체 장치를 만들고 실험했다. 그래서 흑체의 온도가 550도씨 정도일 때 검붉은 빛이, 700도씨일 때 적색의 빛이 방출되며, 온도가 더 올라가면 오렌지색에서 노란색으로

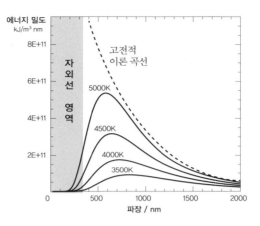

┃ 3500K, 4000K, 4500K, 5000K 흑체가 각각 방출하는 에너지와 파장의 관계

500nm(나노미터) 파장은 노란색 광선의 파장이다. 사람의 눈은 대략 380~700nm 사이의 파장을 감지할 수 있는데, 이 파장 영역의 광선을 '가시광선'이라고 한다.

변하다가 매우 높은 온도에서는 흰색의 빛이 방출되는 사실을 관찰했다. 아래의 그림은 흑체의 온도와 파장에 따른 에너지 밀도(세기)를 나타낸다.

흑체의 온도에 따른 복사 에너지 파장과 에너지 밀도(세기)의 관계는 종 모양의 그래프로 나타났다. 이는 고전적인 파동 이론으로는 설명되지 않는 것이었다. 고전 이론에서는 에너지가 모든 파장에 분배되어 골고루 나타나야 하며, 흑체의 온도가 올라가면 자외선 영역의 에너지가 기하급수적으로 증가해야 한다. 그러나 실제로는 흑체의 온도가 높아져도 자외선 영역의 에너지가 별로 증가하지 않았다. 실제와 이론이 맞지 않았으므로, 과학자들은 이를 '자외선 파탄'이라고 불렀다.

막스 플랑크는 흑체의 에너지가 일정한 양을 가진 덩어리 형태로 방출된다고 가정하여 이 문제를 해결했다. 그는 진동수(빛의 속력을 파장으로 나눈 값)가 v(뉴)인 복사파의 에너지는 불연속적이며, 그 크기는 특정한 값의 정수배인 것으로 가정하였다.

$$E = nhv$$

(n: 정수 1, 2, 3,···, h: 플랑크 상수, v: 진동수)

흑체의 에너지가 정수배 크기를 가진 양자의 형태로 흡수되고 방출된다고 가정하면, 진동수가 큰 자외선 영역의 에너지 양자는 만들어질 확률이 적어진다.

적외선 양자를 1원이라고 하고, 가시광선 양자를 10원, 자외선 양자를 500원이라고 가정하자. 가열된 흑체가 300원이라는 에너지를 가지면, 1원짜리 적외선 양자 200개와 10원짜리 가시광선 양자 10개를 만들어 낼 수는 있지만, 500원 동전인 자외선은 만들어질 수가 없다. 가열된 흑체가 5000이라는 에너지를 가진다면 적외선, 가시광선과 같은 양자가 다수 만들어지고 일부는 500원 동전에 해당하는 자외선이 만들어질 수도 있을 것이다.

그런데 정작 플랑크는 자신이 만든 양자 개념을 못마땅해했다. 에너지가 불연속적이며 확률적으로 분포한다는 개념을 스스로도 인정하기가 어려웠기 때문이다. 허나 그가 만든 양자 개념은 20세기 양자역학(Quantum mechanics)을 일으키는 시발점이 되었다.

라틴 문자 'h'로 표현되는 플랑크 상수(Planck constant)의 값은 $6.6207017 \times 10^{-34}$ J·s이다. 현대 과학에서 플랑크 상수보다 작은 값으로 곱하거나 나누어서 만들어지는 물리량은 의미가 없는 것으로 정의

되었다. '의미가 없다'는 것은 '측정할 수도 없고, 알 수도 없고, 상상조차 허용하지 않는다.'라는 단호한 뜻을 내포하고 있다.

볼츠만은 학생들을 허물없이 친근하게 대했던 사람이다. 그러나 동료 교수들로부터는 원자론을 주장했다는 이유로 공격을 받았고, 확률과 통계를 과학에 적용했다는 이유로 비난을 받기도 했다. 하지만 평화주의자였던 그는 싸우지 않았다. 선구자는 외로울 수밖에 없음을 알았던 것이리라. 결국 그의 생각과 이론은 양자역학의 씨앗이 되었고 과학의 새로운 문을 열게 했다.

6

절대 정지, 절대 시간, 절대 공간은 없다.
상대성 특수 이론과 일반 이론

알베르트 아인슈타인
Albert Einstein (1879.3.14~1955.4.18.)

인류는 시간, 공간, 중력, 빛에 대해 수천 년을 생각해 왔고, 뉴턴의 시대에 이르러 결론이 내려졌다. 시간은 절대적이고, 공간은 영원불변하며, 중력은 만유인력의 결과이고, 빛은 직진하는 파동이다. 이러한 철학들은 19세기까지 천재 과학자들이 수없이 검토하고 검증한 사실이었고, 일상의 경험과도 일치했기 때문에 의심할 것 없는 진리로 통했다.

그러나 1905년, 아인슈타인이 과학계에 등장하면서 이전까지의 진리들은 모두 신기루처럼 흩어지기 시작했다.

◐ ◑

독일 울름(Ulm)에서 태어난 아인슈타인은 또래들보다 말을 아주 늦게 익혔기 때문에 가족들은 그를 지진아라고 생각했다. 아버지 헤르만(Hermann Einstein, 1847~1902)은 유능하지 못한 사업가였다. 그러나 처가가 부자였던 덕에 중산층 생활을 유지하며 아들 알베르트를 뮌헨 중심부에 위치한 루이트폴트 김나지움에 보냈다. 알베르트는 복종과 규율을 강조하는 독일 군국주의식 학교를 싫어했다. 당연히 교사들도 그를 좋게 보지 않았고, 어떤 교사는 '무엇을 해도 성공하지 못할 아이'라고 평가하기도 했다.

열다섯 살이 되던 1894년 아버지의 사업이 망했다. 가족은 이탈리아 파비아로 이사했지만, 알베르트는 학업을 마치기 위해 뮌헨의 친척 집에 머물렀다. 그러나 1년을 넘기지 못하고 학교를 자퇴해 버렸다.

이듬해 가을 알베르트는 스위스 연방 취리히 폴리테크닉대학(Federal Polytechnic School in Zurich)의 '수학과 물리 전공' 교사를 양성하는 학과에 합격했다. 단, 아라우(Aarau)의 주립학교에서 1년 동안 중등교육을 받아야 하는 조건부 합격이었다.

아라우의 주립학교는 페스탈로치(Johann Heinrich Pestalozzi, 1746~1827)의 철학을 실천하는 학교로, 아이들의 개성을 존중하고 저마다의 자질을 육성하는 것에 교육 목표를 두고 있었다. 알베르트는 이곳에서 배움의 행복을 느꼈고, 자유로운 사고의 싹을 틔웠다. 권위주의와 군국주의를 혐오하던 그는 17살이 되었을 때 독일 국적을 버렸다(그리고 몇 년 동안 무국적자로 지냈다.)

폴리테크닉대학에서도 교수들과 사이가 좋지 못했다. 학교에서 낡은 학문을 가르친다고 불평했고, 교수의 지도 방식을 따르지 않을 때도 많았다.

1900년 7월 졸업 가능한 학점을 턱걸이하여 대학을 졸업한 아인슈타인은 교직 자리를 구하고자 했으나 실패했다. 추천서를 써 주는 교수가 없었기 때문이다. 아인슈타인은 별수 없이 개인 교습과 사설학원 강사를 전전했다.

1901년 2월, 22세의 아인슈타인은 스위스 국적을 취득했다. 스위스 법에 따라 군 입대 신체검사를 받았으나 평발, 발한증, 정맥류 등의 사유로 '입대 자격 없음' 판정을 받았다.

아인슈타인은 대학 동창인 세르비아 출신의 밀레바 마리치(Mileva Mari, 1875~1948)와 연인 사이가 되었다. 그러나 아인슈타인의 가족, 특히 그의 어머니 파울린(Pauline Koch, 1858~1920)이 마리치와의 결혼을 완강히 반대했다.

취직도 결혼도 마음대로 되지 않아 괴로워하던 아인슈타인에게 대학 친구인 그로스만(Grossmann, 1878~1936)이 편지를 보내 왔다. 베른 특허국에 자리가 날 것 같으니 지원하라는 내용이었다. 아인슈타인은 1902년 6월 베른 특허국의 3급 기술직 사원으로 채용되었다.

직장이 생긴 아인슈타인은 1903년 1월 밀레바 마리치와 작은 결혼식을 올렸다. 아인슈타인의 가족은 아무도 결혼식에 오지 않았다. 이듬해 아인슈타인 부부는 아들 한스(Hans)를 낳았다. (혼전에 낳은 딸은 입양

▌ 알버트와 밀레바, 1912

을 보냈는데, 어릴 적에 성홍열에 걸려 사망한 것으로 추정되고 있다.)

　1905년 아인슈타인은 5편의 논문을 『물리학 연보』에 보냈다. 논문은 하나같이 과학자들에게 충격을 안겨 주는 놀라운 내용이었기 때문에 훗날 1905년은 기적의 해로 불리게 된다. 1905년 3월 논문은 광양자에 관한 것이었고, 4월 논문은 분자 크기에 관한 것이었고, 5월 논문은 브라운 운동에 관한 것이었고, 6월 논문은 특수 상대성 이론에 관한 것이었으며, 9월 논문은 에너지와 질량의 변환 공식 $E = mC^2$에 관한 것이었다.

「빛의 발생과 변형에 관한 발견적 관점 Über einen die Erzeugung und Verwandlung des Lichts betreffenden heuristischen Gesichtspunkt」

아인슈타인은 빛이 입자처럼 행동한다는 사실을 언급하고, 광양자(light quantum)라는 개념을 제안했다.

당시 빛은 의심할 여지가 없는 파동으로 알려져 있었다. 빛은 마루와 골을 가진 전자기파의 형태로 연속적으로 퍼져 나간다. 빛은 전자기복사(輻射, radiation)라고도 불렸다. 복사는 바퀴살처럼 사방으로 쏘아져 나간다는 뜻이다. 그러나 아인슈타인은 3월 논문에서 '빛이 한 점에서 퍼질 때, 에너지는 연속적인 것이 아니다. 빛 에너지는 유한한 개수의 에너지 양자들로 이루어져 있다. 양자는 분할되지 않고 오직 전체로서만 흡수되거나 생성될 수 있다.'라고 서술했다.

양자는 셀 수 있는 덩어리의 형태를 의미한다. 빵 가게에서 빵을 판매할 때 한 덩어리나 두 덩어리씩은 판매하지만, 1/2이나 1/3 조각으로는 팔지 않는 것처럼 에너지의 흡수와 방출도 그와 같은 형식으로 이루어진다.

아인슈타인은 광전 효과(photoelectric effect)에 주목하면서 빛의 속성을 광양자로 설명했다. '광전 효과'는 금속판에 높은 에너지를 가진 빛을 쪼였을 때 전자가 튀어나오는 현상을 말한다. 높은 에너지를 가진 빛은 진동수가 높은(파장이 짧은) 파란색 광선이다.

진동수가 낮은(파장이 긴) 붉은 빛은 많은 양을 쪼여도 광전 효과를 일으키지 못한다. 광전 효과가 일어나기 시작하는 빛의 진동수를 '문턱 진동수(threshold frequency)'라고 한다. 문턱 진동수는 금속의 종류에 따라 다르다.

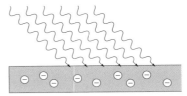

높은 진동수(짧은 파장) 푸른색 빛

전자

높은 진동수의 빛을 쏘이면
금속 표면에서 전자 방출

광전 효과

낮은 진동수(긴 파장) 붉은색 빛

낮은 진동수의 빛은 세기를 강하게 높여도
전자가 방출되지 않음(광전 효과 없음)

아인슈타인은 광양자 한 개가 전자 한 개를 당구공처럼 때려서 방출시키는 현상이 광전 효과인 것으로 해석했다. 아인슈타인의 '광양자'는 십여 년 후 '광자(Photon)'라는 명칭으로 불리게 되었다.

[4월 논문]

「분자의 차원에 관한 새로운 규정 Eine neue Bestimmung der Moleküldimensionen」

4월 논문은 아인슈타인의 박사학위 논문으로 '용액 속에 용해된 물질의 확산 비율을 이용하여 물질의 분자 크기를 알 수 있다'는 내용을 담고 있다. 아인슈타인은 이 논문을 토대로 5월 논문을 썼다.

[5월 논문]

『열 분자 운동 이론이 필요한, 정지 상태의 액체 속에 떠 있는 작은 부유 입자들의 운동에 관하여 Über die von der molekularkinetischen Theorie der Wärme geforderte

꽃가루와 같은 입자들이 액체 위에서 불규칙하게 표류하는 운동을 '브라운 운동(Brownian motion)'이라고 한다. 1827년 스코틀랜드의 식물학자 로버트 브라운(Robert Brown, 1773~1858)이 현미경 관찰을 통해 발견했다.

▌브라운 운동

브라운 운동의 원인이 무엇인지에 대해서는 학자들마다 의견이 분분했다. 꽃가루가 살아 있는 생명체이기 때문에 움직이는 것이 아니냐는 의견도 있었지만, 돌가루로 실험했을 때에도 마찬가지 현상이 나타났다. 꽃가루나 돌가루 분자는 물 분자의 크기에 비해 너무나 크기 때문에 물 입자의 운동에 의해서 이동될 수 없다고 보는 것이 당시의 상식이었다. 그러나 아인슈타인은 수백만 개의 물 입자들이 요동하면서 알짜 힘이 한 방향으로 쏠리는 현상이 일어날 수 있고, 이로 인해 꽃가루가 무작위 방향으로 움직일 수 있다고 보았다. 그는 꽃가루의 움직임을 단순화하여 수평 방향으로 움직이는 경로만을 수식으로 유도했다. 그의 이론은 당시로서는 실체를 확인할 수 없는 원자 수준의 운동을 기술했기 때문에 여러 과학자들로부터 비판을 받았다. 그러나 1908년 프랑

스의 물리화학자 장 페랭(Jean Baptiste Perrin, 1870~1942)이 브라운 운동에 관한 정량적 실험을 통해 아인슈타인의 예측이 옳았음을 입증했다.

[6월 논문]

「운동하는 물체의 전기동역학에 관하여 Zur Elektrodynamik bewegter Körper ein」

6월 논문에서 아인슈타인은 '고전역학에서의 상대성 원리'에 대한 모순을 지적하고 광속 불변을 도입하여 특수 상대성 이론을 제창했다.

'고전역학에서의 상대성 원리'란, '관성 좌표계에서는 모든 물리 법칙이 동일하게 성립한다'라는 원리다. 관성 좌표계는 정지 상태이거나 등속으로 운동하는 좌표계를 말한다. 갈릴레이는 잔잔한 바다 위에서 일정한 속도로 움직이고 있는 커다란 배의 경우를 예로 들어 상대성 원리를 설명했다.

배의 선실에서 밖의 풍경을 보지 않는다면 배가 움직이고 있는지 정지해 있는지 알 수가 없다. 선실 안에서 일어나는 일상의 일들은 육지에 있을 때와 다름이 없다. 즉 '등속으로 움직이는 여객선(관성 좌표계)'에서 일어나는 물리 법칙은 '정지해 있는 육지(관성 좌표계)'와 물리 법칙에서 차이가 없는 것이다.

아인슈타인은 6월 논문을 통해 '갈릴레이의 상대성 원리가 전기장에서는 성립하지 않을 수 있다'고 지적했다.

"전기를 띤 물체가 '정지된 관성 좌표계에서는 자기장이 없는' 것으로 측정되고, '움직이는 관성 좌표계에서는 자기장이 있는' 것으로 측정되었다. 이는 동일한 전하에 대해서 자기장이 있기도 하고 없기도 하다는 말이니, 모순이 아닌가?"

이와 같은 질문을 던진 아인슈타인은 절대 정지, 절대 시간, 절대 공간은 없으며 관측자의 입장에 따라 시간이나 공간의 크기가 달라진다는 내용을 논문에 담아냈다.

[9월 논문]
「물체의 관성은 에너지 함량에 따라 달라지는가? Ist die Trägheit eines Körpers von seinem Energieinhalt abhängig?」

9월 논문은 6월 논문을 추가 설명하는 부록과 같은 것으로, 핵심 내용은 '물체의 에너지가 E만큼 변하면, 물체의 질량이 E/c^2만큼 변한다'라는 것이었다.

$$E = mc^2 \quad (E: \text{에너지}, \ m: \text{질량 변화량}, \ c: \text{광속})$$

'질량-에너지 등가(mass-energy equivalence)'의 원리를 나타내는 위 방정식은 1945년 8월 6일과 9일, 히로시마와 나가사키에 원자 폭탄이 떨어진 후 세상에서 가장 유명한 공식이 되었다.

◐ ◑

1909년 10월 아인슈타인은 취리히대학 교수가 되었다. 1910년에는 부인 마리치가 둘째아들 에두아르트(Eduard)를 낳았다. 1911년에는 프라하의 카를-페르디난트대학 정교수로 임명되었으나, 이듬해 취리히연방공과대학(ETH) 이론물리학과 교수로 자리를 옮겼다.

1913년 말에는 막스 플랑크와 발터 네른스트[1]의 추천으로 베를린 대학에서 강의 없이 연구만 하는 교수직에 임명되었고, 카이저빌헬름 물리학 연구소장으로 부임하였다.

아인슈타인은 특수 상대성 이론에 만족할 수 없었다. 특수 상대성 이론은 등속 직선 운동 좌표계에서만 작동하는 원리이므로, 회전 가속 운동 좌표계에는 적용할 수 없기 때문이었다.

자연의 모든 좌표계에서 통하는 등가원리를 만들기 위해서는 수학에 대한 이해가 깊어야 했다. 아인슈타인은 학창시절 수학 공부를 등한시했던 것을 후회하면서 수학 교수 그로스만을 찾아갔다. 그로스만은 대학 때 아인슈타인에게 수학 노트를 빌려주고 특허국 취직도 알선했던 고마운 친구였다. 그로스만은 곡면과 입체에 적용하는 리만 기하학을 활용해 보라고 일러주었다. 아인슈타인은 몇 년 동안 고급 수학을 배우고 익혀 1915년 11월 일반 상대성 이론을 완성했다. 그 내용은 「일반 상대성 이론의 기초Die Grundlage der allgemeinen Relativitätstheorie」라는 제목으로 물리학 연보에 실렸다.

1915년 12월, 1차 세계대전의 전장에서 40세의 나이에 군복무 중이던 슈바르츠실트(Karl Schwarzschild, 1873~1916) 박사가 아인슈타인에게 편지를 보냈다. 일반 상대성 이론의 방정식 해를 구해 쓴 논문으로, 별의 반지름이 특정 한계(슈바르츠실트 반지름)보다 작아지면 시공간이 무한히 휘어져서 빛도 빠져나올 수 없다는 내용이었다. 그의 연구는 블

---

1. 막스 플랑크(Max Karl Ernst Ludwig Planck, 1858~1947): 양자 개념의 기초를 만든 공로로 1918년 노벨물리학상 수상
   발터 네른스트(Walther Hermann Nernst, 1864~1941): 열화학에 대한 공로(열역학 제3법칙)로 1920년 노벨화학상 수상

랙홀(black hole)의 존재를 예견한 것이었지만, 아인슈타인은 그런 천체는 존재할 수 없다고 생각했다. 한편, 슈바르츠실트는 안타깝게도 피부가 괴사하는 천포창(天疱瘡)에 걸려 1916년 5월에 전장에서 사망했다.

1918년 12월 아인슈타인은 아내 마리치와의 이혼 문제로 법정에 섰다. 그는 4년 반 동안 사촌 누나인 엘자(Elsa Löwenthal, 1876~1936)와의 연애 사실을 밝혔다. 그리고 노벨상을 타게 된다면 상금 전액을 마리치에게 주겠다고 약조했다. 이듬해 6월 아인슈타인은 엘자와 결혼했다.

1919년 5월 29일, 아인슈타인의 상대성 이론을 세계적으로 유명하게 만든 천문 관측이 이루어졌다. 영국의 왕립학회와 왕립천문학회의 지원으로 이루어진 개기일식 관측에서 별빛이 태양의 중력에 의해서 비스듬하게 휘어져 들어오는 사실이 입증된 것이다. 미국을 비롯한 각국의 언론은 그해 11월 이를 대서특필했고, 아인슈타인은 일약 세계적인 스타로 떠올랐다.

▌ 1921년 아인슈타인과 부인 엘자

1921년 아인슈타인은 미국에 초대되어 순회강연을 했고, 1922년에는 일본을 방문했다.

일본을 방문 중이던 그해 11월, 아인슈타인은 '1921년 노벨 물리학상 수상자'로 결정되었다는 소식을 전보로 받았다. 공식적인 업적은 '물리학에 대한 기여와 특히 광전 효과를 발견한 공로'였다. 노벨상위원회에서는 상대성 이론을 언급하지 않았는데, 이는 상대성 이론을 수용하기 힘들어하는 과학자들의 반발 때문인 것으로 알려져 있다.

1920년대 이후 아인슈타인은 양자역학을 주도하는 막스 보른, 닐스 보어, 하이젠베르크와 같은 과학자들과 많은 교류를 가졌다. 닐스 보어는 자신의 원자 모델에서 전자의 위치가 유령처럼 도약한다는 이론을 펼쳤고, 하이젠베르크는 전자와 같은 입자의 정확한 위치와 운동량을 동시에 알아내는 일은 불가능한 것이라는 불확정성의 원리를 발표했다. 아인슈타인은 '물리의 법칙이 무작위 확률과 우연의 지배를 받는다.'라는 양자역학의 논리에 대해 '신은 주사위 놀이를 하지 않는다.'라는 표현으로 거부감을 표시했다.

1930년대 아인슈타인은 평화주의자로 활동하며 히틀러와 나치 정권의 전쟁을 적극적으로 반대하는 입장을 표명했다. 1933년 1월 아돌프 히틀러가 신임 총리로 정권을 잡았다. 당시 아인슈타인은 가족과 측근들을 데리고 벨기에의 임시 거처에서 머물고 있었는데, 독일에 있는 그의 집과 별장이 여러 번 수색을 당했다는 소식이 들려왔다. 독일로 돌아가면 큰 화를 당할 것이 분명했기에 그는 미국 망명을 택했다.

1933년 10월 환대를 받으며 미국에 도착한 그는 프린스턴 고등연구소(The Institute for Advanced Study)의 연구자가 되었다. 프린스턴 고등

연구소는 순수 과학 연구를 위한 사설 연구기관으로, 연구자는 연봉을 받지만 아무런 연구를 하지 않아도 되는 자유로운 호텔 같은 곳이었다. 아인슈타인은 죽을 때까지 고등연구원의 지위를 유지했다. 1936년 12월에 아내 엘자가 병으로 사망했고, 그는 1940년에 미국 시민권을 취득했다.

1945년 8월 일본에 핵폭탄이 투하된 후 신문들은 $E = mc^2$을 표지에 싣고 아인슈타인이 원자폭탄의 아버지라는 식으로 자극적인 기사를 올렸다. 그러나 아인슈타인은 원자탄 프로젝트에 참여하지 않았고, 핵분열에 대한 실험조차 해 본 적이 없었다. 단지 '독일이 원자탄 개발을 할 수도 있어서 우려된다.'라는 내용의 편지를 백악관에 보낸 적이 있었을 뿐이다.

1945년 아인슈타인은 고등연구소에서 은퇴했고, 1946년에는 핵무기 통제를 위한 핵과학자 비상회의 의장을 맡았다. 1948년에는 그의 첫 아내였던 마리치가 뇌졸중으로 숨을 거두었다.

1955년 아인슈타인은 흉통으로 프린스턴 병원(Princeton Hospital)에 입원했는데, 4월 18일 새벽 동맥 파열로 일흔여섯의 나이에 사망했다. 부검을 통해 밝혀진 그의 뇌 무게는 1230그램으로 보통 사람과 다르지 않았다.

부검을 담당한 병리학자 토머스 하비(Thomas Stoltz Harvey, 1912~2007)는 유족에게 허락도 받지 않고 아인슈타인의 뇌와 안구를 적출하여 은밀한 장소에 숨겼다. 이 사실을 기자들이 알게 되자, 하비는 인류를 위해 과학적 목적으로만 쓰겠다고 아이슈타인의 아들 한스(Hans Einstein)에게 간청하여 동의를 얻어 냈다. 그는 아인슈타인의 뇌를 70

조각으로 나누어 일부는 자신이 엄선한 몇 명의 의사에게 보냈고, 안구는 안과의사에게 주었다. 나머지 뇌 조각은 수십 년 동안 안전금고에 숨겨 두었는데, 2007년 하비가 죽은 후 그의 상속인이 국립보건박물관에 기증한 것으로 알려져 있다.

◑ ◗

1916년 「상대성 이론: 특수 이론과 일반 이론 Über die spezielle und die allgemeine Relativitätstheorie」 주요 내용

● 시간의 상대성

번개가 둑에서 멀리 떨어져 있는 두 지점 A, B에 동시에 떨어졌다. A와 B의 중간 지점인 M에서 관측자가 동시에 A와 B를 관측했다면 두 섬광은 동시에 일어난 것이다. 그러나 이는 움직이지 않는 기찻길 둑이나 정지한 기차에 대한 동시일 뿐이다.

만약 기차가 B를 향해 V의 속도로 달리고 있는 중이라면 상황이 달라진다. 기차는 움직이는 새로운 좌표계가 된다. 번개의 빛이 M을 향해 진행하는 동안 관측자가 M에서 M′의 위치로 이동하게 되면 관측자는 B에서 온 번개의 빛을 먼저 보게 되고, A에서 온 번개의 빛은 나중에 보게 된다. 따라서 달리는 기차의 좌표계에서는 번개가 동시에 친 것이 아니다.

기찻길 둑에서 보면 번개가 동시에 쳤고, 달리는 기차에서 보면 번개는 동시에 친 것이 아니다. 시간은 누구에게나 동일하게 흐르는 절대

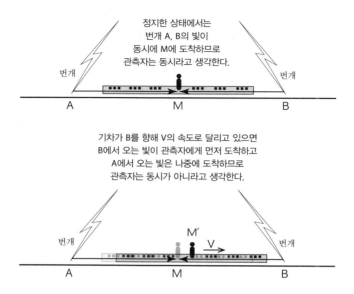

정지한 상태에서는
번개 A, B의 빛이
동시에 M에 도착하므로
관측자는 동시라고 생각한다.

번개　　　　　　　　　　　　　번개

A　　　　M　　　　B

기차가 B를 향해 V의 속도로 달리고 있으면
B에서 오는 빛이 관측자에게 먼저 도착하고
A에서 오는 빛은 나중에 도착하므로
관측자는 동시가 아니라고 생각한다.

M′

번개　　　　　V　　　　번개

A　　　　M　　　　B

적인 개념이었지만, 아인슈타인은 번개의 비유를 통해 상대적인 것으로 바꾸어 버렸다.

● 빛의 속도 불변성

1887년 미국의 마이컬슨(Albert Abraham Michelson, 1852~1931)과 몰리(Edward Morley, 1838~1923)는 빛의 속력을 측정할 수 있는 간섭계를 만들어 에테르의 존재를 입증하려고 했다. 에테르는 보이지 않지만 우주를 가득 채우고 있는 유체 물질이라고 믿어지고 있었다. 빛과 같은 전자기파가 파동으로 전달되려면 우주가 매질로 가득 채워져 있어야 한다고 생각했기 때문이다. 마이컬슨과 몰리는 지구가 태양 주위를 초속 30킬로미터로 공전하고 있으므로 에테르의 저항으로 인해서 다른 경로로 들어오는 빛은 속도의 차이가 있을 것으로 예상하였고, 두 빛이 동시에 겹쳐지면 빛 파동의 간섭무늬가 나타날 것으로 기대했다. 그렇지만 그들은 두 빛의 속도에 차이가 전혀 없다는 것을 확인했을 뿐이다. 이에 대해서 네덜란드의 물리학자 헨드릭 로런츠(Hendrik Lorentz, 1853~1928)는 움직이는 모든 물체는 길이 수축을 하므로 마이컬슨 간섭계도 길이 수축을 하여 간섭무늬를 만들지 못했을 것이라고 추측하였다. 그러나 아인슈타인은 에테르와 같은 물질은 없고, 빛의 속력이 좌표계에 상관없이 항상 일정하기 때문에 그와 같은 결과가 생긴 것으로 해석했다.

● 로런츠 인자

아인슈타인의 특수 상대성 이론에서는 로런츠가 만든 식과 동일한 형태의 인자가 자주 등장하는데, 이를 '로런츠 인자(Lorentz factor, γ)'라고 하며 다음과 같이 정의된다.

$$\gamma = \frac{1}{\sqrt{1 - \frac{v^2}{c^2}}} \quad (\gamma: \text{로런츠 인자}, v: \text{운동 속도}, c: \text{광속})$$

로런츠 인자는 시간 팽창, 길이 수축, 질량 증가 등의 특수 상대성 이론 공식에 모두 들어가는 중요한 인자다. 로런츠 인자에서 v가 c보다 큰 값을 가지게 되면 제곱근 안의 값이 마이너스가 되므로 로런츠 인자의 값이 허수가 된다. 아인슈타인은 이를 근거로 빛보다 빠른 속도는 가능하지 않다고 보았다.

● 시간 팽창

정지한 관찰자가 운동하는 관찰자를 보면 시간이 느리게 가는 것으로 관찰되는데, 이를 시간 팽창이라고 한다.

로켓을 타고 여행하는 관찰자 A를 달 표면에 정지한 관찰자 B가 보기에는 로켓 내부의 시간이 느리게 가는 것으로 보인다. A가 탄 로켓의 속도가 광속의 86.6%(=0.866C)라면, A의 시계가 1초 지날 때 B의 시계는 2초가 흐른다. 그 시간은 로런츠 인자 γ(감마)를 곱해서 구한다.

B의 시간 = A의 시간 $\times \gamma$(로런츠인자)

$$= 1초 \times \frac{1}{\sqrt{1 - \dfrac{v^2}{c^2}}} = \frac{1}{\sqrt{1 - (\dfrac{0.866c}{c})^2}} \doteqdot 2초$$

그런데 모든 운동은 상대적이기 때문에 A의 입장에서 볼 때에도 B의 시간이 느리게 간다. 로켓을 타고 가는 A의 입장에서는 자신이 정지해 있고, 달 표면의 B가 달과 함께 로켓의 속도로 움직이는 것으로 보이기 때문이다.[2]

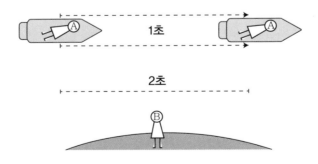

시간 팽창이 일어나는 이유는 빛의 속도가 일정한 상수이기 때문에 발생한다. 광속의 86.6퍼센트로 날아가는 로켓에서 볼 때나 정지한 달에서 볼 때나 빛의 속도가 일정하므로, 고전역학의 속도 덧셈 법칙이 성립하지 않고, 시간 간격의 길이가 달라지는 것으로 이해할 수 있다.

● 상대성 이론의 속도 덧셈 법칙

속도 v로 달리는 기차 위에서 사람이 기차와 같은 방향으로 w의 속도로 뛰어간다면, 기찻길 둑에서 볼 때 사람의 속도는 $W = v + w$가 되는 것이 고전역학에서의 속도 덧셈 법칙이다.

아인슈타인은 상대성 이론을 통해 속도 덧셈 법칙을 다음과 같이 수정하였다.

$$W = \frac{v + w}{1 + \dfrac{vw}{c^2}} \quad (W: 속도의\ 합,\ v,\ w: 두\ 물체의\ 속도,\ c: 광속)$$

위 식에서 v 또는 w 중 어느 한쪽이라도 속도가 광속 c와 같으면, 속도의 합 $W = c$가 된다. 그러므로 빛의 속도에 어떤 속도를 더해도 항상 빛의 속도가 된다.

---

2. SF영화에서 로켓을 타고 여행을 다녀온 우주인이 나이를 덜 먹은 설정은 천체의 중력장에서 멀어지면서 발생하는 빛의 도플러 효과를 고려하는 추가 계산이 필요하다. 과학자들의 계산에 의하면, 로켓을 타고 빠르게 여행하면 실제로 나이를 덜 먹는다.

● 길이 수축

A가 속도 v로 움직이는 로켓을 타고 지구에서 목성까지 여행한다고 가정한다.

A가 지구를 출발하여 목성까지 가는 데 로켓 내부의 시계로 Δt 시간이 걸렸다. A는 목성까지의 거리를 $L' = v\Delta t$ 인 것으로 관찰할 것이다.

달에 있는 B가 측정한 지구와 목성 사이의 거리는 L이다. B가 볼 때는 A의 시간이 느리게 가므로, B는 A가 탄 로켓이 목성까지 가는 데 걸린 시간을 $\Delta t' = \gamma \Delta t$로 측정하게 된다. 따라서 B가 측정한 거리 $L = v\Delta t' = \gamma v\Delta t$ 이다.

$L' = v\Delta t$ 를 (1)식, $L = \gamma v\Delta t$ 를 (2)식이라고 하면, (1)식과 (2)식의 관계에서 $L' = \dfrac{L}{\gamma}$이 된다. 그러므로 A가 측정한 길이(L')는 길이 L을 로런츠 인자(γ)로 나눈 값의 크기로 짧아지게 된다. 이를 길이 수축이라고 한다. 길이 수축은 운동 방향으로만 일어나며, 운동의 수직 방향으로는 일어나지 않는다.

● 질량 변화

정지했을 때 질량 m_0인 물체가 속도 v로 움직이면, 질량은 $m = \gamma m_0$ (로런츠 인자 × 정지 질량)로 증가하게 된다.

로런츠 인자 $\gamma = \dfrac{1}{\sqrt{1 - \dfrac{v^2}{c^2}}}$ 에서 $v = c$가 되는 경우에는 $\gamma = \infty$가 되

기 때문에 아무리 작은 질량이라도 운동 속도가 광속에 이르면 질량이 무한대로 증가한다. 이와 같은 일은 불가능하므로 전자처럼 매우 작은 질량일지라도 운동 속도가 광속에 이를 수는 없다. 빛 입자인 광자는 질량이 0이기 때문에 광속이 가능한 것으로 본다.

● 질량-에너지 동등성

질량과 에너지는 상호 변환이 가능하다. 방사성 원소가 핵분열로 질량이 감소하면 에너지는 $E = mc^2$ (질량 × 광속 × 광속)에 의해 생성된다. 우라늄 핵분열 반응에 의해 0.01kg의 질량이 에너지로 바뀌었다면, $E = mc^2 = 0.01\text{kg} \times 3\text{억m/s} \times 3\text{억m/s} = 900\text{조 J}(줄)^3$의 엄청난 에너지가 생성된다.

이와는 반대로, 고에너지의 빛을 물질에 쏘이면 에너지가 흡수되면서 전자와 양전자를 만들어내기도 한다. 즉 에너지가 물질을 만드는 것이다.

---

3. 1m/s²의 가속도로 1kg의 물체를 1m 움직이는 데 필요한 에너지

● 일반 상대성 이론의 중력과 관성력

무중력 공간에 커다란 상자가 정지해 있다고 가정한다. 정지한 상자 속에 들어 있는 사람 A는 중력을 느낄 수 없다.

상자의 위쪽에는 줄이 달려 있다. 갑자기 줄이 위로 당겨지면서 상자가 가속되기 시작했다. A는 정지해 있었으므로 관성의 법칙에 의해 계속 정지해 있으려고 한다. 그러나 상자 바닥이 점점 더 빠른 속도로 A를 밀어올리기 때문에 A는 바닥에 달라붙은 채로 몸을 일으키기가 쉽지 않다. 상자에 작용하는 가속도가 지구의 중력가속도 크기와 같아지자, A는 상자 속이 지구에 있는 자기 방과 다르지 않다고 느낀다. 주머니에서 동전을 꺼내어 놓으면 상자 바닥으로 떨어지고, 침을 흘려도 바닥으로 떨어진다.

상자의 가속에 의해서 A가 느낀 힘은 관성력이다. 그 힘은 질량에 의해 발생하는 중력과 다를 바가 없다. 아인슈타인은 이와 같은 형식의 사고 실험을 통해 '관성 질량과 중력 질량은 구분할 수 없다'라고 결론을 내렸다. '관성력＝중력'이라는 원리는 일반 상대성 이론을 이끌어 내는 중요한 개념이다.

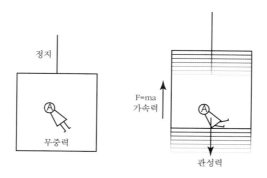

● 빛의 경로 휘어짐

레이저 빛을 상자의 왼쪽 벽에서 오른쪽 벽을 향해 똑바로 쏘았다. 상자가 정지해 있거나 등속도로 움직이고 있는 경우에는 레이저 빛이 수평을 유지하며 똑바로 나간다.

상자가 가속되고 있는 경우에는 상황이 다르다. 왼쪽 벽에서 빛이 발사되는 순간부터 빛이 오른쪽 벽에 닿는 순간까지 상자의 속도가 매 순간 같지 않다. 상자의 속도가 천장 방향으로 더 빨라지는 중이라면, 레이저 빛은 포물선을 그리며 수평보다 아래쪽 방향에 도달한다.

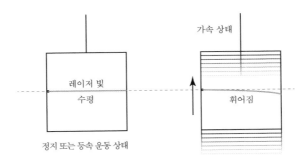

가속되는 상자에서 레이저 빛은 휘었다. 가속되는 상자는 관성력이 작용하는 공간이다. 즉 관성력이 빛을 휘게 만든 셈이다. '관성력＝중력'이라는 동등 원리를 적용하면, '빛은 중력에 의해서 휘어진다.'는 결론도 성립한다. 아인슈타인은 이러한 사고 실험을 토대로 빛은 중력에 의해서 휘어지며, 이는 시공이 휘어진 결과로 나타나는 현상이라고 덧붙였다. 시공(時空, space-time)은 시간과 공간의 합성어다.

● 휘어진 공간의 물체 낙하

두 개의 사과가 지구를 향해 떨어지고 있다. 사과는 지구 중심을 향해 낙하하므로 두 사과의 거리는 점점 가까워진다. 사과가 낙하하는 동안, 아래로 작용하는 중력과 위로 작용하는 관성력이 상쇄되어 무중량 상태이다. 사과를 하나의 질점으로 간주하면 두 개의 질점에 작용하는 힘이 0인데 진행하는 동안 두 질점이 점점 가까워진 셈이다.

아인슈타인은 이에 대해서 '지구의 질량이 공간을 휘어지게 했고, 사과가 휘어진 공간을 따라 진행하기 때문'이라고 설명했다.

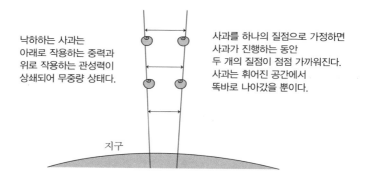

낙하하는 사과는
아래로 작용하는 중력과
위로 작용하는 관성력이
상쇄되어 무중량 상태다.

사과를 하나의 질점으로 가정하면
사과가 진행하는 동안
두 개의 질점이 점점 가까워진다.
사과는 휘어진 공간에서
똑바로 나아갔을 뿐이다.

지구

● 공간의 휘어짐이 일으키는 중력

아인슈타인은 질량이 공간을 휘게 하고, 공간의 휘어짐이 중력을 일으키는 것으로 보았다. 무거운 볼링공을 신축성이 좋은 고무판에 올려놓으면 절구통 모양의 우묵한 공간이 된다. 여기에 구슬을 굴려 넣으면 경사면을 따라 빙글빙글 돌다가 마찰에 의해 속도가 줄어들면서 안쪽으로 떨어질 것이다. 그러나 마찰이 없다고 가정하면 구슬은 영원히

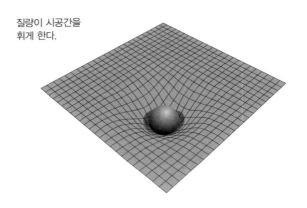

질량이 시공간을 휘게 한다.

빙글빙글 돌 수도 있다. 마찰이 없는 진공에서 태양 주위를 도는 행성들의 운동은 이처럼 휘어진 공간에서 회전하고 있는 구슬과 같은 원리로 설명된다.

● **중력에 의한 시간의 지연**

너비를 가진 빛이 질량이 큰 천체 주위를 휘어지면서 진행한다. 빛이 진행한 거리＝광속 × 시간이다. 너비를 가진 빛이 휘어졌으므로 천체에 가까운 쪽이 진행한 거리와 먼 쪽이 진행한 거리는 같지 않다. 천체에 가까운 쪽의 진행 거리를 AB라고 하고, 먼 쪽이 진행한 거리를 CD라고 하면 AB 〈 CD가 된다. 거리＝광속(c) × 시간(t)에서 광속(c)은 일정한 상수이므로, AB 〈 CD 조건을 만족하기 위해서는 시간이 달라야 한다.

AB＝ct, CD＝ct′이라고 하면, AB 〈 CD＝ct 〈 ct′＝t 〈 t′

즉, AB 구간의 시간이 더 느리게 흘러야 한다.

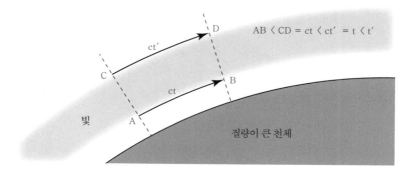

AB는 CD보다 천체에 가까운 곳이므로 더 큰 중력이 작용한다. 그러므로 중력이 큰 곳에서는 시간이 느려져서 더디게 간다.

● 아인슈타인 방정식

평면에서는 거리를 계산할 때 피타고라스의 삼각법을 이용하면 되지만, 곡면 입체 공간에서는 그 계산이 매우 복잡해진다.

아인슈타인 방정식은 '시공간은 물질을 어떻게 움직이라고 일러주는가?', '물질은 시공간을 어떻게 구부러지라고 일러주는가?'에 대한 통찰을 담고 있다. 아인슈타인은 리만(Georg Friedrich Bernhard Riemann, 1826~1866)의 기하학과 계량 텐서(metric tensor)를 이용했다. 리만 기하학은 굽어지거나 비틀어진 두 점 사이의 거리를 수학적으로 결정할 수 있는 기하학이다. 곡선을 따라가면서 미소한 각도, 방향, 길이, 부피 등의 여러 정보를 담기 위해서는, 수학적으로 여러 개의 성분이 필요하다. 계량 텐서는 일반화된 벡터와 같은 것으로 하나의 성분이 여러 물리량을 가질 수 있기 때문에 기호에 둘 이상의 첨자가 붙는다.

가장 간략하게 표현된 아인슈타인 방정식은 다음과 같다.

$$G_{\mu v} = 8\pi G T_{\mu v}$$

좌변의 $G_{\mu v}$(지뮤뉴)는 아인슈타인 텐서라는 명칭을 갖고 있으며 시공간이 얼마나 굽었는지(곡률)를 압축해서 나타낸다. 우변의 $T_{\mu v}$(티뮤뉴)는 에너지-운동량 텐서로 물질의 움직임을 표현하는 항이다. G는 뉴턴의 중력 상수다. 이 공식에 대해서 '웜홀(wormhole)' 개념을 만든 물리학자 존 휠러(John Archibald Wheeler, 1911~2008)는 "물질은 시공간에게 어떻게 구부러져라 말하고, 시공간은 물질에게 어떻게 운동하라고 말한다."라고 멋들어지게 표현했다. $G_{\mu v}$와 $T_{\mu v}$는 시공간의 여러 가지 좌표 함수들로 정의될 수 있기 때문에 다양한 해(解;풀이)가 존재한다. 회전하지 않는 블랙홀에 대한 슈바르츠실트 해(Schwarzschild metric), 회전하는 블랙홀에 대한 커 해(Kerr metric), 중력파(gravitational waves)에 대한 해, 팽창하는 우주에 대한 해 등이다.

● 일반 상대성 이론의 증거

아인슈타인은 일반 상대성 이론에서 유도한 식으로 수성의 근일점이 이동하는 각도를 정확히 계산해냈고, 태양의 중력장에 의해 빛이 휘어져 들어오는 각도를 정밀한 수치로 예측했다.

1) 수성의 근일점 이동

타원 궤도를 공전하는 행성들은 태양까지의 거리가 연중 내내 일

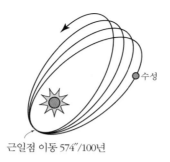

근일점 이동 574″/100년

정하지가 않다. 1년 중 행성이 태양에 가장 가까이 위치할 때의 지점을 근일점이라고 한다. 수성의 근일점은 100년 동안 574″(초) 각도가 달라지는 것으로 관측된다. 그 이유는 목성, 토성 등의 행성 중력에 의해서 간섭을 받기 때문인 것으로 프랑스의 천문학자 르베리에(Urbain Jean Joseph Le Verrier, 1811~1877)가 설명했다. 뉴턴의 만유인력 법칙을 이용하여 이론적으로 계산한 값은 100년에 약 531″로, 실제 관측 값 574″과 비교할 때 약 43″ 오차가 있다. 천문학자들은 43″의 오차가 태양과 수성 사이에 발견되지 않은 미지의 행성이 있기 때문이라고 생각하여, 그 미지의 행성에 '불칸(Vulcan)'이라는 이름을 붙이고 한동안 흥분하기도 했다.

아인슈타인은 상대성 이론에서 유도한 공식을 이용하여 43″의 추가 이동은 시공간의 구부러짐에 의한 효과임을 정확하게 계산하여 발표했다. 미지의 행성 같은 것은 존재하지 않았다.

2) 태양 중력장에 의한 별빛의 굴절

아인슈타인은 일반 상대성 이론을 이용하여 태양의 중력장에 의해 빛이 굴절하는 각을 계산하여 발표했다. 그는 태양의 반지름을 1로 잡을 때, 태양의 중심에서 Δ(델타)만큼 떨어진 곳을 지나는 빛이 굴절되는 각도는 1.7″/Δ 라고 추론했다.

태양 옆을 스쳐 들어오는 별빛은 달이 태양을 가리는 개기일식 때에만 관측이 가능하다. 이 증명은 영국 왕립학회와 왕립천문학회의 지원으로 파견된 천문관측 팀에 의해서 이루어졌다. 1919년 5월 29일, 서아프리카의 섬 프린시페(Principe)로 파견된 에딩턴(Arthur Stanley Eddington, 1882~1944) 팀은 개기일식이 진행되는 동안 태양 주변의 별들을 사진 촬영하는 데 성공했다. 그 사진을 태양이 없을 때 찍은 별자리 사진과 겹쳐서 비교한 결과, 별들의 위치가 평소와 달리 태양 외곽 방향으로 방사한 것처럼 나타났다. 이는 태양의 중력장에 의해서 별빛이 휘어짐으로써 나타난 결과였다.

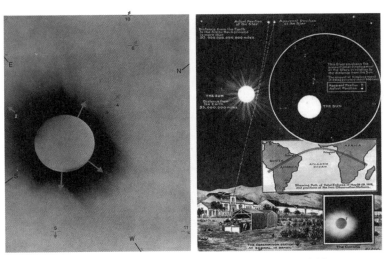

▌ (좌) 에딩턴의 관측 320배 확대 사진, (우) London News 신문 기사[⑧]

별빛이 휘어져 들어옴으로써, 별들의 위치가 원래의 위치에서 바깥쪽으로 이동한 것처럼 찍혔다.

1917년, 아인슈타인은 '우주 상수 Λ(람다)'를 집어넣어 1916년에 발표했던 일반 상대성이론 방정식을 수정했다.

$$G_{\mu\nu} + \Lambda g_{\mu\nu} = \frac{8\pi G}{C^4} T_{\mu\nu}$$

($G_{\mu\nu}$: 아인슈타인 텐서, Λ : 우주 상수, $g_{\mu\nu}$: 계량 텐서, G : 뉴턴 상수, C : 진공에서 빛의 속도, $T_{\mu\nu}$: 에너지-운동량 텐서)

우주 상수 Λ는 진공의 척력을 가정하는 상수로서 우주가 중력 때문에 한 점으로 수축하는 것을 막기 위한 일종의 장치였다. 그러나 이후 프리드만, 가모프, 르메트르 등에 의해서 우주 팽창설이 제기되자, 아인슈타인은 "내 인생 최대의 실수"라고 언급한 후 우주 상수를 삭제했다. 그는 우주의 크기가 일정할 것이라는 믿음을 가지고 있었기 때문에 우주가 수축하거나 또는 팽창할 리가 없다고 믿었다. 그러나 우주 팽창의 증거들이 속속 발견되면서 아인슈타인은 우주 팽창을 인정해야만 했다. 오늘날 우주론 학자들은 우주 상수가 우주 가속 팽창을 일으키는 진공 에너지(Vacuum energy) 또는 암흑 에너지(Dark Energy)와 관련이 있는 것으로 추정하고 있다.

7
그녀는 어찌하여
폭탄의 어머니가 된 것일까?

Lise Meitner.

리제 마이트너
Lise Meitner (1878. 11. 7. ~ 1968. 10. 27.)

일본 히로시마에 원자 폭탄이 투하된 후, 미국 대통령의 부인 엘리너 루즈벨트(Anna Eleanor Roosevelt)가 주관한 라디오 인터뷰에서 리제 마이트너는 말했다.

"기술 발달이 인류를 어려움에 빠져들게 했다면, 그것은 과학의 '나쁜 정신' 때문이 아니라, 우리 인간이 '높은 인간됨'에 도달하는 것으로부터 멀리 떨어져 있기 때문입니다. … 여성들은 큰 책임을 지고 있으며 가능한 한 다른 전쟁을 막기 위해 노력해야 할 의무가 있습니다. … 원자 폭탄이 끔찍한 전쟁을 끝내는 데 도움이 될 뿐만 아니라 평화로운 작업을 위해 이 위대한 에너지를 사용할 수 있기를 바랍니다.”

리제 마이트너는 우라늄 원자핵 분열의 과정을 밝히고, 그 과정에서 방출되는 막대한 에너지양을 처음으로 계산해 낸 과학자였다. 그래서 '폭탄의 어머니'라는 불유쾌한 별명이 언론에 의해 붙여졌지만, 실제로 그녀는 핵폭탄 개발에 참여하지 않았다.

근대의 원자론은 19세기 영국의 존 돌턴(John Dalton, 1766~1844)에 의해 제기되어 한동안 원자가 물질의 가장 작은 단위인 것으로 여겨졌다. 그러나 20세기 전후로 톰슨(Joseph John Thomson, 1856~1940)이 전자를 발견하고, 러더퍼드(Ernest Rutherford, 1871~1937)가 양성자를 발견하고, 채드윅(James Chadwick, 1891~1974)이 중성자를 발견하면서 원자는 더 작은 단위로 분할되었고, 양자역학의 발전과 함께 더욱 구체적인 모습을 띠게 되었다.

원자의 중심에는 10^{-15}미터 크기의 원자핵(nucleus)이 있고, 원자핵 주위로 약 10^{-10}미터 범위에는 전자구름(electron cloud)이 분포하고 있다. 전자구름이라는 명칭은 전자의 위치를 확률적으로만 알 수 있기 때문에 붙여졌다.

원자핵은 (+)전하를 띠는 양성자(proton, p)와 전기적으로 중성인 중성자(neutron, n)로 이루어져 있다. 양성자와 중성자는 핵을 구성하는 입자이므로, 그 둘을 묶어서 핵자(核子)라고 한다. 양성자의 개수와 원소 주기율표의 원자번호는 일치한다. 원자번호 1번 수소(H)의 양성자 개수는 1개, 원자번호 2번인 헬륨(He)의 양성자 개수는 2개, 원자번호

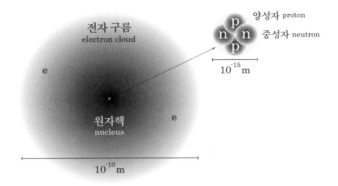

전자 구름
electron cloud

양성자 proton

중성자 neutron

10^{-15} m

원자핵
nucleus

10^{-10} m

3번 리튬(Li)의 양성자 개수는 3개…, 원자번호 92번 우라늄의 양성자 개수는 92개다.

20세기 이전의 인류는 만물에 작용하는 기본 힘이 중력(만유인력) 과 전자기력 두 가지뿐이라고 생각했다. 그러나 원자핵의 구조가 밝혀지면서 새로운 힘에 대한 규명이 필요하게 되었다. 원자핵을 연구하던 초기의 과학자들은 핵자(양성자, 중성자) 사이에 작용하는 힘에 '핵력 (Nuclear force)'이라는 이름을 붙였다. 그렇지만 20세기 중반 이후 양성자와 중성자는 각각 세 개의 쿼크[1]로 이루어져 있다는 이론이 기정사실화되면서 핵자는 기본 입자가 아니며, 따라서 핵력도 기본 힘이 될 수 없었다.

현대 물리학에서 핵력은 쿼크 사이에 '강한 상호 작용(strong interaction)'의 결과로 나타나는 잔류 힘으로 해석하고 있다.—강한 상호 작용은 '강력(strong force)' 또는 '강한 핵력(strong nuclear force)'이라는 말로 흔히 쓰였다. 최근에는 '강한 상호 작용'이라는 용어가 보편화

되는 추세다―.

양성자와 중성자의 개수를 더한 값을 원자의 '질량수'라고 한다. 양성자 92개, 중성자 143개로 구성된 우라늄은 질량수가 235($= 92 + 143$)이다. 이를 간단하게 $^{235}_{92}$U로 표기한다.

◐ ◑

리제 마이트너는 오스트리아 빈의 유대인공동체에서 태어났다. 아버지 필립 마이트너(Philipp Meitner)는 변호사였고 헤드비히(Hedwig Meitner-Skovran)와 결혼하여 8남매를 낳았다. 리제는 8남매 중 셋째였

---

1. 쿼크(Quark)는 1960년대에 물리학자 머리 겔만(Murray Gell-Mann, 1929~)과 조지 츠바이크(George Zweig, 1937~)가 각각 독자적으로 제안한 개념이다. (조치 츠바이크는 에이스(aces)라는 용어를 사용했지만 잘 알려지지 않았다.) 겔만은 쿼크가 +2/3, -1/3 과 같은 분수 전하량을 갖는 쿼크 입자를 제안하고, 양성자와 중성자를 각각 세 개의 쿼크로 묶여진 복합 입자로 가정했다. 양성자와 중성자는 위 쿼크(up quark) ⓤ와 아래 쿼크(down quark) ⓓ가 결합한 구조로 되어 있다. ⓤ는 +2/3의 전하량을 가지며, ⓓ는 -1/3의 전하량을 가진다. 양성자는 ⓤ 2개와 ⓓ 1개가 결합하여 만들어진다. 양성자를 만든 쿼크들의 전하량을 더하면 ⓤ + ⓤ + ⓓ = +(2/3) + (2/3) + (-1/3)= +1 이므로 양성자의 전하량은 +1이 된다. 중성자는 ⓓ 2개와 ⓤ 1개가 결합한 구조로 되어 있다. 중성자를 만든 쿼크들의 전하량을 더하면 ⓓ + ⓓ + ⓤ =(-1/3) + (-1/3) + (2/3)=0이 된다. 양자역학 표준 모델에서 쿼크는 6종(ⓤ 위 쿼크, ⓓ 아래 쿼크, ⓒ 맵시 쿼크, ⓢ 기묘 쿼크, ⓣ 꼭대기 쿼크, ⓑ 바닥 쿼크)으로 분류된다.

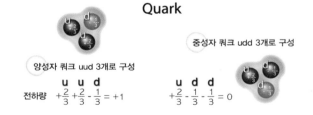

Quark

양성자 쿼크 uud 3개로 구성

중성자 쿼크 udd 3개로 구성

전하량 $+\dfrac{2}{3} + \dfrac{2}{3} - \dfrac{1}{3} = +1$ $+\dfrac{2}{3} - \dfrac{1}{3} - \dfrac{1}{3} = 0$

양성자와 중성자의 쿼크 결합 개념도

다. 그녀는 5년제 초등학교를 마치고 3년제 시민학교(Bürgerschule)를 다녔다. 그 시절 여자들은 학교 교육을 받고 싶어도 기회를 얻기가 매우 어려웠다. 중등학교인 김나지움은 남학생들만 입학할 수 있었고, 김나지움의 졸업시험인 마투라(Matura)에 합격한 학생들만 대학에 진학할 수 있었다. 그러나 제도적으로 여성의 대학 진학을 원천 봉쇄한 것은 아니었다. 독학이나 사교육을 통해 실력을 쌓은 여자는 외부인 자격으로 마투라 시험에 응시할 수 있었다. 평민의 자녀가 혼자서 라틴어를 비롯한 여러 과목들을 공부하고 우수한 성적을 받기란 하늘의 별따기처럼 힘든 일이었다. 그러나 리제는 1901년 우수한 성적으로 마투라 시험에 합격하고 빈대학교 철학부에 입학했다. 물리학을 좋아했던 그녀는 1902년 가을부터 1906년까지 빈 물리학 연구소에서 루트비히 볼츠만의 강의를 4년 동안 수강했고, 1906년 2월 최우등의 성적으로 물리학 박사 학위 시험을 통과했다.

1907년 리제는 독일 베를린의 프리드리히-빌헬름대학(Friedrich-Wilhelms-Universität)으로 유학을 떠났다. '자연은 여자를 어머니와 주부로 설계했다'라고 믿고 있던 보수적인 학자 막스 플랑크 교수가 전례를 깨고 그녀를 수강생으로 받아 주었기 때문이다.[2] 동시에 그녀는 대학의 실험물리학연구소에서 연구원으로 일할 기회도 얻었고, 얼마 후 동료 연구원 오토 한(Otto Hahn, 1879~1968) 박사가 공동 연구를 제의했다.

오토 한은 기업가의 아들로 태어나 마르부르크필립스대학(Philipps-Universität Marburg)에서 화학과 광물학을 전공하였고, 1904년 런던대학

---

2. 막스 플랑크는 볼츠만의 열역학 통계 이론을 응용하여 양자 개념을 만들었기 때문에 볼츠만의 제자였던 리제 마이트너를 받아들였을 가능성이 있다. 그는 1918년 노벨 물리학상을 수상했다.

의 연구원으로 방사화학을 연구한 경력도 있었다. 라듐 염을 가지고 실험하던 그는 1905년 방사성토륨(radiothorium, $^{228}_{90}$Th)을 발견했다. 방사성토륨은 토륨($^{232}_{90}$Th)과 양성자 수는 같지만 질량수가 다른 동위원소(isotope)였다. 오토 한은 1906년부터 프리드리히-빌헬름대학의 에밀 피셔(Hermann Emil Fischer, 1852~1919) 밑에서 연구를 시작했다. 에밀 피셔는 유기화합물인 당과 푸린(purine)의 합성 연구로 1902년 노벨 화학상을 수상한 권위자였다.

에밀 피셔 교수는 '여자는 머리가 길어서 실험하다가 불이 붙으면 위험하다.'라는 괴상한 논리로 여성을 실험실에 들어가지 못하게 했다. 그래서 리제는 학교 건물 지하 목공실을 개조한 골방에서 실험을 해야 했다. 화장실은 건너편 식당 건물을 이용했으며, 2년 동안 세미나 특강에도 참석할 수 없었기 때문에 계단 밑에 숨어서 듣곤 했다. 그렇지만 리제와 오토 한은 연구자로서 궁합이 잘 맞았고, 악티늄C(질량수 211인 폴로늄 $^{211}_{89}$Po 의 과거 명칭)와 토륨D(질량수 208인 납 $^{208}_{82}$Pb 의 과거 명칭)를 발견하는 개가를 올려 이름이 알려지기 시작했다.

리제는 6년 동안 무보수로 성실하게 일했고, 이를 인정한 에밀 피셔는 1913년 새로 새워진 카이저빌헬름 연구소의 정식 직원으로 그녀를 채용했다. 그러나 1914년 제1차 세계대전이 발발하여 연구 활동이 거의 중지되었다.

오토 한은 독일군으로 입대하여 프리츠 하버[3]가 책임자로 있는 비밀 화학 무기 부서에 배치되었다.

리제 마이트너도 조국 오스트리아의 방사선 담당 간호사로 자원하였고, 오스트리아-러시아 전선에서 X선 촬영을 하며 2년 정도의 기간을 보냈다. 1916년 카이저빌헬름 연구소로 되돌아 온 그녀는 91번 원소인 프로트악티늄(Pa)을 발견했다. 이 발견은 그녀의 단독 연구였지만, 늘 그랬듯이 논문에는 오토 한을 제1연구자로 기재했다.

1918년 40세가 된 그녀는 카이저빌헬름 연구소 방사능 분과의 책임자가 되었다. 1919년부터는 강사 자격으로 대학에서 강의를 시작했고, 1926년 48세가 되었을 때 별정직 교수(정교수보다 대우가 낮은)로 임명되었다. 그렇지만 원자의 구조와 방사능에 관한 연구 업적이 워낙 탁월했기 때문에 그녀의 명성은 널리 알려져 있었다.

리제는 학회 활동을 통해 여러 물리학자들을 알게 되었는데 알베르트 아인슈타인도 그중의 하나였다. 리제 마이트너의 생일은 11월 17일이지만 학교에서 발급한 증명서에 11월 7일로 잘못 기재되어 그녀는 '독일의 퀴리부인'이라는 별명을 얻었다. 폴란드의 마리 퀴리 부인과 생일이 같았기 때문이었다.

리제는 프로트악티늄(Pa)을 발견한 공로로 오토 한과 함께 노벨상 후보로 추천되기도 했고, 1933년 베를린에서 개최된 제7차 솔베이 회의에도 초대되었다.

1933년 정권을 잡은 나치는 유대인이라는 이유로 리제 마이트너의 교수직을 박탈했다. 그러나 이후에도 오토 한과의 연구는 지속했다. 1935년 초에는 젊은 화학자 프리츠 슈트라스만이 공동 연구에 합류했

---

3. Fritz Haber, 1868~1934: 제1차 세계대전 중 염소(chlorine) 가스를 비롯한 여러 종류의 독가스를 개발했다. 1918년 비료 제조에 쓰이는 암모니아 합성법 개발 공로가 인정되어 노벨 화학상을 수상했다. (암모니아는 폭발물 제조에도 쓰인다. 노벨상 사이트에는 비료 제조에 대한 공적만 게시되어 있다.) 그의 아내는 남편이 화학 무기 개발에 앞장선 것을 비관하여 자살한 것으로 알려져 있다. 나치의 집단수용소는 하버가 개발한 치클론 B(독일어 Zyklon B)를 사용하여 많은 사람을 학살하는 죄악을 저질렀다. 이때 하버 부부의 친인척도 여러 명이 죽은 것으로 전해진다.

❚ 1933년 제7차 솔베이 회의
앉아 있는 여성 과학자 : 왼쪽 2번째 이렌 퀴리, 왼쪽 5번째 마리 퀴리,
오른쪽 2번째: 리제 마이트너

다. 하지만 1938년 3월 리제의 조국 오스트리아는 히틀러의 군대에 의해 점령당해 합병되었고, 그녀는 연구소에서도 쫓겨날 처지에 놓이게 되었다. 그해 7월 중순 유대인 출국금지령이 내려질 것이라는 정보를 들은 리제는 탈출을 감행했다. 그녀는 공식 휴가 전날, 손가방 하나만 챙겨 들고 호텔에서 하룻밤을 보낸 후 네덜란드 동료 학자들의 도움을 받아 열차를 타고 국경을 넘었다.

스웨덴으로 망명한 리제 마이트너는 스톡홀름 노벨연구소에서 연구 활동을 이어 갔지만, 더부살이 그녀에게 제공된 실험실은 매우 열악했다. 독일에 있는 오토 한과는 지속적으로 편지를 주고받았다.

오토 한은 분석화학자 프리츠 슈트라스만(Fritz Strassmann, 1902~

1980)과 함께 우라늄에 중성자를 쏘는 실험을 하고 있었다. 그들이 기대한 것은 우라늄에 중성자가 더해져서 질량수가 더 큰 초우라늄 물질을 얻는 것이었다. 그런데 예상과는 다른 결과가 관찰되었다. 슈트라스만은 정밀 분석을 통해 중성자가 우라늄에 충돌하여 바륨(Ba)이 생성된 것으로 파악했다. 바륨은 질량수가 141이므로 질량수 235인 우라늄보다 질량이 훨씬 작은 원소다. '왜 이런 현상이 생긴 것일까?' 오토 한은 그와 같은 일은 불가능한 것으로 믿었다. 실험을 잘못한 것인지 혼란스러웠던 오토 한은 '중성자 충돌 실험으로 우라늄에서 바륨과 마수리움(Ma, 오늘날의 테크네슘 Tc)이 생성된 것 같은 이상한 일이 일어났다'는 내용의 편지를 리제에게 보냈다.

편지를 받은 리제 마이트너는 중성자 포격에 의해 우라늄이 물방울 갈라지듯이 깨질 가능성이 있다고 생각했다. 그녀는 조카이자 물리학자인 오토 프리쉬(Otto Robert Frisch, 1904~1979)와 의견을 나눈 후, 아인슈타인의 특수상대성 이론에서 도출된 질량-에너지 등가 공식 $E = mc^2$을 이용하여 우라늄 원자 1개가 분열할 때 발생하는 에너지가 약 2억 전자볼트(eV)인 것으로 계산[4]해 냈다.

---

4. 235 우라늄(U)에 중성자(n) 1개가 충돌하여, 크립톤(Kr)과 바륨(Ba)이 생성되고 중성자(n) 3개가 튕겨져 나왔을 때, $E = mc^2$을 이용하여 계산 (E: 에너지, m: 결손 질량, c: 광속)

(i) 반응식: $^{235}_{92}U + {}^1n \rightarrow {}^{92}_{36}Kr + {}^{141}_{56}Ba + 3{}^1n$

(ii) 반응 전 질량: $^{235}_{92}U + {}^1n = 235.0439 + 1.008665 = 236.052595$

(iii) 반응 후 질량: $^{92}_{36}Kr + {}^{141}_{56}Ba + 3{}^1n = 91.8973 + 140.9139 + (3 \times 1.008665) = 235.837195$

(iv) 결손 질량(m) = 반응 전 질량 − 반응 후 질량 = $236.052595 - 235.837195 = 0.21537(u)$
u는 원자질량단위. $1\,u = 1.66054 \times 10^{-27}\,kg$

(v) 결손 질량 $m = 0.21537\,u = 0.21537 \times (1.66054 \times 10^{-27}\,kg) = 3.5763 \times 10^{-28}\,kg$
광속 $c = 299792468$ m/s

(vi) $E = mc^2 = 3.5763 \times 10^{-28}\,kg \times (299792468\,m/s)^2 = 3.21422 \times 10^{-11}\,J = 200.6159$ MeV

U: 우라늄, Ba: 바륨, Kr: 크립톤, n: 중성자

그녀는 중성자의 포격에 의해서 핵이 둘로 갈라지는 현상에 '핵분열(Nuclear fission)'이라는 이름을 붙였다. 분열(fission)은 생물학에서 세포가 둘로 나뉠 때 쓰이는 용어로 물방울이 두 개로 갈라진 후 둥글게 뭉치는 이미지를 연상하게 하는 단어다.

1939년 2월 리제 마이트너는 조카 오토 프리쉬와 공동 명의로 논문 『중성자를 이용한 우라늄의 분열; 새로운 형태의 핵분열』을 과학저널 〈네이처(nature)〉에 발표했다.

1944년 12월 오토 한은 핵분열을 발견한 공로로 노벨 화학상 수상자에 선정되었다. 그런데 오토 한은 리제 마이트너의 공적에 대해서 언급을 회피했고, 자신의 공적을 알리는 데에 열중했다. 공동 연구자인 프리츠 슈트라스만도 수상에서 제외되었는데, 노벨상위원회의 이해와 정보 수준이 미흡했던 것으로 보인다.

리제 마이트너는 2차 세계대전이 끝날 때까지 망명자로서 궁핍하고 고독한 생활을 지속해야 했다. 1945년 6월 그녀는 오토 한에게 다음과 같은 내용의 편지를 썼지만, 보내지는 않았다.

"당신들은 모두 나치를 위해 일했어. 당신도 그저 수동적인 저항밖에 하지 않았지. 물론 여기서 저기서 박해받는 사람들 몇몇을 구해 주면서 스스로의 양심을 매수하려 들었겠지만, 수백만 명의 무고한 사람들이 저항도 하지 못하고 살해당하는 가운데…, (누가 그러기를) 당신들은 처음에는 동료들을 배신했고, 그다음에는 자기 자녀들을 범죄 전쟁의 판돈으로 내놓았고, 그리고 결국에는 독일마저 배신했다고. 이유인즉 전쟁이 이미 가망이 없어졌던 시점에서, 독일을 파괴하는 무의미한 짓에 맞서기 위해 무기를 들고 나선 사람은 당신들 중 아무도 없었기 때문이지." -존 콘웰(John Cornwell) [14]

그녀는 나중에 자신의 태도에 대해서도 후회하고 반성했다. 1933년 나치가 정권을 잡았을 때 바로 독일을 떠나지 않고 5년이나 카이저빌헬름 연구소에 머물며 일했던 것을 스스로 '중대한 도덕적 잘못'이라고 평가했다.

1945년 8월 6일 일본 히로시마에 원자폭탄이 투하되었다. 리제는 그때까지도 원자폭탄의 존재를 모르고 있었다. 그렇지만 헤럴드 트리뷴(현 뉴욕타임즈) 신문이 8월 8일자로 '리제 마이트너 박사의 수학적 계산이 원자폭탄 개발에 중요한 역할을 했다.'라고 보도하는 바람에 스웨덴에 은거하다시피 하던 그녀는 갑자기 유명인사가 되었다.

1946년 1월 리제 마이트너는 미국 가톨릭대학의 객원교수로 6개월 특강에 초빙되어 미국을 방문했고, '미국 전국 여성 기자클럽'이 선정한 '올해의 여성'으로 뽑혀 트루먼(Harry S. Truman) 대통령 부부를 만났으며, 4개 대학으로부터 명예박사 학위를 받았다. 그녀는 1946년부터 1968년까지 스톡홀름 왕립공과대학의 연구교수로 재직했고, 1966년 엔리코 페르미상을 수상하였다. 그녀는 몇 차례의 뇌졸중을 겪었고, 1968년 오토 한이 심장마비로 사망한 지 3개월 후, 90세를 일기로 요양원에서 숨을 거두었다.

리제 마이트너는 평생 독신으로 원자핵과 결혼하여 살다 간 물리학자였다. 1982년 발견된 109번 원소는, 그녀의 이름을 기려 '마이트너륨(Mt, meitnerium)'이라고 붙여졌다.

2차 세계대전 원자폭탄은 대체 자원 개발(Development of Substitute Materials)이라는 가짜 사업을 내걸고 비밀리에 진행된 계획에 의해서 제조되었다. 이 계획의 미국 암호명이 '맨해튼'이었기 때문에 흔히 맨해튼 프로젝트(Manhattan Project)로 불린다. 리제 마이트너는 핵폭탄 제조와는 무관한 인물인데도, 언론은 그녀를 '폭탄의 어머니'라고 보도했다. 리제 마이트너의 논문을 이해하는 사람은 핵무기 개발 프로젝트에 참가했던 과학자들이었으므로, 그들 중에서 누군가 마이트너에 대한 정보를 권력기관이나 언론에 흘렸을 개연성이 있다.

조카인 오토 프리슈는 그녀의 묘비명을 다음과 같이 썼다.

"Lise Meitner: a physicist who never lost her humanity(리제 마이트너: 인간미를 결코 잃지 않았던 물리학자)"

▌마이트너의 묘

2장

왜 힘들게 끓이고 졸이고
맛보며 연구했을까?

화학, 물질,
원소, 원자, 방사능

8

탈 플로지스톤 공기를 발견한 그는
왜 극우 세력의 표적이 되었을까?

조지프 프리스틀리

Joseph Priestley (FRS, 1733. 3. 13. ~ 1804. 2. 6.)

나무에 불을 붙이면 연기와 불꽃이 피어오르고 뜨거운 열도 발생한다. 공기만 잘 통한다면 불붙은 나무는 계속 타오르다가 결국엔 재만 남게 될 것이다.

물질이 탈 때, 즉 연소(燃燒, combustion)할 때는 열과 빛이 난다. 그런데 물질이 연소하면 질량은 어떻게 변하는 것일까? 나무를 태웠더니 재만 남았다는 관찰 사실로 질량이 줄어들었다고 할 수 있을까?

나무가 탈 때 피어오른 연기는 연소 과정에서 탈출한 물질이다. 연기는 수증기와 검댕을 비롯한 여러 가지 기체의 혼합물이다. 그 물질들은 가열된 상태에서 빠르게 진동하며 공기 중으로 손쉽게 흩어져 날아간다. 어디론가 날아간 물질은 소멸된 것이 아니다. 단지 장소만 이동했을 뿐이다. 연소 전후의 질량을 따지려면 날아간 물질들까지 고려해야 한다. 그러므로 물질이 연소할 때 질량의 변화는 쉽사리 단정할 수 없는 까다로운 문제에 속한다.

연소의 과정에 대해서 관심을 가졌던 소수의 초기 학자들은 연소가 일어날 때 물질의 질량이 줄어드는 것으로 생각했다. 독일의 의사이자 화학자인 베허(Johann Joachim Becher, 1635~1682)와 그의 제자 슈탈(Georg Ernst Stahl, 1659~1734)은 물질이 연소할 때 뜨거운 열을 가진 성분이 밖으로 흘러나오는 것이라고 생각했다. 슈탈은 그 성분에 '플로지스톤(phlogiston)'이라는 이름을 붙이고 연소와 관련된 여러 현상들을 설명하는 데 적용[1]했다.

플로지스톤 가설은 17~18세의 학자들에게 널리 받아들여졌다. 조지프 프리스틀리도 그중 하나였다.

○ ○

조지프 프리스틀리는 1733년 영국 잉글랜드 북부의 작은 마을 필

---

1. 예를 들어 촛불을 켜고 적당한 크기의 플라스크로 덮어 공기를 차단하면 얼마 후에 촛불이 꺼진다. 왜 꺼지는 것인가? 초가 타면서 흘러나온 플로지스톤이 플라스크 내부의 빈 공간을 가득 채우게 되면 더 이상 플로지스톤이 흘러나올 수가 없기 때문이다. 플라스크 속에 촛불과 쥐를 함께 넣어두면 초도 꺼지고 쥐도 죽는다. 왜 죽는 것인가? 쥐가 플로지스톤을 너무 많이 흡입했기 때문이다.

드헤드에서 4남 2녀의 맏이로 태어났다. 그는 태어난 지 얼마 지나지 않아 농부인 할아버지에게 맡겨졌으나, 6년 후 어머니가 막내를 출산한 직후에 사망하자 집으로 돌아오게 되었다. 그러나 3년 후 아버지가 재혼하면서 프리스틀리는 고모네 집에 맡겨졌다. 프리스틀리는 어릴 때부터 교리 암송을 매우 잘했던 총명한 아이였다. 그는 열두 살부터 문법학교에 다니기 시작했고 언어 학습 능력이 출중하여 히브리어, 아랍어, 시리아어, 프랑스어, 독일어, 이탈리어 등 여러 나라의 말을 익혔다.

프리스틀리 일가는 칼뱅주의 개신교를 믿었다. 당시 케임브리지나 옥스퍼드와 같은 대학에 입학하려면 국교(The Church of England, 성공회)를 믿어야 했으므로, 프리스틀리는 비국교도들이 설립한 데번트리 신학교에 입학(1752)했다. 그는 신학교에서 철학, 역사, 과학 교육을 받았는데 신앙적으로는 삼위일체를 거부하는 아리우스주의를 택했다.

1755년 신학교를 졸업한 프리스틀리는 장로교에서 목사직을 시작했지만 비국교도였으므로 신도들과 마찰이 생겼다. 결국 목사직을 잠시 접고 서른 명 정도의 학생을 모아 작은 학교를 열었다. 그는 학생들을 가르치면서 수업에 쓰기 위해 『영문법의 기초 The Rudiments of English Grammar』(1761)를 저술했다. 이 책은 낡은 형식의 라틴어 문법에서 탈피하여 시대에 맞는 실용적인 영어 문법을 세운 것으로 평가되면서 영국 작가들의 호평을 받았고, 이후 50년 동안 거듭 출판되는 스테디셀러가 되었다. 이것이 계기가 되어 프리스틀리는 워링턴 아카데미(Warrington Academy)의 문학 교수로 채용되었고, 이듬해인 1762년 제철업자의 외동딸인 메리 윌킨슨(Mary Wilkinson)과 결혼했다. 1765년에는 역사와 교육 과정에 대한 책들을 집필했고 워링턴 아카데미의 교육 과정을 역사,

과학, 예술 중점으로 바꾸는 데 기여했다.

프리스틀리에게는 말을 더듬는 증상이 있었다. 그는 1765년부터 런던에 한 달씩 머물면서 치료를 받았다. 런던의 커피하우스 모임에 참석한 것도 이때부터였다. 17~18세기 영국의 커피하우스(English coffeehouses)는 철학과 사상을 토론하고 지식과 정보를 공유하는 지식인들의 문화 공간 역할을 했다. 정치철학자인 리처드 프라이스(Richard Price), 제조업자 매튜 볼턴(Matthew Boulton), 도자기 사업가 조사이어 웨지우드(Josiah Wedgwood), 의사이자 시인인 이래즈머스 다윈[2], 증기기관 특허를 낸 제임스 와트(James Watt) 등의 진보적인 사상가들은 목요일마다 커피하우스에서 모임을 가졌다. 이 모임에 미국에서 건너온 벤저민 프랭클린도 합류했다. 프랭클린은 스무 살이나 연장자였지만 그들과 친구처럼 어울리며 그 모임을 '정직한 휘그 클럽(The Club of Honest Whigs)'이라고 불렀다.

벤저민 프랭클린(Benjamin Franklin, 1706~1790)은 식민지 미국(독립 전의 미국) 보스턴 출생으로 17세에 빈손으로 가출하여 20대에 필라델피아에서 인쇄업자로 성공한 입지전적인 인물이다. 그는 25세에 펜실베이니아대학에 도서관을 설립하고 『가난한 리처드의 연감』*Poor Richards Almanac*(1732)이라는 책을 출판하여 대중의 사랑을 받는 인기 작가가 되었으며 30세에 하원의원이 되었다. 과학에 관심이 많던 그는 사업이 번창하자 운영을 다른 이에게 맡기고 40대부터 과학 탐구에 열중했다. 그는 정전기 유도 실험을 통해 전류는 양극(+)에서 음극(-)으로 흐른다

---

2. Erasmus Darwin: 조사이어 웨지우드와 이래즈머스 다윈은 『종의 기원』을 출판하고 진화론을 주장한 찰스 다윈의 외할아버지, 친할아버지다.

는 전류 가설을 세웠고 전하량, 배터리, 충전, 전도체라는 용어를 만들었으며, 스토브 난로, 피뢰침, 다초점 렌즈를 발명했다. 1752년 번개가 전기와 같다는 것을 증명하기 위해 번개가 치는 날에 연을 띄움으로써 과학사에 회자되는 일화를 남기도 했다. 프랭클린은 1753년 영국 왕립학회 회원이 되었고 코플리 메달을 받았다.

또한 식민지 미국의 체신장관을 맡았던 그는 영국과 미국을 오가며 외교적인 임무를 수행했다. 프랭클린은 1764년부터 10년 정도의 기간을 영국에서 보냈지만 각료 사이에 오고간 편지 다발을 유출하여 영국 정부를 곤란하게 만들었고, 1774년 탄핵을 받게 되어 장관직을 박탈당했다. 여론이 험악해지고 신변의 위협마저 느낀 프랭클린은 1775년 3월 미국으로 돌아갔다. 그가 미국으로 돌아오고 한 달 후 미국 독립 전쟁[3]이 발발했다. 프랭클린은 외교력을 발휘하여 프랑스와의 동맹을 이끌어내는 데 성공했고 이에 힘입은 미국 식민지 연합이 독립 전쟁에서 승리했다. 그는 1776년 7월 4일 공포된 미국 〈독립선언문〉의 초안을 작성한 5인의 한 명으로 '미국 건국의 아버지'라는 영예로운 칭호도 얻었다. 훗날 프랭클린은 대통령을 지내지 않은 인물로는 유일하게 미국 달러 지폐에 초상이 실리는 영광도 얻었다. 미국 100달러 지폐에서 그는 오묘한 미소를 머금은 현인 특유의 표정을 짓고 있다.

조지프 프리스틀리는 '정직한 휘그 클럽'의 사람들과 친구가 되었다. 그는 친구들의 과학 업적을 책으로 펴내겠다고 제안했고 이를 실천했다. 프리스틀리는 1767년 출간한 『전기의 역사와 현 상태와 초기 실

---

3. 1775년 4월 19일~1783년 9월 3일, 18세기 영국과 미국의 13개 식민지 연합 사이에서 발발한 전쟁. 영국의 패배로 〈파리 조약(1783)〉이 체결되어 미합중국의 독립이 선언되었다.

험들『The History and Present State of Electricity』에 많은 지면을 할애하여 벤저민 프랭클린의 업적을 소개했고 전기 발견의 역사에 대해 기술했다. 이 책은 인기 있는 대중서가 되었으며, 훗날 예일대학의 자연과학 교재로 사용되기도 했다고 알려져 있다. 프리스틀리는 휘그 클럽 친구들의 도움을 받아 탐구 실험에도 뛰어들었다. 그는 프랭클린이 수행한 전기 컵 실험을 보고 전기력에도 중력처럼 역제곱 법칙이 적용될 것이라고 직감으로 추측했다.[4] 프리스틀리는 전기 실험을 하면서 미래의 라디오 기술에 활용되는 전기의 떨림 방전 현상을 관찰하기도 했으나 이와 같은 현상을 물리학적으로 해석할 지식의 토대는 없었다.

프리스틀리는 우연히 맥주 양조장에 들렀다가 양조 통에서 거품이 나오는 것을 목격했다. 거품은 다름 아닌 이산화 탄소로 당시에는 '고정된 공기'라고 불리고 있었다. 프리스틀리는 고정된 공기를 물에 통과시켜서 톡 쏘는 산뜻한 맛의 탄산수를 만들었고『고정된 공기로 물에 활기를 되찾게 하는 법 Directions for Impregnating Water with Fixed Air』(1772)을 출간하여 탄산수 제조법을 공개했다. 이것이 탄산음료의 시초가 되었다.

기체에 관심을 가지게 된 프리스틀리는 1771년 밀봉한 유리병에서 일어나는 일을 관찰했다. 밀봉한 유리병 속에 초를 넣으면 촛불이 머잖아 꺼진다. 그 속에 생쥐를 넣으면 몇 초 이상 버티지 못하고 부들부들 떨다가 죽는다. 프리스틀리는 식물도 마찬가지로 얼마 못 가 죽을 것이라고 예상하고 박하를 집어넣어 관찰했다. 그러나 박하는 며칠이 지나도 시들지 않고 멀쩡했다. 또한 박하를 넣어 두었던 유리병 속에 촛불

---

4. 전기력이 거리 제곱에 반비례한다는 사실은 1785년 오귀스탱 쿨롱(Charles-Augustin de Coulomb, 1736~1806)이 실험으로 입증했다. 쿨롱의 법칙.

을 넣으면 잘 타올랐고, 생쥐를 투입하면 십여 분 동안 활기를 띤 채 죽지 않았다. 프리스틀리는 발삼, 개쑥갓, 시금치와 같은 종류를 넣고 실험을 거듭한 후 식물이 공기를 원상태로 회복시키는 능력이 있다는 결론을 얻었고, 왕립학회 의장을 맡기로 예정되어 있던 존 프링글(Sir John Pringle) 경을 데려와 공기 복구 실험을 재현해 보였다.

프리스틀리는 금속과 산을 반응시키는 실험을 통해 이산화 질소, 산화 질소를 발견하고 연이어 암모니아, 염화 수소와 같은 여러 종류의 기체도 발견했다. 가장 극적인 실험은 1774년 8월 1일에 이루어졌다. 그는 밀폐된 용기 속에서 산화 수은을 볼록렌즈로 가열하여 태웠을 때 기체가 발생하는 것을 관찰했다. 그 기체는 밀폐 용기 속에서 촛불을 활활 타오르게 했고 쥐가 장시간 살아있도록 하는 놀라운 능력을 발휘했다. 프리스틀리는 그 기체에 '탈(脫) 플로지스톤 공기[5]'라는 이름을 붙였다.

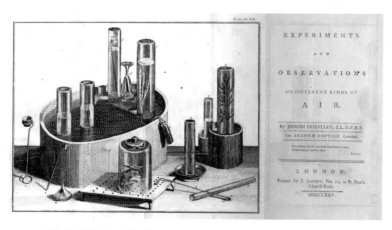

❘ 『다른 종류의 공기에 대한 실험과 관찰』에 실린 실험 도구 그림과 속표지[6]

프리스틀리는 자신이 수행한 실험의 결과들을 정리하여 1774년 『다른 종류의 공기에 대한 실험과 관찰*Experiments and Observations on different Kinds of Air*』을 출간했다.

1776년 왕립학회는 탄산수 제작 및 공기의 연구에 대한 공로를 인정하여 프리스틀리에게 코플리 메달[6]을 수여했다.

프리스틀리는 화학뿐만 아니라 전기, 광학에 대한 책을 집필했고, 철학과 신학, 정치에 관한 다수의 책도 펴냈다. 1768년 출간한 『통치의 제1원리들에 관한 에세이*An Essay on the First Principles of Government, and on the nature of Political, Civil, Religious Liberty*』에서 프리스틀리는 '개인은 정치적 자유, 시민의 자유, 종교적 자유를 누려야 하며, 정부의 정책은 다수의 이익과 행복을 따라야 한다'라고 역설했다. 이 책은 제러미 벤담(Jeremy Bentham, 1748~1832)에게 큰 영향을 주어 '최대 다수의 최대 행복'을 추구하는 공리주의를 이끌어 낸 것으로 평가된다.

1780년 프리스틀리는 가족(아내, 딸1, 아들3)을 데리고 버밍엄으로 이사하여 목회 활동과 연구 활동을 병행했다. 그는 연구비 충당을 위해 책이 출판되면 우선적으로 증정할 것을 약속하고 후원자들을 모았다. 이는 오늘날 리워드 펀딩(reward funding)이라 불리는 모금 방식과 동일한 것이었다.

---

5. dephlogisticated air: '탈 플로지스톤 공기'는 '플로지스톤이 없는 공기'라는 뜻이다. 플로지스톤 가설에 의하면, 플로지스톤으로 꽉 찬 공기에서는 촛불이 꺼지고 생쥐도 금방 죽는다. 그러나 산화 수은을 태워 발생한 기체는 촛불과 생쥐를 오래 살도록 만들었으므로 플로지스톤 이론을 믿었던 프리스틀리는 그와 같은 이름을 붙였다.

6. Copley Medal: 코플리(Sir Godfrey Copley, 2nd Baronet) 경이 영국 왕립학회에 기부한 기금을 토대로 1731부터 매년 물리학 또는 생물학 분야에서 탁월한 업적을 보인 연구자 1명을 선정하여 메달을 수여하는 과학 분야의 가장 오래된 상.

1782년 그는 용감하게도 『기독교 부패의 역사*An History of the Corruptions of Christianity*』를 출판했다. 반발과 비난이 솟구칠 것은 자명한 일이었다. 여기저기에서 성토하는 소리가 들렸고, 그의 과학 업적까지 폄훼하는 비난도 이어졌다. 프리스틀리는 비판에 대한 응답 형식으로 '자유로운 탐구와 그 정도'라는 제목의 팸플릿을 제작하고 설교도 했다. 그는 설교문에 "우리는 말하자면 오류와 미신이라는 낡은 건물 밑에 화약을 하나씩 설치하고 있는 것이며, 여기에 불꽃 하나만 튀면 불타올라 즉각적으로 폭발하게 될 것이다.®라고 썼다. 이 연설은 '화약 설교'로 알려지게 되었고, 그는 '화약 조(Gunpowder Joe)'라고 불리며 극우 세력의 표적이 되었다.

1789년 프랑스 대혁명(Révolution française)이 일어났다. 미국 독립전쟁으로 자유의식이 고취된 상황에서 프랑스 절대왕정의 횡포에 대한 민중들의 불만이 쌓이다가 흉년으로 민생이 더욱 피폐해지자 일어난 혁명이었다. 프리스틀리는 프랑스 혁명을 지지하며 기고문을 게재하였고, 간행물을 통해 '권력은 오로지 국민에게만 귀속된다'라고 주장한 것으로 전해진다. 프리스틀리와 뜻을 같이하는 철학자 프라이스도 프랑스 혁명을 지지하며 열정적으로 설교하고 다녔다. 1791년 7월 14일 프랑스 혁명 기념일을 축하하는 사람들이 호텔에 모여서 만찬회를 했다. 그들은 극단적인 보수주의자들이 호텔로 몰려와 난동을 부릴 수도 있다는 호텔 측의 의견을 듣고 만찬 시간을 앞당겨서 서둘러 끝마쳤다. 극우 노동자로 구성된 폭도들의 습격은 실제로 일어났다. 그들은 호텔로 몰려왔다가 허탕을 치자 호텔에 불을 지르고 프리스틀리의 집으로 몰려가 집을 점령했다. 폭도들은 그곳에서 밤새 술을 마시고 집을 불태였는데 화재로 약해진 집이 무너져 그들의 무리도 열 명이나 사망한 것으로 전해진다.

습격 때 피신했던 프리스틀리는 버밍엄을 떠나 해크니로 이사하였고 낡은 교회의 목사로 집무를 보았다. 1792년 프랑스 의회는 프리스틀리에게 프랑스 시민권을 부여했는데 이 일로 그는 반역자라는 소리마저 들어야 했다. 결국 프리스틀리 부부는 1794년 봄에 고국을 등지고 미국으로 가는 여객선에 올랐다. 그의 사부인 벤저민 프랭클린은 4년 전에 타계한 상태였다. 그렇지만 프리스틀리는 아메리칸 예술 과학 아카데미(American Academy of Arts and Sciences)의 명예회원이었고, 펜실베이니아에 토지를 분배받아 정착한 아들 조지프 주니어가 기다리고 있었으므로 막막한 도피는 아니었다.

프리스틀리는 미국에 도착하자마자 명사들의 환대를 받았다. 신문사들도 앞을 다투어 환영의 기사를 실었다. 그는 아내가 조용한 시골에서 살기를 원했으므로 펜실베이니아 중부에 있는 노섬벌랜드를 택해 정착했다. 1795년 2월 그의 교회 설교 때에는 부통령 존 애덤스(John Adams, 미국 1대 부통령, 2대 대통령)도 찾아와 참석했다. 그런데 그해 12월에 막내아들 헨리가 열병으로 사망했고, 충격을 받은 엄마 메리도 시름시름 앓다가 이듬해 9월에 죽고 말았다.

이후 프리스틀리는 종교적으로 천년왕국설에 심취했는데, 부통령 애덤스는 점차 그를 멀리했다. 대신에 애덤스의 정적인 토머스 제퍼슨(Thomas Jefferson)과 친해졌다. 1797년 애덤스가 2대 대통령이 된 후에 프리스틀리는 어떤 급진주의자의 서신을 받았는데 이것이 영국 언론이 유출되어 프랑스 스파이라는 누명을 쓰고 곤욕을 치렀다. 그의 스승 프랭클린도 편지 유출 사건으로 고난을 겪었는데 그도 똑같은 일을 당한 것이다. 프리스틀리는 인권을 보장하지 않는 애덤스 정부에 대한 항의 서한을 보내는 등 분개했지만, 애덤스가 서명한 '외국인 규제법[7]'에 따르면 프리스틀리는 추방을 당할 수도 있었다.

1801년 제3대 대통령에 취임한 제퍼슨은 그에게 위로의 편지를 보냈다. 평온을 찾은 프리스틀리는 이후 교회를 비판하는 책을 몇 권 더 출간했고, 1804년 2월 6일 사망했다. 그는 임종 직전에도 출판할 서적의 수정할 부분을 아들에게 구술한 후 숨을 거둔 것으로 전해진다.

---

7. Alien and Sedition Acts: 1798년 대통령 존 애덤스가 서명한 법으로 "대통령은 위험한 것으로 여겨지는 외국인을 투옥하거나 추방할 수 있다. 비판적인 허위 진술을 범죄로 취급할 수 있다"라는 내용을 골자로 하는 악명 높은 법

9

불, 공기와 염소를 발견한 그는
왜 요절했을까?

칼 빌헬름 셸레

Carl Wilhelm Scheele (1742. 12. 19. ~ 1786. 5. 21.)

칼 빌헬름 셸레는 1742년 12월 19일 슈트라준트(Stralsund)에서 요하임 셸레(Joachim Christian Scheele)의 일곱 번째 자식으로 태어났다. 발트해 남부 지방에 있는 슈트라준트는 현재 독일에 속하지만 당시에는 스웨덴 령에 속했으므로, 스웨덴 사람들은 칼 셸레를 자국민으로 여긴다고 한다. 그렇지만 셸레의 아버지 요하임은 독일 출신인 것으로 알려져 있다. 곡물상이자 맥주 양조업자인 요하임은 아들에게 화학의 개요와 처방전 읽는 법을 가르쳤고 셸레가 열네 살이 되었을 때 예테보리 (Gothenburg)에 있는 약제상의 견습생이 되게 했다. 이후 셸레는 8년 동안 도제 수업을 충실히 받았고, 일과 후에는 밤늦도록 혼자서 물질 실험을 하고 화학 이론도 공부한 것으로 알려져 있다.

1765년에 말뫼(Malmö)에 있는 약제상에서 근무하게 된 셸레는 룬드대학의 강사이자 훗날 스톡홀름대학의 화학 교수가 되는 레치우스 (Anders Jahan Retzius)와 친구가 되었다.

1767~1769년 사이에 그는 스톡홀름으로 진출하여 약사로 일했다. 이 기간에 타타르산[1]을 추출하고 타타르산 포타슘(칼륨)[2]을 얻는 법도 알아냈다. 셸레는 제조 과정 논문을 웁살라대학의 베리만(Torbern Olof Bergman, 1735~1784) 교수에게 보냈으나, 베리만은 응답하지 않았다. (셸레의 논문은 나중에 레치우스 교수에 의해 스톡홀름 과학 아카데미에 보고되었다.)

1770년 셸레는 웁살라(Uppsala)에 있는 대형 약국 연구소의 책임자가 되었다. 그곳에서 베리만 교수의 제자였던 사람을 알게 되었는데, 셸레는 그의 중개로 베리만 교수를 만날 수 있었다. 그리고 베리만 교수가 필요로 하는 화학 약품을 공급하기로 약속하면서 두 사람은 가까운 사이가 되었다. 덕분에 셸레는 베리만으로부터 보다 많은 지식을 배울 수 있었고 실험 분석을 돕기도 하면서 베리만의 실험실을 무료로 쓸 수 있게 되었다. 이 시기에 셸레는 여러 종류의 새로운 물질을 발견하

---

1. **tartaric acid**: 타타르산($C_4H_6O_6$)은 포도주 앙금에서 발견되는 하얀 결정으로 물에 잘 녹으며 상큼한 신맛이 나기 때문에 청량음료에 이용된다.
2. 타타르산 포타슘($K_2C_4H_4O_6$)은 완하제(緩下劑: 무른 똥을 누게 하는 변비약)로 사용된다.

Unzen Wasser enthalten konnte *C* und hielt selbigen so tief
ins Wasser, dass die kleine Flamme mitten im Kolben zu
stehen kam: sogleich fieng das Wasser an, allmählig im Kolben
zu steigen, und wie es die Höhe bei
D erreichet hatte, verlosch die Flamme;
gleich darauf fieng das Wasser an wieder
nieder zu sinken, und wurde gänzlich
aus dem Kolben getrieben. Der Raum
im Kolben bis *D* enthielt vier Unzen,
also war der fünfte Theil Luft ver-
lohren gegangen. Ich goss einige Unzen
Kalchwasser in den Kolben, um zu
sehen, ob auch während dem Brennen
etwas Luftsäure hervorgekommen, ich
fand aber dergleichen nicht. Mit Zink-
feil habe eben diesen Versuch. ange-
stellet, welcher sich in allen Stücken
mit jetzt erwähnten gleich verhielt.
Die Bestandtheile dieser brennenden
Luft werde weiter [17] hin beweisen;

Fig. 1.

▎ 라이프치히에서 출판한 공기와 불에 관한 화학 논문, p17

고 성질을 탐구했다.

1775년 2월 스웨덴 왕립학회 과학 아카데미 회원으로 선출된 셸레
는 코핑(Köping)의 작은 약국을 인수하여 개업했다.

그의 대표 저서 『공기와 불에 관한 화학 논문*Chemische Abhandlung von der
Luft und dem Feuer*』의 원고를 출판사에 보낸 것도 같은 해였다. 그러나 출판
인이 출간 작업을 서두르지 않았기 때문에 그 책은 1777년이 되어서
야 웁살라와 라이프치히(Leipzig)에서 처음 출시되었다. 책에는 1768년
~1773년 사이에 셸레가 수행한 실험들에 대한 보고가 담겼는데, 첫 번
째 시도, 두 번째 시도, 세 번째 시도와 같은 소제목을 달아 실험 과정
과 관찰 결과를 소상히 묘사했다.

셸레가 수행한 여러 가지 화학 실험들 중에서 산소의 관찰은 가장
주목되는 것이었다. 그는 이산화 망가니즈, 망가니즈산 포타슘, 황산을

이용하여 산소를 분리하고 이를 '불 공기(Feuerluft)'라고 명명했다. 그리고 자연의 공기는 '불 공기'와 '불결한 공기'의 혼합이라고 분석했다.

1774년 그는 파이로루사이트(pyrolusite, 이산화 망가니즈 성분 물질)를 무리아산(muriatic acid, 염산)으로 가열하여 황록색 기체를 얻었다. 황록색 기체는 공기보다 무거웠으며 물에 녹지 않았다. 그는 그 기체를 '무리아산에서 플로지스톤이 제거된 공기'라고 생각하여 '탈 플로지스톤 무리아산(dephlogisticated muriatic acid)'이라고 불렀다. 이를 현대의 화학식으로 표기하면 다음과 같다.

4HCl(무리아산; 염산) + MnO_2(파이로루사이트; 이산화 망가니즈)
→ $MnCl_2$(염화 망가니즈) + $2H_2O$(물) + Cl_2(탈 플로지스톤 무리아산; 황록색 염소 기체)

셸레가 관찰한 황록색 기체는 염소[3]였다. 염소는 표백과 산화, 살균 능력이 있어서 1820년대부터 표백제, 산화제, 살균제로 산업화되기 시작했다. 또한 염소 기체는 유독하기 때문에 1차 세계대전 때에는 최초의 화학가스 무기로 사용된 것으로도 알려져 있다. 한자어로 염소(鹽素)는 '소금의 원소'라는 뜻이며, 염화 이온(Cl⁻)은 바닷물에 녹아 있는 이온 중에서 가장 많은 양을 차지하고 있다.

셸레가 산소를 분리하여 관찰한 해는 1771년경이었다. 그렇지만 산소 관찰이 담긴 그의 책은 6년 후인 1777년에 비로소 출간되기 때문에

3.　鹽素, Chlorine: 'Chlorine'은 녹황색을 뜻하는 단어로 1810년 영국의 화학자 험프리 데이비(Sir Humphry Davy, 1st Baronet, PRS) 경의 제안으로 붙여진 이름이다.

'산소의 발견자'라는 명예를 획득하지는 못했다. 이미 3년 전인 1774년 영국의 프리스틀리가 산화 수은을 가열하여 얻은 공기(산소)에 '탈플로지스톤 공기'라는 이름을 붙인 상태였고, 같은 해에 프랑스의 앙투안 라부아지에(Antoine Lavoisier)도 유사한 실험을 수행하여 '순수 공기'라고 이름을 붙인 상태였기 때문이다. 산소(酸素, Oxygen)라는 이름은 1778년 라부아지에가 그의 논문에서 '산의 형성자(principe oxygine)'라는 명칭을 사용한 데서 비롯되었다.

셸레는 1777년 11월 왕립의과대학(Royal Medical College)의 약사 시험을 통과함으로써 약사로서 확실한 공인을 받았다. 그런데 7년 후인 1785년 가을부터 신장 이상과 피부 질환으로 병세가 심각해지기 시작했다. 그의 증상은 비소, 수은, 납, 불산(플루오린화 수소)과 같은 유독 물질을 다루면서 맛을 보는 등의 위험한 일을 반복했기 때문인 것으로 추정되고 있다.

그는 1786년 5월 21일 44세의 젊은 나이로 사망했는데, 죽기 이틀 전에 전임자 폴(Pohl)의 미망인과 결혼식을 올렸다고 한다. 결혼에 얽힌 자세한 사연은 알려져 있지 않다.

칼 빌헬름 셸레는 산소와 염소를 발견했으며 바륨, 망가니즈(망간), 몰리브데넘, 텅스텐, 시트르산, 락트산, 글리세린, 사이안화 수소, 플루오린화 수소(불산), 황화 수소를 발견한 것으로 보고되고 있다. 그렇지만 과학의 발견 사실들은 후속 연구가 이어지면서 과학계의 검증을 받아야 그 업적이 확실해진다. 페이퍼 형태로 된 그의 보고서들은 스웨덴 학술지에 국한되어 실렸기 때문에 널리 알려지지 못했고, 더구나 그가 일찍 사망했기 때문에 셸레의 발견 업적은 부각되지 못했다.

화학 물질의 명칭은 세계 공통일까?

1919년에 결성된 IUPAC(국제 순수 및 응용 화학 연합)은 원소 및 화합물의 명칭을 만들고 개정하는 일을 하고 있다. 대한화학회는 IUPAC의 명명법을 우리말 체계에 맞도록 반영한 후 교과서 등의 출판물에 반영하도록 제안하고 있다.

원소나 물질의 변경된 이름이 사회 용어로 정착되려면 제법 긴 세월이 필요하다. 사람들에게 "소듐 섭취를 줄이고 옥시데인 섭취를 많이 하세요."라고 말하면 소통이 잘 안 될 것이다. 소듐은 다름 아닌 나트륨이고, 옥시데인은 물의 또 다른 명칭이다. 대한화학회는 2014년부터 나트륨의 공식 명칭을 소듐(Sodium) 하나만 인정하는 것으로 공지했다. 독일식 명칭을 영어식 발음으로 바꾼 것인데, 이것이 세계에서의 의사소통과 국익에 도움이 된다고 판단한 모양이다. 물(H_2O)의 경우에는 '물(Water)'과 '옥시데인(Oxidane)'을 공식 명칭으로 인정한다.

이 책은 개정된 원소·화합물 이름을 사용했으므로, 기성세대 지식인에게는 낯선 용어들이 있을 수 있다. 개정(2014년, 2017년)된 원소 및 화합물 명칭을 간추려 소개하면 다음과 같다.

◎ 변경된 원소 이름

원자 번호	원소 기호	IUPAC 이름	한글 새이름	한글 옛이름
9	F	Fluorine	플루오린	플루오르(불소)

11	Na	Sodium	소듐	나트륨
19	K	Potassium	포타슘	칼륨
22	Ti	Titanium	타이타늄	티탄
24	Cr	Chromium	크로뮴	크롬
25	Mn	Manganese	망가니즈	망간
32	Ge	Germanium	저마늄	게르마늄
34	Se	Selenium	셀레늄	셀렌
35	Br	Bromine	브로민	브롬
41	Nb	Niobium	나이오븀	니오브
42	Mo	Molybdenum	몰리브데넘	몰리브덴
51	Sb	Antimony(Stibium)	안티모니	안티몬
52	Te	Tellurium	텔루륨	텔루르
53	I	Iodine	아이오딘	요오드
54	Xe	Xenon	제논	크세논
57	La	Lanthanum	란타넘	란탄
65	Tb	Terbium	터븀	테르븀
68	Er	Erbium	어븀	에르븀
70	Yb	Ytterbium	이터븀	이테르븀
73	Ta	Tantalum	탄탈럼	탄탈
99	Es	Einsteinium	아인슈타이늄	아인시타늄

◎ 변경된 화합물 이름(이산화탄소 → '이산화 탄소' 형식으로 띄어쓰기 반영된 것이 많음)

한글 새이름	한글 옛이름	분자식
갈락토스	갈락토오스 /젖당	$(HOCH_2)(CH)_5(OH)_4O$
프룩토스	과당	$C_6H_{12}O_6$
과망간산 포타슘	과망간산칼륨	$KMnO_4$
과산화 수소	과산화수소	H_2O_2
글리세린	글리세롤	$HOCH_2CH(OH)CH_2OH$
글라이코젠	글리코겐	
메테인	메탄	CH_4

물 /옥시데인	물	H_2O
바이닐 알코올	비닐알코올	CH_2CHOH
사염화 탄소	사염화탄소	CCl_4
사이안산 암모늄	시안산암모늄	NH_4OCN
산화 소듐	산화나트륨	Na_2O
산화 포타슘	산화칼륨	K_2O
삼산화 황	삼산화황	SO_3
셀룰로스	셀룰로오스	$[C_6H_{10}O_5]_n$
실리카 젤	실리카겔	
에테인	에탄	CH_3CH_3
염화 소듐	염화나트륨	$NaCl$
염화 포타슘	염화 칼륨	KCl
염화 플루오린화 탄소	염화플루오르화탄소	CFC
오쏘-크레졸	o-크레졸	$CH_3C_6H_4OH$
옥탄 /옥테인	옥탄	$CH_3(CH_2)_6CH_3$
유레아 /요소	요소	NH_2CONH_2
이산화 규소	이산화 규소	SiO_2
이산화 망가니즈	이산화 망간	MnO_2
이산화 탄소	이산화 탄소	CO_2
자일렌	크실렌	$C_6H_4(CH_3)_2$
플루오린화 수소	플루오르화 수소(불산)	HF
헥세인	헥산	$CH_3(CH_2)_4CH_3$

10

산소를 발견하고 연소의 성질을 밝힌 그는
왜 단두대에 올랐을까?

앙투안 라부아지에

Antoine-Laurent de Lavoisier (1743. 8. 26. ~ 1794. 5. 8.)

1743년 프랑스 파리의 변호사 집안에서 태어난 앙투안 라부아지에는 다섯 살에 어머니를 여의고 할머니와 고모의 돌봄을 받으며 컸다. 그는 열한 살에 마자렝대학(Collége Mazarin)에 입학하여 법학과 자연과학을 배웠고 20세에 법학 학위를 받았으나, 그의 주된 관심과 사회 활동은 과학 쪽에 치우쳐 있었다. 라부아지에는 파리 식물원에서 주최하는 과학 강연을 수강하고 틈틈이 교수들의 조언도 구하면서 스스로 공부했고, 프랑스의 지질도를 제작하기 위한 지질조사에도 참여했다.

1765년 무렵, 라부아지에는 석고에 관한 분석 논문을 써서 프랑스 과학 아카데미에 발표하였고, 도시의 가로등을 설치하기 위한 공모전에서 메달을 수상하기도 했다. 이러한 활동들을 통해 라부아지에는 과학자로서의 실력을 인정받았고, 1768년 24세의 젊은 나이에 프랑스 과학 아카데미[1] 회원이 되었다.

당시까지는 물, 불, 공기, 흙이 물질을 이루는 4대 원소라는 고대 그리스의 철학이 과학자들의 생각을 지배하고 있었다. 물을 증류하면 앙금이 생기는데 이는 물이 흙으로 변하는 현상이라고 알려져 있기도 했다. 1768년 과학 아카데미에서 수질 조사 임무를 받은 라부아지에는 유리로 만든 플라스크에 물을 넣고 밀봉한 후 약한 불로 100일 동안 가열하는 실험을 했다. 그 결과 플라스크 바닥에 앙금이 생겼지만, 물의 무게에는 변동이 없었다. 앙금은 단지 플라스크의 유리 성분이 녹아서 침전된 것일 뿐이었다. 라부아지에는 이러한 사실을 증명하는 데 미세한 질량의 변화까지 측정할 수 있는 정밀한 저울을 이용했다.

라부아지에의 이 실험은 정량 분석(Quantitative analysis)의 중요성을 널리 알리는 계기가 된 것으로 평가된다.

라부아지에는 프랑스 정부가 운영하는 세금징수조합인 페르미 제너럴에 입사하여 주로 담배와 관련된 밀수나 사기 범죄를 적발하는 일을 했다. 그리고 1771년 회사 사장의 외동딸 마리 안[2]과 결혼했다.

1772년 라부아지에는 황, 인, 납, 양철과 같은 물질을 플라스크 속

---

1. Académie des sciences: 과학 연구의 발전 정신을 촉진시키고 보호하자는 콜베르(Jean-Baptiste Colbert)의 제안으로 루이 14세에 의해 1666년 설립되었다. 본부는 루브르 박물관에 있다.

| 마리 안이 그린 삽화. 라부아지에의 실험 장면(오른쪽 끝이 마리 안)

에서 연소시키는 실험을 통해 '황과 인이 연소하면 많은 양의 공기가 소비되고 질량이 20~30퍼센트 증가한다.'라는 사실을 파악하였다. 그 해 11월 1일 그는 실험 기록을 봉인하여 프랑스 과학 아카데미 원장에게 보냈고, 그 내용은 몇 개월 후인 1773년 5월 5일 『인과 황의 연소에 대한 연구』라는 제목으로 발표되었다.

1774년 라부아지에는 만찬을 열어 명사들을 초대하였다. 영국의 과학자 프리스틀리도 초대되어 참석했다. 정보 공개에 개방적이었던 프리스틀리는 자신이 산화 수은을 가열하여 '플로지스톤이 없는 공기'를 만들었다는 사실을 만찬에서 털어놓았다. 그 공기 속에 촛불을 넣으면

2. Marie-Anne Pierrette Paulze, 1758~1836: 14살에 라부아지에와 결혼한 마리 안은 남편의 훌륭한 조력자 역할을 톡톡히 했다. 그녀는 라부아지에의 실험 과정을 기록하고, 영어를 배워 논문을 번역하고, 남편의 책에 넣을 삽화를 손수 그렸다. 그렇지만 자녀를 출산하지 못했고, 라부아지에 사망 10년 후 럼포드 백작과 재혼하여 30년을 더 살다가 78세에 사망했다.

훨씬 잘 타오르고, 그 공기 속에서는 동물들이 더 오래 생존한다는 사실도 말했다.

프리스틀리의 이야기를 듣고 한 달이 지난 즈음에 라부아지에는 수은 가열 실험을 하였다.

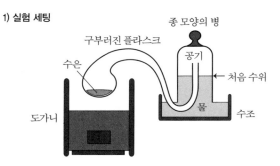

1) 실험 세팅

그는 구부러진 플라스크에 수은 4 온스(113.4 g)를 넣고 수조에 거꾸로 세운 종 모양의 병과 연결했다. 내부 공기의 부피를 50세제곱 인치(819.35㎤)가 되도록 조절한 후 수위를 체크했다.

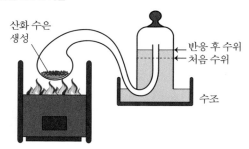

2) 수은을 300℃ 가열

그는 도가니에 불을 피워 수은을 며칠 동안 계속 가열했다. 48시간이 지나자 수은 표면에 붉은 반점이 생기기 시작했고 수은은 점차 붉은 색을 띠는 금속 가루 형태로 변했다. 반응이 끝난 후 플라스크를 상온으로 냉각시켜서 부피의 변화를 살폈다. 종 모양 내부의 공기 부피는 8세제곱 인치가 줄어들고 무게는 3.5그레인(0.23g)이 줄어들었다. 그 대신 산화 수은의 무게가 3.5그레인(0.23g) 증가했다. 줄어든 공기의 무게만큼 산화 수은의 무게가 증가한 것이다. 이 실험을 현대의 화학 반응식으로 표현하면 다음과 같다.

$$2Hg(수은) + O_2(산소) \rightarrow (300℃로\ 가열) \rightarrow 2HgO(금속재\ 산화\ 수은)$$

3) 산화 수은을 600℃ 가열

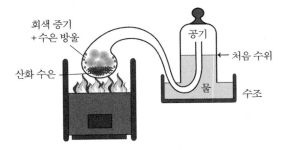

라부아지에는 역반응 실험도 수행했다. 수은 대신에 산화 수은 가루를 플라스크에 넣고 더 높은 온도로 며칠 동안 가열했다. 그러자 회색 증기가 피어오르며 플라스크 벽면에 수은 방울이 맺히기 시작했다.

산화 수은에서 수은으로 변하는 반응이 끝났을 때 무게는 3.5그레인이 줄었고 내부 공기는 다시 8세제곱 인치 증가했다. 산화 수은이 수은으로 변하면서 산소가 방출되었기 때문이다. 이 반응을 현대의 화학식으로 표현하면 다음과 같다.

$$2HgO\,(\text{금속재 산화 수은}) \rightarrow (600℃\text{로 연소}) \rightarrow 2Hg\,(\text{수은}) + O_2\,(\text{산소 발생})$$

라부아지에는 이 실험에 관한 결과를 1775년 4월에 프랑스 과학 아카데미에 보고했다. 논문은 저널(Rozier's Journal)에 실렸는데, 흔히 '라부아지에의 부활절 보고(Lavoisier's Easter Memoir)'라고 부른다.

1777년 라부아지에는 플로지스톤의 존재를 가정하지 않는 새로운 연소 이론을 세우면서, 프리스틀리가 '탈 플로지스톤 공기(산소)'라고 부른 공기를 '순수 공기(Air pur)'라고 명명했다. 그렇지만 1778년 논문 『산에 대한 일반적 고찰』에서는 순수 공기 대신 '산의 형성자(principe oxygine)'라는 말을 썼는데 이것이 '산소(Oxygen)'라는 이름의 기원이 되었다.[3]

영국의 화학자이자 물리학자인 헨리 캐번디시(Henry Cavendish, 1731~1810)는 귀족 출신이자 영국 왕립학회 회원이었지만 사람들과의 접촉을 꺼려서 은둔자 생활을 한 것으로 알려져 있다. 상속받은 재산이 많았지만 의복에 신경을 쓰지 않았고 식사도 혼자서 했으며, 하인들과 마주치는 것도 싫어해서 지시할 것이 있으면 쪽지를 써서 남겼다고 한

---

3. 『산소는 누가 발견하였는가(Discovery of Oxygen Journal of Basic Science)』(Feb, 1997), 조정미, 참고

다. 그는 '가연성 공기'를 발견했는데 이것이 산소와 만나면 물이 생성된다는 사실을 논문으로 발표했다. 이 소식을 들은 라부아지에는 가연성 공기에 '수소(水素, hydrogen)'라는 이름을 붙였다. 물을 생성하는 원소라는 뜻이었다.

라부아지에는 1783년에 수소를 연소시켜 물이 생성되는 실험을 선보였고, 발효와 호흡에 관한 연구도 병행하여 호흡 과정에서 산소가 흡수되고 이산화 탄소가 방출된다는 사실을 알아냈다. 1785년에는 고열을 이용하여 물을 수소와 산소로 분리하는 데 성공하였다. 아울러 물을 생성하는 데 필요한 수소의 질량과 산소의 질량을 측정하였고, 이를 통해 물은 단일한 원소가 아니라 두 원소의 화합물이라는 것을 입증했다.

당시 화학 물질의 이름은 대부분 연금술사들에 의해서 붙여진 것으

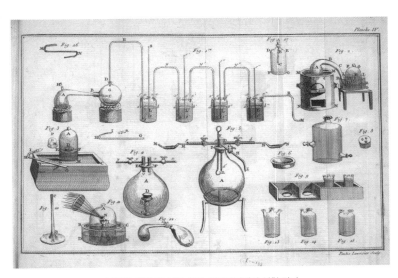

▍『화학 원론』에 실린 삽화. 라부아지에의 실험 장비

로 비밀스러운 암호문과 같은 것이었다. 황산은 '독한 기름', 황산 포타슘은 '안티몬의 버터', 붕산은 '홈베르크를 진정시키는 염'과 같은 식이다. 1787년 라부아지에는 화학 물질의 이름을 통일할 필요성을 느끼고 베르톨레(Berthollet), 모르보(Morveau), 푸르크로아(Fourcroy)와 함께『화학 명명법 Méthode de nomenclature chimique』를 출간했다. 이 책은 유럽의 여러 언어로 번역되었으며 화학 원소의 이름을 짓는 기본 틀을 제공했다.

1789년 라부아지에는 공기와 물의 조성, 산과 염기의 목록과 화합물, 33종 원소의 목록, 화학 실험 장비 사용법 등의 내용을 담은『화학 원론 Traité élémentaire de chimie, Elements of Chemistry』을 출간하였다. 그의 화학 원론에는 '반응물의 질량＝결과물의 질량'이라는 '질량 보존의 법칙'의 내용이 담겨 있었고, 여러 나라의 언어로 번역되어 화학 교과서의 지위를 얻었다.

1789년 루이 16세의 폭정과 과도한 세금 부과에 대한 시민들의 불만이 폭발하여 프랑스 혁명이 일어났다. 라부아지에는 세금 징수 조합의 간부였으므로 혁명 주도 세력에 의해 체포되었다. 당시 라부아지에를 궁지로 몰아넣은 사람은 급진주의 저널리스트이자 공포 정치를 주도한 장 폴 마라[4]였다. 그는 과거에 허술한 논문을 써서 프랑스 과학 아카데미에 제출하였다가 라부아지에로부터 퇴짜를 받은 일로 앙심을 품었다고 알려져 있다.

라부아지에는 법정에서 자신이 과학자일 뿐이라고 말했으나 재판장은 "프랑스에는 더 이상 과학자가 필요하지 않다."라고 말한 뒤 사형

---

4.   Jean-Paul Mara, 1743~1793: 프랑스 혁명 후 급진 좌파인 자코뱅 당에 참가하여 공포 정치를 추진했다. 그는 지롱드 당 지지자였던 샤를로트 코르데에 의해 목욕탕에서 살해되었다.

을 언도한 것으로 전해진다. 1794년 5월 8일 저녁 앙투안 라부아지에는 혁명광장의 단두대에서 참수되었고 시신은 공동묘지에 버려졌다.

그러나 그의 죽음과 업적에 대한 재평가가 이루어지면서 이듬해 시월에 정식으로 장례식이 치러졌고, 1796년 8월에는 두 번째 장례식이 성대하게 치러졌다. 라부아지에의 죽음을 지켜본 이탈리아 출신의 수학자 라그랑주(Joseph-Louis Lagrange, 1736~1813)는 시계를 쳐다보며 다음과 같이 말했다고 한다.

"그의 머리를 베어 버리는 것은 1초면 충분하지만, 프랑스에서 같은 두뇌를 만들려면 백 년도 넘게 걸릴 것이다."[5]

---

5. 20세기의 과학철학자 토머스 쿤(Thomas S. Kuhn, 1922~1996)은 그의 대표 저서인 『과학 혁명의 구조(The Structure of Scientific Revolutions)』에서 셸레, 프리스틀리, 라부아지에의 산소 발견 우선권 논쟁을 다루면서 "산소 발견 연대를 정하려고 한다면 굉장히 자의적인 시도일 것"이라고 평한 바 있다.

11

보이지 않는 원자의 존재를
어떻게 설명할 수 있었을까?

존 돌턴

John Dalton (1766~1844)

"사과를 반쪽으로 쪼개고, 반쪽을 또 반으로 쪼개는 일을 무한히 반복한다면?"

고대 그리스 철학자들의 의견은 둘로 나뉘었다.

"크기가 아무리 작아도 그것을 자를 칼만 있다면 가능하다."

"매우 작은 크기에 다다르면 더 이상 자를 수 없는 한계가 있다."

전자는 원소설(元素說)을 믿는 학자들, 후자는 원자설(原子說)을 주장하는 학자들의 생각이었다.

고대 그리스의 철학자 엠페도클레스(Empedocles, 기원전 493~430년경)는 만물이 물, 불, 공기, 흙의 4원소로 이루어져 있다고 주장했다. 플라톤(Pluto, 기원전 428~348)도 4원소설을 믿었고, 그의 제자 아리스토텔레스(Aristotle, 기원전 384~322)는 4원소에 에테르(Aether, 고대 그리스어-Aiθήρ)를 추가하여 5원소설을 제안했다. 아리스토텔레스는 '없는 것이 존재할 이유는 없다'라고 생각하여 진공(vacuum)을 인정하지 않았고, 천상의 세계는 빛나는 물질 에테르로 가득 채워져 있을 것이라고 상상했다.

역설(逆說, paradox)의 논리로 유명한 철학자 제논(Zeno of Elea, 기원전 5세기, 생몰 연대 미상)은 무한히 작은 것으로는 유한한 것을 만들 수 없다고 보았다.

"사과를 무한히 자를 수 있다고 가정하면 무한히 작은 것이 된다. 즉 무한소(無限小) 크기의 사과가 되는 것이다. 무한소 크기로 작아진 사과 알갱이를 전부 모아서 원래의 사과로 복원할 수 있을까? 불가능하다. 무한소에 무한소를 더해도 계속 무한소이기 때문이다. 그러므로 사과를 무한히 자를 수 있다는 논리는 모순이다."[1]

데모크리토스[2]는 '세계는 원자와 텅 빈 공간으로 이루어져 있다'라고 원자설을 주장했다. 원자(atom)는 부정접두어 'a'와 분할을 의미하는

---

1. 미분학이 발전된 17세기 이후의 수학에서는 무한소를 무한하게 모음으로써 유한한 값을 얻을 수 있는 대수적 연산 방법이 정립되었다.
2. Democritus, 기원전 460~380년 무렵: 데모크리토스의 스승은 레우키포스(Leucippus)이고, 레우키포스의 스승은 제논이라는 설도 있다.

'tomos'가 합쳐진 말이다.

플라톤과 아리스토텔레스의 철학을 추종했던 절대 다수의 학자들은 원자설을 그릇된 이론이라고 생각했다. 원자와 원자 사이에 '빈 공간이 있다'라는 말은 '없는 것이 있다.'라는 관념이므로 '세상은 질료(質料, matter)로 형상(形相, form)으로 이루어진다.'라는 아리스토텔레스의 철학에 위배되는 것이었다. 또한 그들은 물체에 작용하는 힘은 접촉을 통해서만 전달된다고 생각했기 때문에 텅 빈 공간이 있다면 운동의 원리가 적용될 수 없다고 생각했다.

결국 데모크리토스의 원자설은 아리스토텔레스가 주장한 원소설에 밀려서 2천 년 이상 잠들어야 했다. 잠자고 있던 원자설을 19세기에 다시 깨운 사람이 존 돌턴이다.

존 돌턴은 영국 컴벌랜드 코커마우스에서 서쪽으로 2마일 떨어진 이글스필드(Eaglesfield)에서 퀘이커[3] 교도이자 직조공인 조셉(Joseph Dalton)과 데보라(Deborah)의 둘째 아들로 태어났다. 돌턴은 퀘이커 교도인 존 플래처가 운영하는 문법학교(John Fletcher's Quaker grammar school)를 다녔고, 기상학자이자 악기 제작자인 로빈슨(Ellihu Robinson)의 집에서 심부름을 하며 그의 가르침을 받았다.

돌턴의 전기에 의하면, 그는 문법학교에서 은퇴한 교사의 수학 수

---

3. Quakers: 종교친우회(Religious Society of Friends)라고도 한다. 1650년대에 영국의 조지 폭스(George Fox)가 명상 운동으로 시작하여 창시한 기독교 교파다. 종교와 교육에서 남녀는 평등하고, 사람은 자기 안에 신성(神性: 신의 성품)을 가지고 있으므로 이를 기르는 법을 배우면 구원받을 수 있다는 교리를 따른다. 퀘이커는 침묵으로 예배하며, 일반적으로 예배를 이끌어 가는 별도의 성직자나 목사를 두지 않는 것으로 알려져 있다. 영국과 미국의 퀘이커 봉사 친우회는 1947년 노벨평화상을 수상했다. 한국의 함석헌 선생과 미국 37대 대통령 리처드 닉슨도 퀘이커 교도였던 것으로 알려져 있다.

업을 맡아 12세의 어린 나이에 2년 동안 학생들을 가르쳤고, 14세에 축산 농가에 고용되어 일을 하다가 15세가 되었을 때 집에서 45마일(72 킬로미터) 떨어진 켄달(Kendal) 학교의 교사가 되었다. 그 학교는 그의 형 조나단(Jonathan)과 친척이 운영하는 기숙학교로 60명 정도의 소년과 소녀 학생들을 가르치고 있었다. 돌턴은 몇 년 동안 조교 업무를 보면서 여가 시간에 라틴어, 그리스어, 프랑스어, 수학 등을 공부했고, 나중에는 수업을 맡아 가르치는 교사로서 27세까지 근무했다.

돌턴은 18세부터 과학 · 예술 잡지 「레이디스 다이어리Ladies' Diary」와 수학 · 수수께끼 잡지 「젠틀맨스 다이어리Gentleman's Diary」에서 출제하는 과학 · 수학 · 철학의 다양한 문제에 대한 해답을 투고했다(1784~1795). 그가 제출한 답은 대부분 우수작으로 선정되었고 잡지사가 주는 상금도 받았다.

돌턴은 컴벌랜드 지역의 산들을 오르내리면서 온도, 습도, 기압, 날씨 등의 대기 상태를 측정하고 일기처럼 기록했다. (그의 기상 일기는 21세부터 죽기 전날까지 57년 동안 꾸준히 기록되었다.)

1793년 돌턴은 자신의 기상 관찰 자료를 토대로 『기상 관측과 에세이Meteorological Observations and Essays』를 출간하였고, 맨체스터에 있는 뉴 칼리지(New College)의 수학과 화학 담당 교사로 채용되었다.

1794년에 맨체스터 문학철학협회(Lit & Phil; Manchester Literary and Philosophical Society)에 가입한 돌턴은 본격적으로 과학 활동을 시작했다. 협회지에 게재된 그의 첫 논문은 『색 비전에 관한 특별한 사실들Extraordinary facts relating to the vision of colours』(1794)로 색맹에 관한 것이었다. 그는 자신과 형제가 모두 선천적으로 색맹이었기 때문에 색맹은 유전되는 것이라고 생각했다. 그렇지만 그 원인이 무엇인지는 몰랐고, 자신의 안구가 푸른색으로 가득 차 있어서 붉은 빛만 주로 흡수하므로 색을 제대로 구분하지 못하는 것이라고 여겼다. 돌턴은 자신의 눈을 해부하여 이를 입증하라는 유언장을 남겼고, 그가 사망했을 때 주치의였던 조셉 랜섬이 안구를 적출하여 분석했다. 그러나 그의 수정체는 보통 사람들처럼 투명할 뿐이었다. 나머지 한 눈은 보존 처리되었다가 150년 후 현대의 과학자들이 DNA를 분석한 결과 적록색맹인 것으로 판명되었고, 1995년 사이언스지를 통해 알려졌다. 적록색맹을 영어로 돌터니즘 (doltanism), 프랑스어로 달토니앙(daltonien)이라고 부르는 것은 그의 이름으로부터 유래한 것이다.

1800년, 뉴칼리지에서 강의하던 돌턴은 학교 재정이 어려워지자 퇴사했고, 맨체스터 문학철학협회의 간사로 선임되었다. 그리고 이때부터 소수의 학생을 개인 지도하는 사설학원을 열어 평생 직업으로 삼았다. 1801년에는 학생들을 위한 영어 문법책 『영어 문법의 요소Elements of English Grammar: or, a new System of Grammatical Instruction, for the use of Schools and Academies』를 출판했다.

이후 공기가 여러 기체의 혼합물이며, 기체 혼합물의 총 압력은 각 성분 기체의 부분 압력을 더한 것과 같다는 '분압의 법칙(돌턴의 법칙)'을 비롯하여 기상과 관련한 여러 논문들을 맨체스터 문학철학협회에 꾸준히 기고했다. 그는 비와 이슬의 양을 더한 값이 강물로 운반되는 물의 양과 증발량을 합한 것이라는 물의 순환 과정을 논문으로 발표했고, 공기가 팽창하면 온도가 내려가고 압축하면 온도가 올라간다는 내용에 대해서도 논문을 썼다. 돌턴은 유체에 관련한 지속적인 연구를 통해 '물질은 수많은 원자들로 이루어진 집합체'라는 결론에 도달했다.

돌턴은 원자가 더 이상 분해될 수 없는 작은 입자이며, 화학 반응은 원자의 결합 방식이 바뀌는 것일 뿐 원자는 없어지거나 새롭게 생겨날 수 없는 것이라고 보았다.

그의 원자설은 온도와 열, 탄성 유체인 공기의 성질 그리고 원자와 화학 결합에 대한 내용을 다룬 『화학의 새로운 체계 *A New System of Chemical Philosophy*』(1808)를 통해 널리 알려졌다. 그는 수소(H)의 원자량을 1로 정하고 다른 원소들의 상대적 무게를 계산하였다. 원자를 그림으로 표시할 때는 자신이 고안한 동그라미 형태의 기호를 사용했다.

돌턴은 원자와 화합물의 구성과 원자량을 파악하기 위해 다음과 같은 조합 규칙을 만들어 적용했다.

1. A와 B 원자가 한 종류의 화합물만 만드는 경우, 그 물질은 2원자 화합물(binary)이다.

   ⇨ A + B = AB(2원자)

2. A와 B 원자가 두 종류의 화합물을 만드는 경우, 그 물질은 각각 2원자 화합물(binary) 한 종류와 3원자 화합물(ternary) 한 종류로 가정해야 한다.

   ⇨ AB(2원자), A + 2B(3원자) 또는 2A + B(3원자)

3. A와 B 원자가 세 종류의 화합물을 만드는 경우, 그 물질은 2원자 화합물(binary) 하나와 3원자 화합물(ternary) 두 종류로 추정해야 한다.

   ⇨ AB(2원자), A + 2B(3원자), 2A + B(3원자)

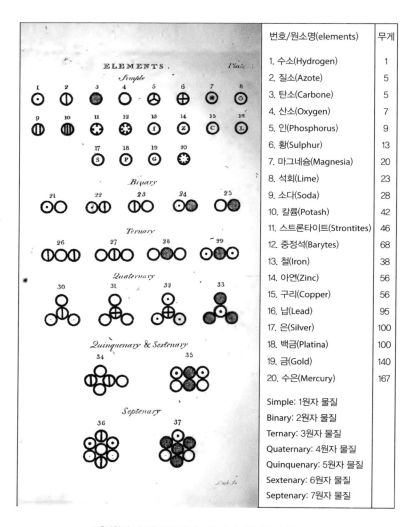

번호/원소명(elements)	무게
1. 수소(Hydrogen)	1
2. 질소(Azote)	5
3. 탄소(Carbone)	5
4. 산소(Oxygen)	7
5. 인(Phosphorus)	9
6. 황(Sulphur)	13
7. 마그네슘(Magnesia)	20
8. 석회(Lime)	23
9. 소다(Soda)	28
10. 칼륨(Potash)	42
11. 스트론타이트(Strontites)	46
12. 중정석(Barytes)	68
13. 철(Iron)	38
14. 아연(Zinc)	56
15. 구리(Copper)	56
16. 납(Lead)	95
17. 은(Silver)	100
18. 백금(Platina)	100
19. 금(Gold)	140
20. 수은(Mercury)	167

Simple: 1원자 물질
Binary: 2원자 물질
Ternary: 3원자 물질
Quaternary: 4원자 물질
Quinquenary: 5원자 물질
Sextenary: 6원자 물질
Septenary: 7원자 물질

❙ 「화학의 새로운 체계」에 수록된 원자 기호 및 원자량

4. A와 B 원자가 네 종류의 화합물을 만드는 경우, 그 물질은 2원자 화합물(binary) 한 종류와 3원자 화합물(ternary) 두 종류, 4원자 화합물(quaternary) 한 종류일 것으로 보아야 한다. ➪ AB(2원자), A + 2B(3원자), 2A + B(3원자), A + 3B(4원자) 또는 3A + B(4원자)

돌턴은 자신이 만든 규칙이 화합물의 조성을 밝히는 법칙이 될 것이라고 믿었지만, 그 규칙에는 오류가 있었다. A와 B를 더해 한 종류의 화합물만 만드는 경우에 이를 단순히 AB라고 단정한 것부터가 잘못된 가정이었다. 물(H_2O)처럼 2A + B와 같은 조합도 가능하기 때문이다. 그러나 자신의 규칙을 확신했던 돌턴은 3원자 화합물인 물(H_2O)을 HO(기호 ⊙◯)로, 4원자 화합물인 암모니아(NH_3)를 HN(기호 ⊙①)으로 판단했다. 이처럼 3원자나 4원자 화합물을 2원자 화합물로 판단하면 원자량 값이 다르게 나올 수밖에 없다. 때문에 원소들의 원자량이 실제와는 다르게 계산되는 경우도 많이 생겼다.

그렇지만 돌턴은 위의 규칙들을 적용하여 '배수 비례의 법칙'을 이끌어 냈다. 배수 비례 법칙이란, 한 물질이 다른 물질과 화합물을 만들 때 1배, 2배, 3배, 4배… 간단한 정수비로만 결합한다는 법칙이다.

배수 비례 법칙의 예로는 산화 이질소(N_2O), 산화 질소(NO), 이산화 질소(NO_2)를 들 수 있다. 앞의 세 가지 물질이 각각 질소(N) 14그램과 반응하여 만들어지는 경우에 결합하는 산소의 질량은 차례대로 8그램, 16그램, 32그램(1 : 2 : 4)으로 간단한 정수비가 된다. 이는 화학 반응이 불연속적인 일정한 단위로 일어난다는 것을 의미하는 것이며, 원자의 존재를 지지하는 증거로 볼 수 있다.

돌턴은 평생 독신으로 살면서 물질 연구에 이바지했다. 그의 기록을 조사한 한 전문가는 1817년부터 1844년까지 맨체스터 문학철학협회에 기고한 돌턴의 논문이 117편이라고 보고했는데, 논문 원본의 상당수가 2차 세계대전 때 폭격으로 인해 훼손된 것으로 알려져 있다. 그는 1816년 프랑스 과학 아카데미(Académie des sciences)의 회원이 되었고, 1834년에는 미국 예술 과학 아카데미(American Academy of Arts and Sciences)의 외국인 명예 회원으로 지명되기도 했다.

┃ 존 돌턴 조각상

1822년부터 죽기 전까지 26년 동안 돌턴은 목사이자 식물학자인 윌리엄 존스(Rev William Johns, 1771~1844) 부부가 사는 집에서 거주했다. 그는 70대 이후 몇 번의 뇌졸중을 겪었고, 1844년 침대에서 떨어져 숨이 끊어진 상태로 발견되었다. 장례는 맨체스터 시청(Manchester Town Hall)에서 시민장으로 치러졌으며 수만 명의 조문객이 다녀갔다고 한다. 장례 후 그는 맨체스터 아드윅 묘지(Ardwick Cemetery)에 안장되었지만, 오늘날 그곳은 도시화로 인해 평평한 운동장으로 변했다.

원자설과 원소설의 큰 차이는 '빈틈의 유무'이다. 원자설은 알갱이를 전제하는 관점이므로 빈틈이 필연적으로 있어야 한다. 원소설은 빈틈을 인정하지 않는다. 원소설을 믿던 철학자들은 '빈틈이 있으면 세상이 가루처럼 흘러내릴 것이 아닌가?'하고 생각했다.

20세기 과학은 물질이 거의 빈틈으로 되어 있다는 사실을 알아냈다. 양자물리학에서 전자(electron) 크기는 0으로 간주된다. 크기가 0인 입자라니, 통념을 버리지 않으면 이해가 불가능하다. 양자역학에서 전자와 같은 양자에 대한 가장 그럴 듯한 설명은 '평소에는 크기가 없는 에너지로 존재하다가, 관찰할 때만 비로소 입자처럼 행동한다.'라는 것이다.

과학을 에너지 사용 정도에 맞추어 5단계로 분류한 미래학자들은 현재 인류의 과학이 0.9단계라고 표현한 바 있다. 과학의 끝은 어디일지 상상하노라면 삶을 초월하는 즐거움을 느낄 수 있다

12

H_2O, CO_2 ··· 현대의 화학 표기법은 어떻게 고안되었을까?

옌스 야콥 베르셀리우스
Jöns Jacob Berzelius (1779. 8. 20 ~ 1848. 8. 7)

과학의 역사에서 '화학의 아버지'가 적어도 세 명은 된다. 영국에서는 『의심 많은 화학자*The Sceptical Chymist*』(1661)를 집필한 보일(Robert Boyle, 1627~1691)이, 프랑스에서는 『화학 원론*Traité élémentaire de chimie, Elements of Chemistry*』(1789)을 쓴 라부아지에(Antoine-Laurent de Lavoisier, 1743~1794)가 화학의 아버지다. 스웨덴에서는 베르셀리우스를 화학의 아버지로 추앙하는데, 연배로 볼 때 화학의 셋째 아버지인 셈이다.

베르셀리우스가 화학 원소 표기법을 제안하기 이전에는 통일된 원소 표기법이 없었고, 연금술사들이 자신만 알아볼 수 있는 상징적인 기호들로 물질이나 원소를 표기했다.

구리　　금　　철　　납　　은　　주석

▌ 연금술사들의 원소 표기 예

베르셀리우스는 스웨덴의 린셰핑(Linköping) 근처 베버순다(Väversunda)에서 태어났다. 그가 네 살이던 해에 교장이었던 아버지 사무엘(Samuel Berzelius)이 질병으로 사망했다. 아버지가 죽고 2년 3개월 뒤에 어머니 엘리자베스(Elisabet Dorotea Sjösteen)는 자녀가 다섯이나 있는 루터교 목사 에크마르크(Andreas Ekmarck)와 재혼했다.

그의 자서전에 따르면, 새아버지 에크마르크는 훌륭한 교육자의 능력을 갖춘 모범적인 사람이었고 식구들을 행복하게 했다. 그러나 3년이 채 못 되어서 그의 어머니도 새로 잉태한 아들을 생산하고 후유증으로 사망했다. 에크마르크는 두 개 지역의 교구 공동체를 맡고 있었기 때문에 혼자서는 일곱이나 되는 자식들을 보살피기가 쉽지 않은 상황이었다. 다행히도 어머니의 자매인 플로라(Flora Sjösteen)가 와서 에크마르크의 집안을 관리하고 아이들을 돌보았다.

1790년 에크마르크는 곤충학자인 하그룬트(Anders Haglund, 성직자가 된 이후의 이름은 하거트- Hagert)에게 자식들의 교육을 부탁했다. 하그룬트는 베르셀리우스를 열심히 가르쳐서 학문의 눈을 뜨게 했다. 에크마르크도 틈이 날 때마다 자녀들과 함께 책을 함께 읽었고, 들판을 함께 산책하며 자연에 대한 이야기를 들려주곤 했다. 그는 베르셀리우스에게 "야콥, 너는 재능이 있다. 식물학자 린네처럼 될 수 있다"라고 격려했다.

1790년 에크마르크 가족을 돌보던 플로라가 토지를 소유한 사람과 결혼하여 집을 떠나게 되자, 에크마르크는 이듬해 마리아 뷔스트란(Maria Elisabet Wistrand) 부인과 결혼했다. 그런데 새엄마가 된 마리아가 우리는 식구가 너무 많아서 머잖아 빈곤층이 될 것이라고 푸념했기 때문에 베르셀리우스는 의붓동생을 데리고 군인 중위인 외삼촌(Magnus Sjösteen) 집으로 갔다. 외삼촌도 자식이 일곱 명이나 있는 처지였지만 베르셀리우스를 차별하지 않고 공평하게 대했다. 그렇지만 사촌형제들이 달가워하지 않았고 그들의 엄마인 외숙모 또한 자기 자식들 편을 들었기 때문에 베르셀리우스는 눈칫밥을 먹으며 힘든 시간을 보내야 했다.

베르셀리우스는 1793년까지 하그룬트에게 배운 후 린셰핑 김나지움에 편입했고, 15세부터는 노르코핑(Norrköping) 근처 마을에 입주 과외교사를 하면서 학업을 이어 갔다.

1796년 베르셀리우스는 웁살라대학에 입학하여 의학, 화학 등을 공부했다. 약제사에서 실습하는 기간에는 유리를 불어 기압계, 온도계를 만드는 방법을 배웠다. 메디비(Medivi) 스파(spa, 미네랄이 풍부한 샘물) 인근에서 견습 의사를 하던 기간에 그는 샘물의 광물 성분을 분석했고, 업자들과 광천수 사업을 제휴했다가 실패하여 경제적인 어려움을 겪어야 했다.

1800년 알렉산드로 볼타[1]가 아연판과 구리판을 번갈아 겹겹이 세운 후 황산 용액에 담가 볼타 파일(Voltaic pile)이라는 최초의 화학 전지를 만들었고 그 제작 방법을 세상에 알렸다.

베르셀리우스는 볼타의 책을 보고 60쌍의 구리 동전과 아연판을 구입한 후 스스로 전지를 제작했다. 그리고 전지를 이용하여 직류 전기가 환자들에게 어떤 영향을 미치는지를 연구하여 졸업 논문으로 제출했다. (그의 자서전에 의하면, 직류 전기는 손 떨림 환자 한 명을 제외하고 치료에 별 효과가 없었다고 한다.)

1802년 웁살라대학에서 의사 학위를 취득한 베르셀리우스는 스톡홀름에 있는 카롤린스카 연구소(karolinska institute)에서 의약학 조수로 일했다. 스톡홀름에서 그가 살던 집의 주인은 광산 업자였는데, 베르셀리우스는 그를 도와 광물의 전기 화학적 반응에 대해 탐구했고 1803년 화학 저널 2월호에 전기 화학 이론 에세이를 게재했다.

1807년 28세의 베르셀리우스는 웁살라외과대학원의 약학 교수로 임명되어 안정적으로 연구에 매진할 수 있게 되었다. 1808년 스웨덴 과학 아카데미의 회원이 된 그는 『화학 교과서』 발행의 필요성을 느끼고 집필을 시작했다. 집필 과정에서 원소 표기법에 대한 고민이 많았던 그는 린네의 생물 분류법을 본뜬 원소 표기법을 고안했다. 산소(Oxygenium)는 O, 탄소(Carbonicum)는 C와 같은 형식으로 라틴어 머리글자를 따서 원소를 표기하는 간단한 방식이었다. 황(Sulphuricum)과 규소(Silicium)의 경우처럼 첫 문자가 같을 때는 각각 S와 Si로 표시했다.

---

1. Alessandro Volta, 1745~1827: 전압의 단위인 볼트(volt)는 알렉산드로 볼타의 이름에서 딴 것이다.

원소명	라틴어 이름	기호	원소명	라틴어 이름	기호
은	Argentum	Ag	질소	Nitricum	N
금	Aurum	Au	산소	Oxygenium	O
구리	Cuprum	Cu	납	Plumbum	Pb
철	Ferrum	Fe	황	Sulphuricum	S
수은	Hydrargyrum	Hg	규소	Silicium	Si
칼륨	Kalium	K	주석	Stannum	Sn
나트륨	Natrium	Na			

화합물을 명명할 때는 양이온의 이름을 그대로 쓰고 음이온의 이름에 ~ide(~화)를 붙여 Carbon dioxide(이산화 탄소), Hydrogen Sulfide(황화 수소)와 같은 형식으로 부른다. 원자 기호를 사용하여 분자나 화합물을 표시할 때는 원자의 결합 비율에 따라 위첨자를 붙여 이산화 탄소는 CO^2, 황화 수소는 H^2S와 같은 형식으로 표기한다. 예를 들어, H^2O로 표시되는 물은 수소(H) 2개에 산소(O) 1개가 결합되어 있음을 나타낸다. ―나중에 독일의 과학자 리비흐와 포겐도르프(Liebig & Poggendorff)가 위첨자를 아래첨자로 바꾸어 오늘날 사용하는 CO_2, H_2O와 같은 표기 형식이 되었다.―

영국 왕립 화학학회의 연구에 따르면, 베르셀리우스의 원소 표기 시스템은 1811년 프랑스에서 기고한 에세이를 통해 대중에게 알려졌고, 1813년과 1814년 영국의 저널에 게재된 기사를 통해서도 알려졌다. 그러나 원자설의 창시자 존 돌턴은 베르셀리우스의 표기법을 쓸모없는 것이라고 폄하했고, 다른 학자들도 처음에는 별 반응을 보이지 않았다고 한다.

	존 돌턴 (1808)		베르셀리우스 (1825~1836)		현대 (2019)
수소(H)	1		1.00		1.008
질소(N)	5		14.05		14.007
산소(O)	7		16.00		15.999
황(S)	13		32.18		32.06
염소(Cl)	?		35.41		35.45
칼륨(K)	?		39.19		39.098
구리(Cu)	56		63.00		63.546
납(Pb)	95		207.12		207.2
은(Ag)	190		108.12		107.868

❚ 돌턴, 베르셀리우스, 현대의 원자량 측정치 비교 표

그렇지만 베르셀리우스는 돌턴이 제대로 파악하지 못한 여러 원소들의 원자량 값을 매우 정확하게 알아내어 화학 발전의 중요한 기틀을 마련했다. 그는 여느 과학자와 달리 산소(O)의 원자량을 100으로 설정하고 다른 원소들의 원자량을 계산했기 때문에 수소(H)의 원자량을 6.2398로 표기했다. 수소의 원자량을 1로 환산한 원소의 원자량 값은 표와 같다.

베르셀리우스가 측정한 원자량 값은 현대 과학이 측정한 값과 거의 일치한다. 그는 『화학 교과서 *Lehrbuch der Chemie*』에 비금속과 금속 원소의 원자량과 물질 특성을 수록하고, 식물성 및 동물성 유기물, 빛과 열, 전기와 자기를 비롯한 여러 물리 현상도 설명했다. 이로써 그의 화학 교과서는 화학을 공부하는 사람들의 필독서가 되었고 여러 차례 개정을

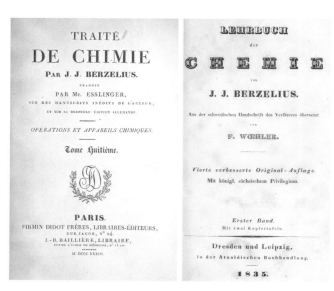

■ 베르셀리우스의 『화학 교과서』 1831 프랑스판, 1835 독일판 속표지.

거듭하면서 프랑스와 독일에서도 교과서의 지위를 확보했다.

원자를 볼 수는 없지만 그 모습은 구형일 것이라고 추측한 베르셀리우스는 성분이 다른 물질이라도 원자들의 결합 방식이 동일하여 형태가 똑같은 동형체[2]가 될 수도 있고, 성분이 동일해도 원자들의 결합 구조가 다른 경우에는 형태와 성질이 다른 이성질체[3]가 만들어질 수도 있다고 보았다.

---

2. isomorphe Körper: 방해석($CaCO_3$), 능철석($FeCO_3$), 능망간석($MnCO_3$), 마그네사이트($MgCO_3$)는 성분이 다르지만 동일한 형태의 광물이다. 광물학에서는 유질동상(類質同像, isomorphism)이라고 한다.
3. isomerische Körper: 흑연(C)과 다이아몬드(C)는 성분이 같지만 형태와 성질이 완전히 다르다. 흑연이나 다이아몬드가 만들어지는 지하의 온도와 압력 조건이 달라서 원자들의 결합 구조가 달라진다. 광물학에서는 동질이상(同質異像, polymorphism)이라고 한다.

1814년 스웨덴 과학 아카데미의 간사로 임명된 베르셀리우스는 영국의 화학자 험프리 데이비[4], 프랑스의 화학자 베르톨레[5]를 비롯하여 독일의 여러 과학자들과 교류하면서 스웨덴 과학 아카데미를 크게 활성화시켰다.

베르셀리우스는 세륨(Ce), 셀레늄(Se), 지르코늄(Zr), 타이타늄(Ti), 토륨(Th) 등의 원소를 발견하고, 사불화 규소와 포타슘(칼륨)을 반응시켜서 순수한 규소를 처음으로 분리한 사람으로 알려져 있다. 그렇지만 1835년 독일판 화학교과서에 기록된 규소(Si) 원자량의 경우 44.37[6]로 실제 규소의 평균 원자량 28.085와 약 16의 차이를 보이고 있다. 16은 산소 원자 하나의 무게에 해당하는 값이다. 이와 같은 오차로 인해 그가 순수한 규소를 분리하는 데 정말로 성공한 것인지는 석연치 않다.

베르셀리우스는 자신의 연구와 과학의 발견 사실들을 엮어 연례 보고서를 출간하기도 했다. 1840년 튀빙겐에서 출간한 『물리 과학의 진보에 대한 연례 보고서 *Jahres-Bericht über die fortschritte der physischen Wissenschaften* 』는 물리학, 화학, 광물학, 식물 화학, 동물 화학, 지질학 6개 분야[7]로 분류한 과학적 발견들을 서술하고 있다. 그렇지만 내용면에서는 물리학보다

---

4. Sir Humphry Davy, PRS. 1778~1829: 산화 이질소(N_2O)가 마취 효과를 발휘한다는 것을 발견하였다. 감미로운 향기와 단맛을 가진 산화 이질소는 흡입하면 얼굴 근육이 마비되어 웃는 표정처럼 변하기 때문에 '웃음 가스'라고 불렀다. 험프리 데이비는 탄광에서 폭발하지 않는 안전등을 개발했으며, 전기분해를 통해 소듐(나트륨), 포타슘(칼륨), 마그네슘, 칼슘, 스트론튬, 바륨 등을 발견했다. 1819년 준남작의 작위를 부여받았고 영국왕립학회 의장을 역임했다. 데이비는 베르셀리우스를 초청하여 학문적 논의를 했으나 서로 다른 의견과 오해가 겹치면서 점차 베르셀리우스를 멀리했다.
5. Claude Louis Berthollet, 1748~1822: 라부아지에의 『화학 명명법』 공동 저자
6. 교과서 원문에는 규소의 원자량을 277.312로 표기하고 있다. 이는 산소(O)의 원자량을 100으로 잡았을 때의 값이다.
7. 물리학(소리, 빛, 열, 전기 장치, 자기학) 127쪽 분량, 57주제
   화학(일반화학, 무기물, 유기물) 563쪽 분량 316주제
   광물학 42쪽 분량 55개 광물, 지질학 33쪽 분량, 10주제

는 화학에 관한 내용이 훨씬 많다. 그는 연례 보고서에 화학 물질을 분석하는 다양한 방법을 설명하고 산화물, 산, 염류, 금속, 비금속 등의 무기물 74종, 광물 55종, 포도당, 알코올, 식물성 단백질, 전분, 효모, 오일, 왁스, 자일레톨, 나프탈렌 등의 식물성 물질 110여 종, 담즙, 결석, 콜레스테롤, 요당, 헤마틴[8] 등 30여 종의 물질을 소개했다.

1835년 56세의 베르젤리우스는 남작의 작위를 받고 내각 장관의 딸인 24세의 엘리자베스 포피우스(Elisabeth Poppius)와 결혼했다. 자녀

┃ 베르젤리우스와 결혼한
엘리자베스 포피우스(Elisabeth Poppius), 1837년

---

8. Hämatin: 위출혈 시에 위산과 혈액이 반응하여 만들어지는 검은 색의 물질

는 낳지 못했지만 평화로운 말년을 보낸 베르셀리우스는 1848년 8월 69세의 나이로 스톡홀름에서 사망했다.

──────

베르셀리우스는 존 돌턴과 비슷한 시기에 활동했던 화학자다. 원자량 측정은 돌턴이 십 년 정도 앞섰지만, 측정치는 베르셀리우스가 훨씬 정확했다. 그런데 두 사람에 대한 세계의 인지도는 현격한 차이가 있다. 영국 출신 존 돌턴은 원자설을 제기한 사람으로 교과서에 실린 유명인이지만, 스웨덴 출신 베르셀리우스는 세계 공통의 화학원소 표기법을 만들고도 무명에 가깝다. 이는 당시 과학의 중심지가 영국이었던 점을 감안하더라도, 국가가 역사를 만드는 방식, 사회문화적인 가치관, 기록 보존 시스템 등의 차이도 영향을 주는 것 같다.

13

노벨상 여섯 개와 맞바꾼
방사능 백혈병

마리 퀴리
Marie Curie (1867. 11. 7. ~1934. 7. 4.)

마리 퀴리는 모국어를 쓰거나 읽을 수 없는 피지배국가에서 자랐고, 여성은 대학을 갈 수 없는 교육 체제 속에서 최초의 이학박사, 최초의 대학교수가 되었으며, 최초로 노벨상을 2회 수상[1]한 인물이다. 서로 다른 과학 분야(물리, 화학)에서 각각 노벨상을 받은 사람은 역사상 그녀가 유일하다. 남편과 두 딸, 두 사위도 전부 노벨상을 수상하여 마리의 가족은 전무후무한 역사로 남아 있다.

폴란드 바르샤바에서 5남매의 막내로 태어난 그녀의 어릴 적 이름은 마냐 스클로도프스카(Manya Skłodowska)였다. 당시 폴란드는 역사 속에만 존재하는 나라였다. 18세기 후반 오스트리아, 프로이센(독일), 러시아가 폴란드를 세 차례나 분할하여 1795년 폴란드를 세계 지도에서 완전히 사라지게 했기 때문이었다. 러시아의 지배를 받고 있던 바르샤바에서는 폴란드의 역사와 언어를 가르치는 일이 금지되고 있었다.

마냐의 어머니 브로니슬라바(Bronislawa Skłodowska)는 학교장이었으나 마냐를 낳으면서 학교를 그만두었다. 마냐의 아버지 브라디스와프(Władysław Skłodowski)는 공립학교에서 물리와 수학을 가르치는 교사였으나 사상을 의심받아 한동안 실직했고, 월급이 적은 학교로 직장을 옮겨야 했다. 마냐의 어머니는 여학생 십여 명을 모아 하숙집을 운영하면서 학생들을 가르쳤다. 마냐는 여학생들과 함께 폴란드 역사와 폴란드어를 배웠다.

마냐가 아홉 살일 때 맏언니 조피아(Zofia)가 장티푸스에 걸려 사망했고, 열한 살 때 결핵을 앓고 있던 어머니도 세상을 떠났다.

마냐는 어머니가 죽고 김나지움에 입학하여 1883년 6월 수석으로 졸업했다. 그러나 건강이 나빠져서 시골 친척 집들을 돌며 휴양의 시간을 보냈고, 1년 후 바르샤바로 돌아와 비밀리에 혁명단체가 운영하는

---

1. 노벨상 2회 수상자
    - 라이너스 폴링(Linus Carl Pauling, 1901~1994): 화학 결합 오비탈 이론, 전기음성도를 밝혀 1954년 노벨 화학상, 핵실험 금지를 위한 반핵 평화 운동으로 1962년 노벨 평화상 수상
    - 프레더릭 생어(Frederick Sanger, 1918~2013): 인슐린의 아미노산 배열순서 규명으로 1958년 노벨 화학상, DNA 유전 정보와 직결된 핵산의 염기결합서열 결정 방법 개발로 1980년 노벨 화학상 수상
    - 존 바딘(John Bardeen, 1908~1991): 트랜지스터 발명으로 1956년 노벨 물리학상, 초전도 이론으로 1972년 노벨 물리학상 수상

'이동 대학(flying university)'을 다니며 공부했다. 이동 대학은 당국의 감시를 피하기 위해 공부하는 장소를 계속 이동했기 때문에 붙여진 말이다. 마냐의 오빠 조제프(Józef)는 바르샤바의과대학에 입학했지만, 당시 바르샤바에서 여성은 대학 입학이 허용되지 않았다.

마냐와 언니 브로냐(Bronisława Dłuska, 1865~1939)는 학업에 대한 열망이 컸기 때문에 프랑스 유학을 결심했다. 자매는 일종의 릴레이 학업 계약을 맺었다. 언니가 공부하는 동안은 동생이 돈을 벌어 송금하고, 언니가 학업을 마치고 직장을 얻으면 언니가 동생의 학업을 돕기로 약조한 것이다. 약속을 지키기 위해 마냐는 시골로 내려가 입주가정교사를 시작했고 돈을 벌어 언니에게 수년 동안 송금했다. 언니 브로냐는 의학 공부를 했고 대학에서 만난 폴란드 출신의 의사와 결혼한 후 약속대로 동생의 학업을 지원했다.

1891년 가을 24세의 나이로 프랑스 파리에 도착한 마냐는 언니 집에 몇 달 머물다가 소르본대학(Sorbonne Université)에 가까운 싸구려 아파트를 얻어 입주했다. 소르본대학에 등록할 때는 새로운 각오를 다짐하며 '마리(Marie)'라는 이름을 썼다. 그녀는 공부 이외의 것에는 관심을 두지 않았고 1893년 물리학 리상스(licence)[2] 시험에서 수석을 차지했다. 덕분에 후원 장학금을 받게 된 마리는 두 번째 전공으로 수학을 택했고 1894년 차석으로 학위를 받았다.

1894년 27세의 마리는 국가산업진흥협회에서 제안한 연구를 수행하는 데 도움을 줄 수 있는 피에르 퀴리(Pierre Curie, 1859~1906)를 지인

---

2. 석사학위에 해당

으로부터 소개받았다. 피에르 퀴리는 학교에 다니지 않았고, 홈스쿨링을 통해 파리과학부(Faculté des sciences de Paris)에 입학하여 16세에 물리학 학사, 18세에 석사를 딴 인재였다. 그는 파리물리화학산업대학원(ESPCI Paris)의 연구책임자였으며, 파리 남쪽의 도시 소(Sceaux)에서 부모와 살고 있었다. 그의 아버지는 의사였다. 피에르는 21세 때 형 자크(Jacques Curie, 1856~1941)와 함께 수정(水晶)을 연구하여 압전 효과[3]를 발견하였고, 국제적으로도 이름이 알려져 있었다.

1894년 마리는 학위를 마쳤으므로 고국 폴란드로 귀국했다. 그런데 피에르 퀴리가 그녀에게 프랑스로 돌아오라고 여러 번 편지를 썼다. 서른다섯이 되도록 여자에게 관심을 두지 않았던 그였지만, 인생과 학문을 함께할 반려자로 손색없는 마리에게 반한 것이었다. 결국 마리는 그의 청을 받아들여 프랑스로 돌아왔다.

1895년 3월 피에르 퀴리는 물질의 자기 특성에 관한 논문을 써서 박사 학위를 받았고 파리물리화학산업대학원의 교수로 임명되었다. 자성을 가진 물질이 특정한 높은 온도에서 자성을 잃게 되는 온도를 '퀴리 온도(Curie temperature)'라고 하는데, 이 용어는 그의 연구에서 비롯되었다. 그해 피에르는 마리에게 청혼했고 7월 26일 소(Sceaux)의 시청에서 결혼식을 올렸다. 이때부터 마리는 프랑스 국적을 갖게 되었다.

1896년 마리는 물리학 고급교사자격 시험에 수석으로 합격했고, 1897년 9월 첫째 딸 이렌(Irène)을 출산했다. 그녀는 박사 학위 논문 주제를 찾기 위해 남편 피에르의 실험실에서 함께 연구를 시작했

---

3. 기계적 일그러짐이 발생할 때 전류가 발생하는 현상. 압전 소자를 이용한 대표적인 물건은 전자 라이터, 마이크로폰, 수정 시계, 압전 LED 등이 있으며, 사람의 근육 힘줄도 압전기 현상을 일으킨다.

다. 마리가 연구 주제로 택한 것은 앙리 베크렐(Antoine Henri Becquerel, 1852~1908)이 발견한 우라늄 광선에 관한 것이었다. 1896년 베크렐은 우라늄염이 사진판을 감광시키며 공기 중에서 전리 작용을 한다는 사실을 밝혀내고, 우라늄에서 나오는 광선을 '베크렐선'이라고 명명했다. 그러나 베크렐선은 별로 주목받지 못했다. 1년 전(1895년) 뢴트겐(Wilhelm Conrad Röntgen, 1845~1923)이 진공관 실험을 하다가 발견한 X선 때문이었다. X선으로 촬영한 뼈 사진은 사람들에게 엄청난 충격을 주었고, 세상의 관심은 온통 X선에 쏠려 있었다.

1897년 12월 마리 퀴리는 베크렐이 발견한 우라늄 광선에 대한 연구를 시작했다. 마리는 우라늄 광석 표본이 덩어리이든 분말이든, 습하든 건조하든, 뜨겁든 차갑든 상관없이 방출하는 에너지가 동일 강도를 유지한다는 사실을 알아냈다. 토륨도 우라늄과 같은 광선을 방출한다는 사실도 파악했다.

당시 물질의 최소 단위는 원자라고 알려져 있었지만, 마리는 우라늄 광선이 원자의 내부에서 방출되는 것이라는 가설을 세웠다. 그리고

▌ 피치블랜드

우라늄 함유 광석인 피치블랜드(pitchblende, 역청 우라늄광)가 예상보다 많은 양의 베크렐선을 방출한다는 것을 파악한 후, 피치블랜드에 우라늄 이외의 다른 원소도 포함되어 있을 것으로 추측했다.

피에르 퀴리는 1898년 3월 중순부터 자신의 연구를 중단하고 아내의 연구에 동참했다. 그 결과 1898년 6월에 우라늄보다 300배 이상의 강한 반응을 보이는 물질을 얻었다. 그 물질은 마리의 조국 폴란드를 기리는 의미에서 '폴로늄(polonium)'이라고 명명했다. 또한 우라늄과 같은 원소들이 자발적으로 방출하는 에너지에 '방사능(radioactivité)'이라는 이름도 붙였다. 그리고 같은 해 12월에는 우라늄보다 900배나 높은 방사능 물질을 추출했다. 이 물질에는 '라듐(radium)'이라는 이름을 붙

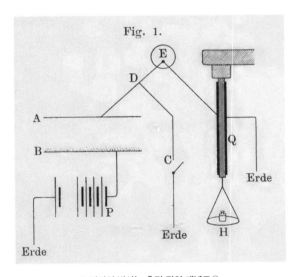

Fig. 1.

┃ 퀴리의 방사능 측정 장치 개념도 ⑦

A-B: 플레이트 커패시터, C: 스위치, E: 전기 계량기, H: 저울, P: 배터리, Q: 압전 석영
압전 석영을 이용한 전위 측정 장치는 피에르 퀴리가 개발했다.

였다. 방사능이나 라듐의 어원은 라틴어 '빛살(Radius)'에서 따온 것이다. 부부는 이 사실을 과학 아카데미에 보고했다.

1900년 피에르 퀴리는 소르본대학 교수가 되었고, 마리 퀴리는 여자고등사범학교에서 강의를 맡게 되었다.

라듐이 새로운 원소라는 것을 증명하고 그 특성을 파악하기 위해서는 많은 양의 우라늄 함유 광석이 필요했지만 가격이 너무 비쌌다. 그렇지만 연구의 중요성을 인식한 비엔나 아카데미와 오스트리아 정부가 보헤미아의 한 채굴회사에 협조를 요청하였고, 회사는 수 톤 분량의 광석 찌꺼기를 마리 부부에게 보내 주었다. 마리는 학교가 제공한 헛간에서 광석을 끓이고 졸이기를 거듭하며 3년이 넘는 시간을 투자했다. 그녀는 액체가 그득한 항아리들로 꽉 찬 비좁은 곳에서 광석 덩어리가 뜨거운 곤죽이 될 때까지 팔 힘만으로 철봉 막대를 휘저어야 했고, 황화수소와 같은 유독 가스도 사용해야 했다. 오랜 기간의 고된 작업으로 인해 마리의 몸은 퀭하니 야위고 만신창이가 되어 갔다.

푸른 인광을 내는 라듐은 주변을 방사능으로 물들였다. 피에르는 라듐을 자신의 피부에 하루 종일 붙이고 다니며 실험하다가 화상을 입었지만, 방사능이 종양 세포를 치료하는 데 효과가 있을 것으로 생각했다. 퀴리 부부는 1902년 순수 염화 라듐 1데시그램(0.1그램)을 추출하는 데 성공했다.

1903년 6월 마리 퀴리는 소르본대학에 논문 「방사능 물질에 관한 연구Untersuchungen Über Die Radioactiven Substanzen」를 제출하고 박사 학위를 받았다. 논문에는 폴로늄, 악티늄, 라듐의 성질, 염화 라듐의 추출 과정, 방사선 측정, 방사선의 특징과 제어 등에 대한 종합적인 연구 내용이 실렸다.

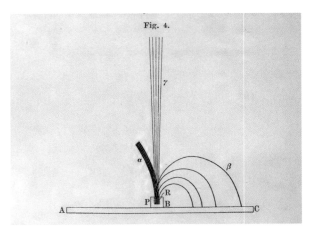

┃ 라듐에서 방출되는 방사선 α선, β선, γ선에 자기장을 걸었을 때
각 선이 휘어지는 효과를 설명하는 퀴리의 논문, 그림 4.[38]

1903년 런던 왕립학회는 방사능 연구에 대한 공적을 인정하여 퀴리 부부에게 데이비(Davy) 메달을 수여했다. 같은 해 12월 노벨상 위원회도 방사능 연구에 대한 탁월한 업적을 인정하여 마리 퀴리(36세), 피에르 퀴리(44세), 그리고 앙리 베크렐(51세)을 노벨 물리학상 수상자로 결정했다. 그녀는 여성 최초의 노벨상 수상자가 되었지만, 몸이 쇠약해진 상태였고 대학 강의도 많았기 때문에 스톡홀름까지 직접 수상하러 가지는 못했다.

노벨상을 수상하기 직전에 마리의 아버지는 외과 수술 후유증으로 유명을 달리했다. 마리는 폴란드로 귀국했지만 임종을 보지는 못했다. 1904년 피에르는 소르본대학 정교수가 되었고, 마리는 남편의 조수가 되어 실험실 관리 책임을 맡았다. 그해 12월 둘째 딸 에브(Ève)를 낳았다.

라듐의 발견과 노벨상 수상 소식이 전 세계에 알려지면서 부부는

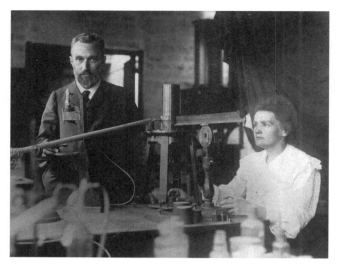
❙ 피에르와 마리 퀴리, 1904년 무렵

유명세에 시달리느라 한동안 연구에 전념할 수가 없었다. 사업가 중에는 라듐을 섞어 만든 화장품을 출시하고 닥터 퀴리의 처방이라는 광고까지 게재하여 돈을 벌기도 했다. 방사능이 얼마나 위험한지 모르는 대중들은 지갑을 열었고, 빛의 요정이라 불리는 유명한 무용수는 몸에 바르고 공연하고 싶다며 퀴리 부부에게 라듐을 요청했다가 거절당하기도 했다.

1906년 4월 19일, 과학자 협회 모임에 갔다가 귀가하던 피에르 퀴리는 질주하는 마차를 피하지 못하고 수레바퀴에 깔려 현장에서 목숨을 잃었다. 그의 나이 47세였고, 두 딸 이렌과 에브는 9살과 2살이었다. 청천벽력과도 같은 소식에 많은 이의 애도와 추모가 뒤를 이었다.

소르본대학은 피에르를 대신하여 마리 퀴리에게 교수직을 맡아 달

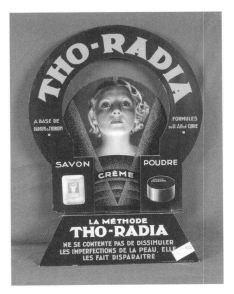

▌ 라듐과 토륨 기반 화장품 '토라디아(THO-RADIA)' 광고 포스터

라고 요청했고, 1906년 11월 그녀는 소르본대학 대강의실에서 많은 취재진이 몰린 가운데 취임 강의를 했다.

　마리는 혼자 된 시아버지를 모시고 살기 위해 두 딸을 데리고 소(Sceaux)에 정착했다. 언니 브로냐가 살림을 도울 젊은 폴란드 여인을 보내 도움을 주었다. 공교육의 방식으로는 인재를 길러 내기 힘들다고 생각한 그녀는 딸 이렌을 포함하여 열 명 정도의 아이들을 모아 사립학교를 만들었다. 하루에 한 주제만 배우는 자유로운 형식의 수업은 2년 과정으로 마리 퀴리, 장 페렝(Jean Baptiste Perrin), 폴 랑주뱅(Paul Langevin)을 비롯한 대학교수들이 수학, 과학, 문학, 역사, 데생 등을 가르쳤다.

▌ 라듐 2.7그램 (1922년 퀴리 연구소 촬영)

피에르 퀴리가 사망한 후 라듐은 원소가 아니라 화합물이라는 주장이 나왔기 때문에 마리는 라듐 추출을 위해 몇 년 동안 노력했다. 미국의 철강왕 카네기(Andrew Carnegie, 1835~1919)는 마리의 연구 지원을 위해 재단까지 만들어 후원을 아끼지 않았다. 결국 마리는 미량이지만 염화라듐을 전기분해하여 백색의 순수 라듐을 얻었고, 녹는점이 700도씨라는 사실도 밝혀냈다.

1910년 '전기와 방사선학에 관한 국제학회'는 라듐 1그램에서 발산되는 방사선량의 크기를 1퀴리(Ci)로 결정했다. 그해 마리 퀴리는 과학아카데미 회원 후보로 추천되었으나, 여성이 선출된 적이 없고 외국 출신의 유대인인 그녀는 자격이 없다는 비방이 일었다. 결국 그녀는 2표 차이로 탈락했다.

1911년 11월 마리 퀴리는 '방사능과 양자(Radiation and the Quanta)'라는 의제로 브뤼셀에서 열린 제1차 '솔베이 회의(Solvay Conference)[4]'에 참석했다.

▌1911년 솔베이 회의

앉아 있는 사람: 왼쪽부터 네른스트, 브린루앙, 솔베이, 로렌츠, 와부르, 페렝, 빈, 마리 퀴리, 푸앵카레.
서 있는 사람: 왼쪽부터 슈미트, 플랑크, 루벤스, 조머펠트, 린더만, 드브로이, 쿤젠, 하젠욀, 올슈텔레,
헤르첸, 진스, 러더퍼드, 온네스, 아인슈타인, 랑주뱅.

    당시 기념사진을 보면 로렌츠, 푸앵카레, 플랑크, 러더퍼드, 아인슈
타인, 드브로이 등 당대의 쟁쟁한 물리학자들이 모두 참석한 가운데,
마리 퀴리는 중앙에 앉아 한 손을 이마에 받친 채 푸앵카레와 뭔가 진
지한 이야기를 나누고 있다.

    솔베이 회의에 참석하는 동안 마리 퀴리는 노벨 위원회로부터 폴
로늄과 라듐 표본을 제조한 공로로 '노벨 화학상'을 받게 되었다는 기

---

4. 물리와 화학에 대한 국제 솔베이 학회(International Solvay Institutes for Physics and Chemistry):
   벨기에의 기업가 어네스트 솔베이가 경비를 제공하여 주최한 물리, 화학 학회로 대략 3년마다 한
   번씩 회의가 열린다. 1911년 1회를 시작으로 하여 2017년까지 27회의 솔베이 회의가 열렸다.

쁜 전보를 받았다. 역사상 처음으로 노벨상 2회 수상자로 결정된 것이었다. 그러나 동시에 파리에서 커다란 스캔들이 터졌다는 소식도 들려왔다. 솔베이 회의에 함께 참석한 폴 랑주뱅(Paul Langevin, 1872~1946)과 주고받은 연애편지가 그의 부인에 의해 잡지에 보도된 것이었다. 마리보다 5세 연하였던 랑주뱅은 죽은 남편의 제자였다. 그와의 스캔들이 폭로되면서 그녀는 가정파탄의 주범, 타락한 요부, 유대인이라는 맹비난을 들어야 했다.

귀국한 마리는 적의에 찬 군중들이 신변을 위협했기 때문에 두 딸을 각각 다른 곳에 맡기고 피신해야 했다. 노벨상 2회 수상에 대한 소식은 스캔들에 묻혀 거의 알려지지도 않았다. 심신이 쇠약해진 그녀는 그해 12월 가명으로 어느 요양원에 들어가 한동안 건강을 추슬렀다.

이듬해 파스퇴르 연구소는 라듐의 의학적 연구와 협력을 위해 연구소를 건립하자고 마리에게 제의했다. 1914년 7월 퀴리의 라듐 연구소가 거의 완공될 무렵 제1차 세계대전이 발발했다. 전선에서 수많은 사상자가 발생하자 마리 퀴리는 차량이동식 X선 촬영 장비를 구비하여 부상자들을 치료하는 일에 뛰어들었다. 스무 대 가량의 이동식 X선 차량은 '작은 퀴리들'이라고 불리며 전장을 누볐고, 17세가 된 마리의 첫째 딸 이렌도 엄마의 동지가 되어 참여했다. 이렌은 130명의 X선 촬영 기술자를 교육하여 야전 X선 초소에 배치되도록 하는 일도 했다. 제1차 세계대전은 3천만 명 이상의 사상자를 내고 1918년 11월 11일에 끝났다. 마리 퀴리의 조국 폴란드도 123년 동안의 강점 통치에서 벗어나 공화국으로 독립했다.

라듐은 상업적으로 크게 인기를 끌었다. 피부 미용에 좋다는 광고를 등에 업고 화장품 비롯한 각종 상품에 첨가되었고, 형광 도료에도 사용되었다. 라듐의 가격이 천정부지로 치솟았기 때문에 라듐을 구매할 수 없었던 퀴리 연구소에는 1그램의 라듐밖에 남지 않았다. 퀴리 부부가 라듐을 발견할 당시 물질특허를 낼 수도 있었지만 과학 연구 결과를 이용하여 경제적 이득을 취하는 것은 도덕적이지 못한 것으로 생각했었기에 모든 정보를 개방하고 공유한 결과였다.

1920년 프랑스 정부는 방사선 의학 연구를 위해 퀴리 재단을 설립하고, 그녀에게 매년 4만 프랑의 연금을 지급하도록 법률로 결정했다(그녀가 죽으면 딸에게 지급). 그해 5월에 미국 여성잡지의 편집장 멜로니(Marie Mattingly Meloney)와의 인터뷰를 통해 마리 퀴리의 명성이 미국에도 널리 알려지게 되었다. 멜로니는 마리가 소원하는 라듐 1그램을 후원하기 위해 모금 운동을 시작하여 20만 달러의 기금을 모았고, 1921년 마리는 환대를 받으며 미국을 방문했다. 미국의 하딩(W. G. Harding) 대통령은 그녀에게 라듐 1그램이 든 상자를 전했다.

그해 영국에서 처음으로 방사성 보호 위원회가 만들어졌다. X선과 방사선 물질을 다루는 연구원들이 질병에 걸려 사망하는 사고가 속출했기 때문이었다. 미국에서도 손목시계 표시판에 라듐으로 숫자를 입히는 작업에 종사하는 직공 십여 명이 골수암에 걸려 사망하는 등 피해가 발생했다.

마리는 조국 폴란드에 라듐 연구소를 세우고자 노력하였고 1925년 바르샤바 라듐 연구소를 건립했다. 그러나 연구에 필요한 라듐이 턱없이 부족했기 때문에 1929년 미국을 한 차례 더 방문했다. 그리고 또 한번 1그램의 라듐을 얻는 데 성공했다.

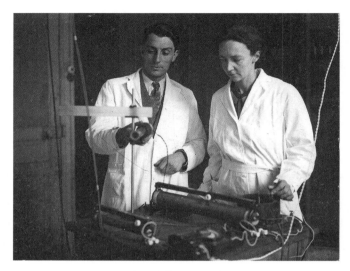

▌ 졸리오–퀴리(Joliot–Curie) 부부

1925년 퀴리 연구소의 연구원으로 들어온 프레데릭 졸리오(Frédéric Joliot, 1900~1958)는 마리의 큰딸 이렌 퀴리(Irène Joliot-Curie, 1897~1956) 와 사랑에 빠져 1926년에 결혼했다. 부부는 결혼하자마자 자신들의 성 을 졸리오-퀴리(Joliot-Curie)로 바꾸었다.

1934년 졸리오-퀴리 팀은 비방사성 물질에 방사능 충격을 가하여 인공 방사능 물질을 최초로 만들었다. 마리 퀴리는 딸과 사위의 업적에 커다란 만족을 느꼈지만, 그해 7월 4일 그녀는 '골수가 반응하지 않는 재생 불량성 악성 빈혈'이라는 진단을 받고 향년 67세로 생을 마감했 다(나중에 의사들은 그녀의 병을 방사능 피폭에 의한 백혈병으로 의견을 모았다.) 그녀는 남편 피에르 곁에 묻혔고, 관 위에는 언니 브로냐가 폴란드에서 가져온 한 줌의 흙이 뿌려졌다고 전해진다.

졸리오-퀴리 부부는 인공 방사능 물질을 만든 업적으로 1935년 노벨 화학상을 받았다. 그러나 졸리오-퀴리 부부의 수명도 길지는 못했다. 이렌은 1956년 59세에 방사능이 원인일 것으로 추정되는 백혈병으로 사망했고, 프레데릭 역시 1958년에 59세의 나이로 죽었다.

마리 퀴리의 자서전을 쓴 둘째 딸 에브 퀴리(Ève Denise Curie Labouisse, 1904~2007)는 제2차 세계대전 특파원 기자, 나토(NATO, 북대서양조약기구) 사무총장 특별보좌관, 유니세프(UNICEF, 유엔 아동 기금)의 아동 구호 활동가로 활약했다. 그녀는 50세에 미국 외교관인 헨리 라부이스(Henry Richardson Labouisse Jr.)와 결혼했다. 1965년에 에브 퀴리는 남편과 함께 유니세프의 대표로서 노벨 평화상을 받았고, 2005년에는 레지옹 도뇌르 훈장[5]을 받았다. 에브 퀴리는 부모와 자매의 못 다한 생을

▌ 에브 퀴리(Ève Denise Curie Labouisse), 1945년

---

5. Ordre national de la Légion d'honneur: 나폴레옹 1세가 1802년 제정한 프랑스 최고의 훈장

대신하여 103세의 수명을 누리고 2007년에 사망했다.

　1995년 4월 20일, 마리 퀴리와 피에르 퀴리의 유해는 프랑스가 경의를 표하는 위대한 인물들을 모신 성소 팡테옹(Le Panthéon)으로 옮겨졌다. 마리 퀴리는 그곳에 받아들여진 유일한 여성이다. 퀴리 부부의 관은 방사능 차단을 위해 2.5밀리미터의 납판으로 봉인되었다.

┃ 팡테옹에 안치된 마리 퀴리(상)와
　피에르 퀴리(하)

| 바르샤바의 마리 퀴리 동상
by Joergsam

3장

두 발로 뛰어 일으킨
과학 혁명의 공통점은
무엇일까?

분류학, 지사학, 진화론, 대륙이동설

14

박쥐를 영장류에, 몬스터를 인류에 포함시킨 것이 사실일까?

칼 폰 린네

Carl von Linné (1707. 5. 23 ~ 1778. 1. 10)

(Carl Linnæus, Carolus Linnæus, Caroli Linnæi)

사람은 *Homo sapiens*(호모 사피엔스), 고양이는 *Felis catus*(펠리스 카투스), 은행나무는 *Ginkgo biloba*(징코 빌로바), 벼는 *Oryza sativa*(오뤼자 사티바)…. 이처럼 두 개의 이름을 조합하여 나타내는 생물 학명(學名) 방식이 이명법(二名法)이다.

이명법은 스웨덴의 식물학자 칼 폰 린네에 의해서 확립된 것으로

Homo sapiens Linnæus
속명   종명   명명자

Felis catus Linnæus
속명   종명   명명자

▍이명법

몇 가지 원칙이 있다.

1. 생물의 이름을 붙일 때에는 속명, 종명, 명명자 순으로 쓴다.

사람의 속명은 *Homo*(호모)이고, 종명은 *sapiens*(사피엔스)이며, 명명자는 Linnæus(린네우스, 린네의 라틴어식 이름)이므로 *Homo sapiens* Linnæus가 사람의 정식 학명이다. 그렇지만 명명자의 이름은 생략하는 경우가 많아서 사람을 학명으로 부를 때 흔히 *Homo sapiens*(호모 사피엔스)라고 한다.

2. 속명과 종명은 라틴어 또는 라틴어화된 이름으로 짓는다.

3. 속명과 종명을 표기할 때는 비스듬히 기울어진 서체를 사용하며, 속명의 첫 글자는 대문자로 나머지는 소문자로 표기한다.

3. 명명자의 이름은 첫 글자를 대문자로 쓰고 나머지는 소문자로 쓰되 기울어지지 않은 정립(正立) 글자로 표기한다.

1707년, 칼 린네는 스웨덴 스몰란드의 로슐트(Råshult in Småland)에서 닐스 린네우스(Nils Linnæus)와 크리스티나 브로델소니아(Christina Brodersonia) 부부의 첫째 아들로 태어났다. 린네의 아버지 닐스는 루터교 목사였으며 동시에 아마추어 식물학자였고 자녀에게는 훌륭한 부모 교사이기도 했다. 그는 정원에 많은 꽃을 가꾸었고 어린 아들에게 식물 이름을 가르쳐 주었으며 라틴어와 종교학, 지질학도 가르쳤다. (린네는 훗날 자서전을 통해 자신이 식물학자로 성장하는 데에는 그의 부모 환경이 큰 역할을 했다고 회고했다. 린네의 남동생 사무엘은 훌륭한 양봉 연구자로 이름을 남겼다.)

린네는 벡트허(스웨덴어: Växjö)에 있는 초급 학교를 거쳐 김나지움[1]을 다니면서 성직자가 되기 위한 교과 과정인 그리스어, 히브리어, 신학, 수학 등을 배웠지만 전체적인 학업 성취는 보통 수준을 넘지 않았다. 그러나 식물에 관한 호기심과 지식이 남달랐으므로 의사이자 교사인 요한 로스만(Johan Rothman)의 눈에 띄어 지도를 받았다. 로스만은 린네에게 대학 진학 시에 신학을 포기하고 약학(의료)을 선택하도록 권유했고 부모도 설득했다. 당시 성직자는 일자리가 보장되었지만 의료직은 희소했고 인기가 없었다. 부모는 염려했지만 결국 소질과 적성을 살리는 방향으로 진로를 선택했다.

1727년 린네는 룬드대학(스웨덴어: Lunds universitet)에 의대생으로 입학하여 교수 킬리안 스토베우스(Kilian Stobæus, 1690~1742)의 집에서 숙박하면서 공부했다. 그러나 룬드대학에서의 생활은 1년 정도였고, 이듬해 8월 린네는 더 크고 오래된 웁살라대학교(Uppsala universitet, 1477년 설립)로 학적을 옮겼다.

린네는 웁살라대학에서 새로운 교수들을 만났고 그들의 신임과 지

---

1. **Gymnasium**: 유럽 국가의 중등교육 기관으로 나라에 따라서 차이가 있으나 대체로 한국의 고등학교에 해당한다.

지를 얻었다. 대학의 식물 정원에서 우연히 만난 신학자 울로프 셀시우스[2]는 린네의 해박한 식물 지식에 감탄하여 자신의 집에서 하숙을 할 수 있도록 했다. 울로프는 성경에 나오는 식물에 대해 책을 쓰면서 린네가 조교 역할을 해 주기를 기대했다.

1729년 린네는 식물에 성(性)에 관한 약식 논문을 썼고, 원로교수인 울로프 루벡(Olof Rudbeck the Younger, 1660~1740)과 라스 루베리(Lars Roberg, 1664~1742)로부터 인정을 받았다. 루벡은 대학 2학년밖에 되지 않은 린네에게 식물학 강의를 맡겼고 자기 자식들의 가정교사로도 고용했다. 린네의 강의는 또래 학생들의 인기를 끌었다. 린네는 이 무렵부터 수술과 암술의 개수와 위치를 구별하여 식물을 24강(綱, Class)으로 분류하는 작업을 시작했다. 또한 그는 연금술에서 화성(철)을 의미하는 기호(♂)와 금성(구리)을 의미하는 기호(♀)를 각각 남성(♂), 여성(♀)을 상징하는 의미로 쓰기 시작했는데, 이 표기법은 현대에도 널리 애용되고 있다.

1732년 린네는 웁살라 왕립과학원의 지원을 받아 북극권에 위치한 라플란드(Lapland) 지방을 조사하며 2,000킬로미터 정도의 거리를 여행했다. 원정을 통해 식물, 동물, 광물 표본을 채집하였고 백여 종의 새로운 식물을 발견했다. 순록과 그 주요 먹이인 이끼류에 대한 관찰도 했다. 이 여행에서 얻은 자료는 몇 년 후 출판되는 책 『라포니카 식물상 *Flora Lapponica*』(1737)의 기초가 되었다.

린네는 대학에서 광물학 강의도 맡았는데, 1734년에는 달라나

---

2.   Olof Celsius, 1670~1756: 식물학자, 신학자. 섭씨온도(℃) 체계를 고안한 천문학자 안데르스 셀시우스(Anders Celsius, 1701~1744)의 삼촌.

(Dalarna) 지방 정부의 후원을 받아 그곳의 식생과 자원을 조사하는 임무를 수행했다. 린네는 그해 크리스마스 무렵에 학생과 함께 파룬(Falun)으로 여행을 떠났다가 평생의 인연을 만났다. 파룬 광산 의사의 딸인 사라(Sarah Lisa Moraea)를 만나 사랑에 빠진 것이다. 그러나 사라의 아버지는 둘의 만남을 선뜻 허락하지 않았고 공부를 더한 뒤에 다시 오라고 했다.

17세기 후반부터 스웨덴 학생들이 손쉽게 박사 학위를 따기 위해서 네덜란드로 여행하는 것이 관례였으므로 린네도 그 길을 따랐다. 1735년 린네는 네덜란드 하더베이크대학(University of Harderwijk)에서 말라리아에 관한 소논문을 쓰고 구두시험을 통과하여 의학 박사 학위를 취득했다. 그가 학위를 취득하는 데는 2주밖에 걸리지 않았다.

린네는 3년 동안 네덜란드에 머물면서 의사, 식물학자, 사업가 등과 교류하였고 그들의 지지와 후원을 받았다. 1735년 린네는 네덜란드

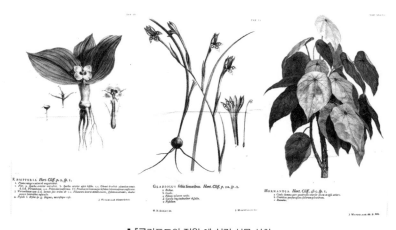

▌『클리포드의 정원』에 실린 식물 삽화

동인도 회사의 이사이자 커다란 식물 정원의 주인인 클리포드(Georgio Clifford III, 1685~1760)를 만났다. 린네는 클리포드의 식물 관리자이자 주치의가 되었고, 그의 후원을 받아 영국 여행을 다녀오기도 했다. 이 무렵을 전후하여 『자연의 체계 *Systema Naturae*』 초판(1735), 『식물의 기초 *Fundamenta botanica*』(1736), 『식물의 속 *Genera plantarum*』(1737), 『클리포드의 정 원 *Hortus Cliffortianus*』(1737) 등의 책을 집필했다.

1738년 여름 린네는 스웨덴으로 돌아와 사라(Sarah Lisa Moraea)와 약혼했고, 구스타프 테신(Carl Gustaf Tessin, 1695~1770) 백작의 도움으로 해군 본부에서 의사직을 맡게 되었다. 테신 백작은 린네가 1739년 스웨덴 왕립 아카데미[3]를 창설하는 데에도 도움을 주었다. 안정된 직업을

▌ 1748년 스톡홀름에서 출판한 『자연의 체계』 6판

---

3. Royal Swedish Academy of Sciences: 과학과 수학을 진흥하기 위한 목적으로 1739년 설립된 비정부 기구. 노벨 물리학상, 노벨 화학상, 노벨 경제학상 수상자를 결정하는 역할도 한다.

갖게 된 린네는 장인의 허락을 받고 1739년 사라와 결혼식을 올렸다.

1741년 가을 린네는 웁살라대학의 약학, 식물학 교수로 임명되었다. 그는 교수 취임식 이전에 '조국을 탐험하고 약용 식물을 찾기 위한 목적'으로 의회의 지원을 받아 윌란드(Öland)와 고틀란드(Gotland) 지방으로 탐사를 다녀왔다.

1742년 웁살라대학의 물리학 교수였던 안데르스 셀시우스(Anders Celsius, 1701~1744)가 물의 어는점을 100도, 끓는점을 0도로 하는 온도 체계를 만들었다. 1745년 린네는 셀시우스의 온도 체계를 거꾸로 돌려 어는점을 0도, 끓는점을 100도로 하자고 제안함으로써 오늘날의 섭씨 온도 체계를 만들었다.

린네의 가장 유명한 책인 『자연의 체계』 초판은 14쪽밖에 안 되는 얄팍한 내용으로 1735년 출간되었다. 그러나 린네가 살아 있는 동안에 12번의 개정이 있었고 사후에도 한 차례 개정이 있었다. 이 과정에서 책의 분량은 2천 3백 쪽으로 늘어났고 린네의 분류학을 상징하는 대표적인 저서가 되었다.

『자연의 체계』에서 린네는 '왕국(Regnum)'이란 표현을 써서 동물계, 식물계, 광물계 3개의 범주로 나누었다. 왕국은 생물 분류학에서 최상위 분류인 계(界, Kingdom)에 해당한다.

린네는 동물계를 포유류, 조류, 양서파충류, 어류, 곤충류, 연체동물로 구분하여 6강(綱, Classis)으로 분류했고, 식물계는 꽃의 수술 개수와 형태에 따라 24강, 광물계는 엉성한 분류 기준에 의해 3~4강으로 나누었다. 강은 다시 속(屬, Genus)과 종(種, Species)으로 세분되었다.

생물의 분류에서 가장 예민하고 문제를 일으키는 부분은 인간에 대

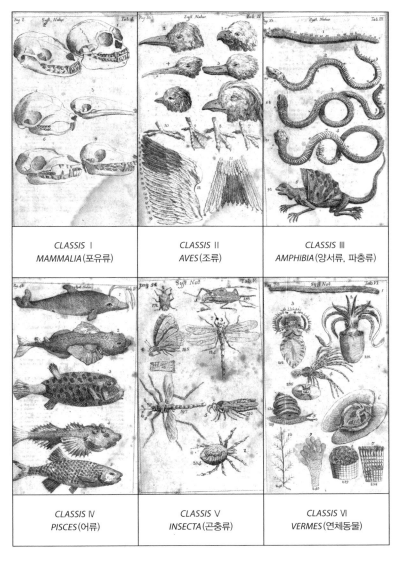

CLASSIS I
MAMMALIA (포유류)

CLASSIS II
AVES (조류)

CLASSIS III
AMPHIBIA (양서류, 파충류)

CLASSIS IV
PISCES (어류)

CLASSIS V
INSECTA (곤충류)

CLASSIS VI
VERMES (연체동물)

▋『자연의 체계』 6판(1748년)에 실린 동물계 6강

한 것이다. 린네는 1748년 출간한『자연의 체계』6판에서 인간(*Homo*)을 원숭이(*Simia*), 세발가락나무늘보(*Bradypus*)와 함께 사족동물(*Qudrupedia*) 안드로포모르파(*Anthropomorpha*) 목(目)으로 분류했다. 인간이 원숭이, 나무늘보와 함께 같은 부류로 묶인 것은 과학적으로나 종교적으로나 비판의 대상이 될 수밖에 없었다. 비판을 의식한 듯『자연의 체계』10판 (1758)에서 린네는 '사족동물'이란 용어를 '포유류(*Mammalia*)'로 바꾸고, '안드로포모르파'라는 용어를 '영장류(*Primates* [4], 靈長類)'로 바꾸었다. 또한 세발가락나무늘보는 코끼리, 해우, 개미핥기, 천산갑이 속해 있는 부루타(*Bruta*) [5] 목으로 재편했다. 그러나 여우원숭이(*lemurs*)와 박쥐(*Vespertilio*)를 영장류 목에 추가했기 때문에 오히려 영장류는 4속으로 늘어났다.

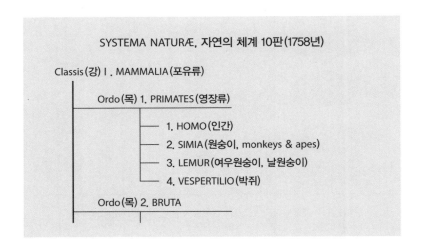

4. 라틴어 Primates는 '처음, 원초, 으뜸'이라는 뜻을 가지고 있다.
5. 라틴어 Bruta는 '무거운, 다루기 힘든, 바보'라는 뜻을 담고 있다.

또한 10판에서는 'HOMO'라는 단어 밑에 '사피엔스(지혜로운)'라는 단어를 덧붙여서 인간을 '호모 사피엔스(지혜로운 인간)'로 명명했다. 아울러 '네 자신을 알라(nosce Te ipsum)'라는 말을 덧붙인 후, 인류의 품종을 아메리카인(*Americanus-α*), 유럽인(*Europænus-β*), 아시아인(*Asiaticus-γ*), 아프리카인(*Africanus-δ*), 몬스터(*Monstrosus-ε*;괴물인간)로 구분했다. 그리고 피부색, 체질, 외양, 성격, 의복 등의 특징을 간략하게 묘사했다.

──── 1. HOMO(인간) nosce Te ipsum(네 자신을 알라)
Sapiens(지혜로운) *Ferus*(야생의)

Americanus-α(아메리칸)   rusus(빨간), cholericus(담즙질)

Europænus-β(유러피안)   albus(하얀), sanguineus(다혈질)

Asiaticus-γ(아시안)   luridus(누르스름한),
menlancholicus(우울질)

Africanus-δ(아프리칸)   niger(검은)
phlegmaticus(점액질)

Monstrosus-ε(몬스터, 괴물인간) · · · · · · · · · ·

아메리카인을 담즙질(cholericus), 유럽인을 다혈질(sanguineus), 아시아인을 우울질(menlancholicus), 아프리카인을 점액질(Phlegmaticus)로 구분한 것은 고대 서양 의학의 4체액설을 참고한 것이 확실하다. 몬스터는 유럽, 중국, 캐나다 등에 존재하고 있는 것처럼 여러 종을 소개했으나 자세한 설명이나 증거를 제시하지는 않았다.

1747년 린네는 스웨덴의 왕 아돌프 프레드릭(Adolf Frederick, 1710~1771)으로부터 최고 의사 작위(Archiater)를 받았고, 베를린 과학 아카데미의 회원으로도 선출되었다. 1750년에는 웁살라대학의 부총장이 되었고, 『식물학 철학*Philosophia Botanica*』(1751), 『식물의 종*Species Plantarum*』(1753)을 비롯하여 많은 책들을 지속적으로 출간했다.

린네는 '식물학자의 왕자(The Prince of Botanists)'라는 별명에 걸맞게 많은 사람들로부터 적극적인 후원과 지지를 받았다. 그렇지만 린네의 분류학(Linnaean taxonomy)은 그의 제자 학생들의 희생을 거름 삼아 이루어진 것이기도 했다. 린네는 열정적이고 우수한 학생들을 뽑아 '사도(Aposteles)'라고 부르며 전 세계로 원정 탐사를 보내 각종 자료를 수집하게 했다.

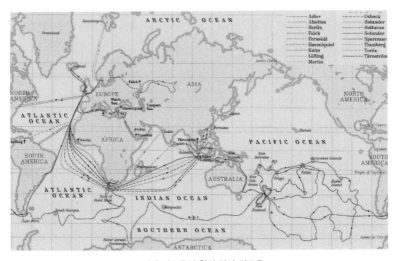

▌ 린네 사도들의 원정 탐사 경로[9]

스웨덴 연구소(Swedish Institute)가 편찬한 『Carl Linnaeus by Gunnar Broberg』에 따르면 사도들은 모든 방향으로 여행했으며 험로에서 죽거나 다치는 경우가 많았다. 탄스트롬(Christopher Tärnström)은 콘솔섬에서, 플랙(Johan Peter Flack)은 카잔에서, 뢰플링(Pehr Löfling)은 베네수엘라에서, 하셀퀴(Fredrik Hasselquist)는 스미르나에서, 포스칼(Peter Forsskål)은 아라비아 원정에서 임무를 수행하다가 열대 풍토병이나 말라리아와 같은 병에 걸려 사망했고, 북극해로 여행한 마틴(Anton Martin)은 동상에 걸려 비참한 날들을 보냈으며, 남미로 파견된 롤란더(Daniel Rolander)는 정신착란 상태로 돌아왔다고 한다.

그렇지만 핀란드 출신의 페르 캄(Pehr Kalm)은 북미 원정에서 90종 이상의 꽃과 씨앗을 가지고 돌아와 린네의 연구에 기여했으며, 툰베리(Carl Peter Thunberg)는 일본에 상륙하여 식물을 연구하고 일본 식물의 권위자가 되었다. 스파르만(Anders Sparrman)과 솔란데르(Daniel Solander)는 영국의 탐험가 제임스 쿡(James Cook, 1728~1779) 선장의 배를 타고 남태평양의 섬들과 호주, 뉴질랜드를 탐사했다.

1761년 스웨덴 국왕 아돌프는 린네에게 귀족 작위를 내리고 칼 폰 린네(Carl von Linné)라는 이름도 부여했다. (von은 작위를 상징한다.) 린네는 작위를 받은 후에도 가르치는 일과 집필을 계속했고 점점 더 유명해졌다. 그러나 1772년 12월 건강이 나빠지자 대학 교수직을 사퇴했다. 그는 좌골 신경통 앓았고 무릎을 쓰지 못하다가 1776년에는 발작으로 오른쪽 반신마비가 되었으며 치매에 걸렸다. 때문에 그는 자기가 쓴 글을 감탄하며 읽으면서도 자신이 누구인지 몰랐다고 한다. 점차 쇠약해진 그는 1778년 1월 10일 숨을 거두었고 웁살라 성당에 안치되었다.

▮ 린네 대리석상
by Léon-Joseph Chavalliaud, 1899

그는 젊은 시절 탐사 여행을 할 때 스칸디나비아 북부에 거주하는 사미인(Sami people of Lapland)의 전통 복장을 하고 다닌 것으로 유명하다. 영국 리버풀 세프톤 공원 식물원 앞에 세워진 대리석상은 사미인의 전통 복장을 한 그의 초상화를 본 떠 만들어졌다.

린네로부터 비롯된 생물의 분류 체계는 오늘날 상위부터 하위로 역, 계, 문, 강, 목, 과, 속, 종으로 분류된다. 사람을 예로 들면 다음과 같다.

한국어	라틴어	영어	사람
역(域)	*Dominium*	*Domain*	진핵생물역(*Eukaryota*)
계(界)	*Regnum*	*Kingdom*	동물계(*Animalia*)
문(門)	*Phylum*(동물)	*Phylum*(동물)	척삭동물문(*Chordata*)
	Divisio(식물)	*Division*(식물)	–
강(綱)	*Classis*	*Class*	포유강(*Mammalia*)
목(目)	*Ordo*	*Order*	영장목(*Primates*)
과(科)	*Familia*	*Family*	사람과(*Hominidae*)
속(屬)	*Genus*	*Genus*	사람속(*Homo*)
종(種)	*Species*	*Species*	사람(*sapiens*)

한 친구가 린네에게 '제2의 아담'이라는 별명을 붙였다고 한다. 아담(Adam)은 구약성경에서 세상의 모든 가축과 새와 들짐승의 이름을 지은 최초의 사람이다.

길을 걷다가 이름 모를 들꽃이나 꼬물꼬물 기어가는 작은 벌레를 만날 때, "너희도 린네 할아버지가 붙여준 어엿한 이름이 있겠지?" 말을 걸어보면 마음이 따뜻해진다.

신은 인간을 편애했지만, 린네는 세상의 동식물을 왕국(Kingdom)의 동등한 식구로 대했다. 사랑의 궁극은 세상을 사랑하는 것이니, 린네의 분류학은 사랑법이라 해도 좋을 듯싶다.

15

해변에서 입증한 지사학의
제1원리 동일과정설

제임스 허턴

James Hutton (FRSE 1726. 6. 3 ~ 1797. 3. 26)

지구는 둥글다고 하지만 자세히 들여다보면 표면이 주름져 있어서 높은 산과 깊은 바다의 고저 차이는 최대 20킬로미터나 된다. 산과 바다는 어떻게 만들어진 것일까? 태초부터 육지는 육지였고 바다는 바다였던 것일까? 육지에서 발굴되는 화석들의 다수는 해양생물 화석이다. 8천 미터 이상의 고봉이 즐비한 히말라야 산맥에서도 암모나이트와 조개 화석이 무더기로 산출된다. 이를 두고 옛날에는 조개가 산에서 살았다고 해석해야 할까?

허턴의 시대에는 위와 같은 일들을 성경과 연관하여 해석하는 것이 일반적이었다. 예컨대 노아의 홍수가 일어나 전 세계가 물에 잠겼던 적이 있었으므로 육지에서 해양 생물의 유해가 나오는 것은 이상할 것이 없다는 논리였다.

지구의 암석층을 제1기, 제2기, 제3기로 처음 구분(1756년)한 독일의 광물학자 레만(Johann Gottlieb Lehmann, 1719~1767)은 제1기 암석은 천지창조 때, 제2기 암석은 대홍수 때, 제3기 암석은 대홍수 이후에 만들어진 것으로 보았다. 이탈리아의 광물학자 아르뒤노(Giovanni Arduino, 1714~1795) 역시 레만과 비슷하게 지구의 암석을 제1기~제4기로 구분하였는데, 제1기 암석에 화석이 없는 이유는 생물이 등장하기 전인 천지창조 때 암석이 만들어졌기 때문이라고 설명했다.

26세에 광산학교(Freiberg School of Mines) 교수가 되었고 광물학 책을 출간하여 유명해진 독일의 베르너(Abraham Gottlob Werner, 1749~1817)는 '지구 전체가 완전히 보편 대양(Universal ocean)에 잠겼던 때가 있었고, 모든 암석이 물에서 퇴적되어 만들어졌다'라는 수성론(水成論, Neptunism)을 주장했다. 그는 산맥에서 흔히 볼 수 있는 화강암[1]도 보편 대양에서 침전된 제1기의 암석이라고 잘못 판단하고 있었지만, 많은 제자들을 육성했고 성경 친화적인 이론을 제시했으므로 폭넓은 지지를 받았다.

허턴은 베르너와 다르게 생각했다. 그는 천지창조나 대홍수와 같

---

1. 花崗巖, granite: 화성암(火成巖)의 대표적인 암석으로 뜨거운 마그마가 지하에서 천천히 식어 형성된다.

은 격변에 의해 암석이나 지형이 만들어지는 것이 아니라고 생각했다. 그는 마그마가 지층을 뚫고 관입한 모습을 여러 곳에서 관찰하고 지하의 열이 중요한 역할을 하는 것으로 생각했다. 열에 의해 상승한 지층이 비바람에 침식되고, 침식·퇴적된 물질이 다시 열에 의해 굳어지는 과정을 수차례 반복하면서 여러 층의 암석이 만들어진다고 보았다. 그 변화 과정의 속도와 양상은 예나 지금이나 다름이 없으므로, 현재 지표의 변화 속도를 토대로 추정하면 지구의 나이가 까마득한 시절까지 거슬러 올라가야 한다고 그는 주장했다. 당시 성경을 토대로 지구 연대기를 쓴 학자들은 지구의 나이를 6천 년으로 계산했고 거의 모든 사람들이 그렇게 믿고 있었으므로 허턴의 생각은 권위와 통념에 대한 도발이었다.

제임스 허턴은 1726년 영국 에든버러(Edinburgh)에서 윌리엄 허턴과 사라 허턴 사이에서 태어났다. 그의 형제 서열은 명백하지 않으나 전기 작가들은 제임스가 2남 3녀 중 넷째로 태어난 것으로 추정하고 있다. 아버지 윌리엄은 상인으로 시의 회계 업무를 맡을 정도로 성실하고 수완이 있었지만 제임스가 두 살이 되었을 때 사망하였다. 또한 그의 형도 어릴 적에 죽었기 때문에 제임스 허턴은 집안의 유일한 아들로 키워졌다. 허턴이 학교 교육을 받는 데 경제적인 어려움은 없었다. 그는 10세에 에든버러고등학교에 입학하여 라틴어, 그리스어, 수학 등을 배웠고 14세에 에든버러대학에 입학했다(당시 대학 입학생으로는 평범한 나이였다.) 대학에서 허턴은 콜린 매클로린[2] 교수의 자연철학 강좌에서 뉴턴의 이론을 배웠다.

1743년 에든버러대학을 졸업한 허턴은 변호사 사무실에서 잠시 도

제 수업을 받았지만, 얼마 지나지 않아 포기하고 1744년 가을 에든버러 의과대학에 등록했다. 그러나 이듬해 8월 스튜어트 왕조(House of Stuart)의 왕세자 찰스(Charles Edward Stuart, 1720~1788)가 하일랜드(Highland: 스코틀랜드 북부 지역)의 족벌로 구성된 군대를 이끌고 런던으로 진격하면서 길목에 있던 에든버러는 혼란에 휩싸였고 대학은 휴교에 들어갔다. 왕세자 찰스는 명예혁명[3]으로 축출된 제임스 2세의 손자였다.

'자코바이트(Jacobite)'라고 불리는 제임스 2세의 지지 세력은 스코틀랜드와 잉글랜드의 정통 왕가를 복원하려 여러 차례 봉기(1차 1689년, 2차 1715년)했지만 번번이 실패했다. 1745년 왕세자 찰스가 주도한 봉기는 3차 자코바이트 난에 해당한다. 그는 에든버러를 장악하고 런던 근처까지 진격했지만 1746년 4월초 컬로든 전투(Battle of Culloden)에서 대패한 후 도피했다. 이후 잉글랜드 군대는 자코바이트 반란의 씨를 없애고자 하일랜드 전역을 초토화시켰다. 이때부터 스코틀랜드의 북부 전통 문화는 복구되지 못할 정도로 심각한 훼손을 입은 것으로 역사가들은 평가하고 있다.

자코바이트의 난이 평정되자 에든버러는 정상을 회복했고 대학도 문을 열었지만, 허턴은 1747년 고향을 떠나 프랑스로 건너갔다. 한 해 동안 파리대학에 머물면서 화학과 해부학을 공부한 뒤에 또다시 네덜란드

---

2. Colin Maclaurin, 1698~1746: 콜린 매클로린은 뉴턴의 전도사라고 자처했던 것으로 알려져 있다. 그는 뉴턴의 『프린키피아』를 보충 설명하는 책 『유율(미적분)에 대한 논문』을 집필했다.

3. 名譽革命, Glorious Revolution: 1688년 네덜란드의 오렌지(William of Orange) 공이 잉글랜드 의회와 연합하여 제임스 2세를 퇴위시킨 혁명이다. 피 한 방울 흘리지 않고 명예롭게 이루어졌다고 해서 명예혁명이라는 이름이 붙었다. 오렌지 공은 제임스 2세의 딸인 메리 2세와 결혼하여 영국의 공동 통치자가 되었고 스코틀랜드를 합병했다. 명예혁명으로 1689년 작성된 권리장전(權利章典, Bill of Rights)은 절대왕정을 퇴진시키고 의회정치의 기틀을 세운 중요한 사건으로 평가된다.

레이든대학 의학부로 학적을 옮겼다. 1749년에 레이든대학에서 의학 박사 학위를 받은 후 귀국한 허턴은 런던에 거처를 잡았다. 그리고 에든버러 대학동창인 제임스 데이비와 함께 석탄 검댕을 이용하여 염화 암모늄(NH_4Cl)을 값싸게 만드는 방법을 알아냈다. 당시 염화 암모늄은 금속과 가죽 세공에 쓰이는 재료로 낙타 오줌을 원료로 만든 이집트산 수입에 의존하고 있었다. 허턴은 1750년 에든버러로 돌아와 염화 암모늄 제조업을 일으키는 데 주력했고 재정적인 안정도 얻기 시작했다.

에든버러에서 남동쪽으로 60킬로미터 떨어진 곳에 허턴의 아버지가 유산으로 남긴 농장이 있었다. 그는 에든버러를 떠나 노퍽(Norfolk)에서 2년 동안 존 디볼드(John Dybold)라는 농부에게 농사일을 배운 후 1754년부터 자신의 농장에서 13년 동안 농사를 지었다. 농장에 머무는 동안 허턴은 광물과 암석, 토양과 지층을 관찰하며 연구했고 지역 농업의 근대화에도 기여했다. 목재 쟁기를 금속 쟁기로 교체하여 밭갈이의 효율성을 높이고 윤작법으로 수확량을 늘렸으며, 석회를 섞어 산성 토양을 중화시키는 방법과 깜부기병의 원인균을 제거하는 방법도 알아냈다.

1764년 허턴은 친구인 조지 맥스웰[4]과 하일랜드로 답사를 떠났다. 맥스웰은 '몰수합병 재산관리위원회'의 일원으로 정부의 일을 맡아 토지감정평가를 해야 했으므로 지질학에 조예가 깊은 허턴에게 도움을 청한 것이었다. 토지의 가격은 농사짓기에 적합한지의 여부와 경제가치가 있는 광석 함량의 정도에 따라 다르게 평가되었다.

허턴은 1767년부터 7년 동안 에든버러와 글래스고를 잇는 포스-클라이드 운하 공사를 감독하는 위원회의 일원이 되었다. 허턴은 운하 굴착 과정을 관찰하며 지질학적 자료를 수집하였고 운하 건설에 투자하기도 했다. 1770년부터는 솔즈베리 크랙(Salisbury Crags) 암벽이 잘 보이는 전망 좋은 저택으로 이사하여 미혼인 누이 3명과 함께 살았다.

당시 에든버러는 북부의 아테네라고 불릴 만큼 지성인들이 많았고 근대 문명의 발전이 활발하게 진행되고 있었다. 『인성론』과 『영국사』로 유명한 데이비드 흄(David Hume, 1711~1776)이 명성을 날리고 있었고, 흄의 친구이자 『국부론』을 쓴 애덤 스미스(Adam Smith, 1723~1790)

---

4. George Clerk Maxwell: 제임스 맥스웰(James Clerk Maxwell)의 증조부다. 제임스 맥스웰은 전자기 방정식을 세운 과학자로 21세기 물리학자들의 투표로 뽑힌 위대한 과학자 3인에 속한다.

▌ 솔즈베리 크랙: 에든버러 동쪽에 있는 40미터 높이의 석벽
백운암과 현무암으로 구성되어 있는 것으로 보고되며,
육각기둥 형태의 주상절리가 발달해 있다.

가 정치경제 사상에 커다란 영향을 주고 있었으며, 공기에서 이산화
탄소를 발견하고 잠열과 비열의 기초를 세운 조지프 블랙(Joseph Black,
1728~1799)이 과학계를 이끌고 있었다. 블랙의 조수였던 제임스 와트
(James Watt, 1736~1819)는 증기기관을 개량하여 산업발전에 추진력을
제공했다. 조지프 블랙은 흄의 주치의이기도 했는데 제임스 허턴과는
친한 친구 관계였다. 허턴은 잉글랜드 남서부와 웨일스의 지질을 탐사
하러 가는 길에 제임스 와트와 길동무가 되기도 했다. 당시 에든버러를
중심으로 활동한 학자들을 일컬어 스코틀랜드 계몽주의 사상가라고 한
다.

에든버러 수학교수로 허턴의 전기를 쓴 존 플레이페어(John Playfair, FRS, FRSE 1748~1819)는 허턴이 스코틀랜드 계몽주의 사상가들 사이에서 넘치는 쾌활함과 솔직함과 소박함으로 존경을 받았다고 전한다.

1783년에는 조지프 블랙을 비롯한 여러 명의 학자들이 에든버러 왕립학회(Royal Society of Edinburgh)를 출범시켰다. 당시 전체 회원(FRSE)은 허턴을 포함하여 60명 정도였다.

허턴은 지층이 끊어져서 생긴 단층이나 힘을 받아 뒤틀린 습곡 구조, 암맥이 지층을 관통한 모습을 관찰하고 열에 의한 어떤 힘이 지층을 밀어올린다고 생각했다. 60세 무렵 허턴은 확실한 증거를 찾기 위해 길을 떠났다. 탐사를 통해 스코틀랜드 중북부 글렌틸트(Glen Tilt)에서 화강암이 관입하며 암석을 녹이고 편암이 만들어진 증거를 찾았고, 스코틀랜드 남서쪽 갤러웨이(Galloway)와 애런 섬(Isle of Arran)에서도 화강암이 관입한 증거를 찾아냈다. 허턴은 결과를 종합하여 에든버러 왕립학회에서 발표할 논문을 썼다.

1785년 3월 7일 에든버러 왕립학회에서 처음 열린 허턴의 강연은 본인이 참석하지 못했다. 병이 났기 때문이었다. 대신 조지프 블랙이 논문 요약본[5]을 낭독했다.

약 한 달 후 4월 4일에 열린 두 번째 강연은 허턴이 직접 발표했다. 그는 화강암이 퇴적암층을 뚫고 나온 관입암이라는 사실을 발표하였다. 이는 수성론 학자들이 주장하는 것과는 완전히 다른 것이었다. 수성론 학자들은 화강암도 퇴적 작용에 의해 형성된다고 보고 있었기 때

---

5. 「지구의 존속과 안정성에 관한 지구의 시스템에 관한 논문 요약(Abstract of a Dissertation, Concerning the system of the Earth, its Duration and Stability)」

문이다. 허턴은 지표가 침식·퇴적·융기를 반복하기 때문에 인간의 관찰로는 알 수 없을 정도로 지구가 오래되었다는 견해도 밝혔다.

지표의 침식·퇴적·융기의 결정적인 증거 수집은 1788년 시카포인트(Siccar Point)를 발견함으로써 이루어졌다. 시카포인트 탐사에는 수학교수 존 플레이페어 교수와 지질학자 제임스 홀(Sir James Hall of Dunglass, 4th Baronet FRS, FRSE 1761~1832)이 함께했다.

시카포인트에는 시간의 단절을 보여 주는 부정합(不整合, unconformity) 구조가 잘 발달해 있다. 부정합은 지층의 시간적 불연속 관계를 의미한다. 어떤 지역에서 퇴적1 – 융기 – 침식 – 침강 – 퇴적2 – 융기의 과정이 진행되었다고 가정했을 때, 퇴적1과 퇴적2의 지층은 오랜 시간차가 생길 수밖에 없다. 바다였던 지역이 육지가 되었다가 다시 가라앉아 바다로 변했다가 다시 융기하여 육지로 변해야 하니 장구한 세월이 필요한 것이다. 시카포인트 부정합은 퇴적층이 거의 수직으로 융기했다가 다시 해수면 아래로 가라앉았다가 다시 융기함으로써 형성된 대표적인 부정합 구조이다. 제임스 허턴의 시대에는 암석층의 연대를 정확하게 측정할 방법이 없었지만 20세기에 방사성 동위원소 분석법이 개발되면서 암석층의 연대와 형성 과정이 보다 자세하게 밝혀졌다. 시카포인트 부정합 형성 과정의 개요는 그림과 같다.

1785년의 강연 내용을 보완하여 새로 작성한 허턴의 논문[6]은 1788년 에든버러 왕립학회지에 실렸다.

---

6. 「지구의 이론; 또는 지구 상의 대지의 조성, 분해, 회복에서 관찰할 수 있는 법칙의 탐구(Theory df the Earth; or an Investigation of the Laws Observable in Composition, Dissolution, and Restoration of Land upon the Grobe)」

시카포인트 부정합

부정합면

고생대 데본기 퇴적층
3억 7천만 년

고생대 실루리아기 퇴적층
4억 3천 5백만 년

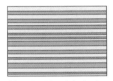

(1) 4억 3천 5백만 년 전.
모래와 점토가 쌓여
사암과 이암층을 형성

(2) 습곡 작용, 단층 형성
지층 수면 위로 융기

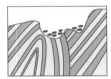

(3) 침식 작용
자갈(기저 역암) 형성

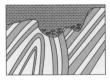

(4) 3억 7천만 년 전.
지층이 수면 아래에 잠김
적색 사암 퇴적

(5) 지층이 수면 위로
비딱하게 융기

(6) 침식 진행
현재의 지형 형성

허턴은 논문 발표 이후 '말도 안 되는 이론', '거칠고 자연스럽지 못
하며 불신앙과 무신론으로 마감되는 이론', '모세 5경의 역사와 이성과

방침에 반하는 이론' 등의 쏟아지는 비판을 감수해야 했다.

60대 중반에 그는 요폐증으로 고생하다가 1793년 수술을 받은 후 점점 더 쇠약해졌다. 그렇지만 자신의 이론을 자세히 설명하기 위해 1795년 『지구 이론 *The Theory of Earth*』을 출간했다. 그러나 건강이 나빠서였는지 책의 문장은 어수선하고 내용은 난해하여 좋은 평가를 얻지 못했다. 이후 광물학 명명법을 만들려고 시도하던 제임스 허턴은 지병이 도져 1797년 3월 26일 71세의 나이로 사망했고 공동묘지에 묻혔다.

허턴은 평생 독신으로 지냈고 친구들도 그렇게만 알고 있었다. 그러나 그의 장례식이 치러지고 3주일 후 50세의 숨겨 왔던 아들(이름도 제임스 허턴)이 찾아옴으로써 과거가 드러났다. 1747년 에든버러 의대생이었던 허턴은 젊은 여인을 임신시켰고, 당시 그는 이 문제를 해결하고자 고향을 떠났던 것이었다. 아마도 그는 모자를 런던 어디에 정착시켰던 것으로 짐작되는데, 자세한 사연은 땅속에 묻혀 알 길이 없다.

1802년 플레이페어는 『허턴의 지구 이론 실례들 *Illustrations of the Huttonian theory of the earth*』을 펴내어 허턴의 이론을 널리 알렸고, 개정판을 쓰기 위해 17개월 동안 유럽 전역을 조사하며 6천 4백 킬로미터가 넘는 탐사 여행을 했다. 그렇지만 『브리태니커 사전』 집필 때문에 미루다가 개정판을 쓰지 못하고 1819년에 사망했다.

제임스 홀은 현무암을 녹인 후 천천히 냉각시켜 결정체를 만드는 실험[7]에 성공함으로써 베르너의 수성론을 지지하는 학자들의 오류를 밝혔다.

제임스 허턴의 사상은 그가 사망한 해에 스코틀랜드 앵거스(Angus)에서 태어난 찰스 라이엘(Sir Charles Lyell, 1st Baronet, FRS, 1797~1875)에 의해 계승되었다. 라이엘은 옥스포드대학에서 베르너를 신봉하는 교수들에게 지질학을 배웠으나 그들의 허술함에 실망했고 허턴의 이론이 적합하다는 것을 파악했다. 그는 탐사여행 중에 원로학자가 된 제임스 홀(63세)을 방문했고, 홀은 라이엘을 시카포인트로 안내하여 현장을 견학하게 했다.

라이엘이 1830~1833년에 세 권의 책으로 출간한 『지질학의 원리 Principles of Geology』는 지질학의 교본이 되었다. 그는 '현재는 과거를 푸는 열쇠(The present is the key to the past)'라는 함축적인 표현으로 허턴의 사상을 널리 알렸다.

'지질학적 변화의 속도와 양상은 예나 지금이나 다름없다. 지구의 산맥이나 바다를 비롯한 모든 지형의 형성이나 생명의 진화와 같은 현상들은 대홍수와 같은 격변에 의해서 일어나는 것이 아니라 천천히 진행되는 점진적인 변화가 누적되어 일어난다'라는 것이 허턴 사상의 핵심이다. 이와 같은 그의 사상에 대해서 윌리엄 휴얼(William Whewell, 1794~1866)은 '동일과정설(同一過程說, Uniformitarianism)'이라는 이름을 붙였고, 이후 과학계가 이를 인정하고 수용함으로써 지구의 역사를 연구하는 지사학(地史學)의 제1원칙이 되었다. 동일과정설은 오늘날 '동일 과정의 원리(Doctrine of Uniformity)'라고도 불린다.

1756년 제1기, 제2기, 제3기로 처음 분류되었던 지질시대 체계는

---

7. 아이스크림을 녹였다가 다시 냉동실에 넣어 빠르게 얼리면 원래의 아이스크림으로 되돌아가지 않고 얼음처럼 굳는다. 이와 마찬가지 원리로 현무암을 녹인 후 빠르게 냉각시키면 원상태로 돌아가지 않고 유리질 형태의 덩어리로 변한다. 수성론 학자들은 빠르게 냉각시킨 실험을 근거로 현무암은 용암이 굳어서 된 암석일 수 없고 바다에서 퇴적된 암석이라고 주장했다. 제임스 홀은 현무암을 천천히 냉각시켜서 작은 알갱이 조직을 재현하는 실험에 성공한 것으로 알려져 있다.

고생물(화석)의 번성과 멸종, 암석층의 변화, 기후의 변동, 대규모 부정합(지층의 시간적 단절) 등을 고려하려 정하는 층서학 분류 기준에 따라서 그 연대와 명칭이 조금씩 달라져 왔다. 이와 같은 일련의 작업들은

▌지질시대 연대표[20]
INTERNATIONAL CHRONOSTRATIGRAHIC CHART

누대 Eon	대 Era	기 Period		단위: 백만 년
		제4기	Quaternary	0.0042
	신생대 Cenozoic	네오기	Neogene	2.58
		팔레오기	Paleogene	23.03
				66.0
	중생대 Mesozoic	백악기	Cretaceous	145.0
		쥐라기	Jurassic	201.3 ±0.2
현생누대 Phanerozoic		트라이아스기	Triassic	251.902 ±0.024
		페름기	Permian	298.9 ±0.15
	고생대 Paleozoic	석탄기	Carboniferous	358.9 ±0.4
		데본기	Devonian	419.2 ±3.2
		실루리아기	Silurian	443.8 ±1.5
		오르도비스기	Ordovician	485.4 ±1.9
		캄브리아기	Cambrian	541.0 ±1.0
	신원생대 Neo-proterozoic	에디아카라기	Ediacaran	635
		크라이오제니아기	Cryogenian	720
		토니아기	Tonian	1000
원생누대 Proterozoic	중원생대 Meso-proterozoic	스테니아기	Stenian	1200
		엑타시아기	Ectasian	1400
		칼리미아기	Calymmian	1600
	고원생대 Paleo-proterozoic	스타레리아기	Statherian	1800
		오로시리아기	Orosirian	2050
		리아시아기	Rhyacian	2300
		시데리아기	Siderian	2500
	신시생대 Neo-archean			2800
시생누대 Archean	중시생대 Meso-archean			3200
	고시생대 Paleo-archean			3600
	시시생대 Eo-archean			4000
명왕 누대 Hadean				4600

Precambrian / 선캄브리아 시대

현재에도 진행 중이며 국제층서위원회(ICS, International Commission on Stratigraphy)의 주도로 매년 수정되고 있다. 2019년 5월 기준 지질시대 연대표는 왼쪽 표와 같다.

몇 억 년 전에 생성된 지층에서 산호 화석이 발견되었을 때, 이 지층은 어떤 환경에서 만들어진 것이라고 해석할 수 있을까?

오늘날의 산호는 수온과 염분이 높고 수심이 얕은 바다에 서식한다. 과거의 산호도 마찬가지 환경에서 살지 않았을까? 그렇다면 산호가 발견된 고대의 지층은 따뜻하고 염분이 높은, 얕은 바다에서 형성된 것으로 볼 수 있다.

이와 같은 논리의 바탕에는 '현재는 과거를 푸는 열쇠'라는 동일과정의 원리가 들어 있다. 허턴의 생각은 지질학자 라이엘을 통해서 다윈에게 전달되었고, 이는 다윈이 진화론을 세우는 데 사상의 기틀을 제공했다.

16

창조론을 잠재운 진화론은
어떻게 탄생했을까?

찰스 로버트 다윈

Charles Robert Darwin (1809. 2. 12. ~ 1882. 4. 19.)

1859년 11월 24일, 찰스 다윈의 『종의 기원On the Origin of Species』 출판은 진화론(Evolution)의 탄생을 알렸고, 창조론(창조주의, Creationism)을 믿는 사람들을 당황스럽게 했다.

진화론과 창조론의 공식적인 첫 대결은 1860년 6월 영국 옥스퍼드 대학교에서 개최된 '진보 과학을 위한 학술 토론회'에서 이루어졌다.

옥스퍼드의 주교 윌버포스(Samuel Wilberforce)가 조롱하듯이 말했다.

┃ 매거진 〈베니티 페어(Vanity Fair)〉의 풍자만화(왼쪽 윌버포스, 오른쪽 헉슬리)㉘

"당신의 할아버지 선조가 원숭이요? 아니면 할머니 선조가 원숭이요? 어느 쪽이오?"

다수의 청중은 윌버포스가 결승골이라도 넣은 듯이 박수를 치며 환호했다.

이에 다윈의 진화론을 지지하는 헉슬리(T. H. Huxley)가 받아쳤다.

"진실을 왜곡하는 부도덕한 인간을 할아버지라고 하느니, 정직한 원숭이를 할아버지라고 하겠소이다!"

◖◗

찰스 다윈은 로버트와 수잔 부부의 2남 4녀 중 다섯째로 1809년 영국 슈루즈베리(Shrewsbury)에서 태어났다. 그의 아버지 로버트의 직업은 의사였고 친할아버지 이래즈머스(Erasmus Darwin, 1731~1802)도 의사였으며, 외할아버지인 웨지우드(Josiah Wedgwood, 1730~1795)는 도자기 사업가였다. 다윈의 두 할아버지는 벤저민 프랭클린, 조지프 프리스틀리, 제임스 와트 등의 유명한 자연철학자들과 정직한 휘그 클럽을 이끌던 친구 사이였고, 노예 제도를 반대한 진보사상가이기도 했다.

다윈이 여덟 살 때 어머니가 세상을 떠났기 때문에 아홉 살 연상의 둘째누나 캐롤라인이 그를 돌보았다.

다윈은 케이스 목사가 운영하는 초등학교를 다니다가 9세부터 16세 여름까지 버틀러 박사가 운영하는 기숙학교를 다녔다. 그러나 공부를 잘하지 못했고, 형 에라스무스를 도와 화학 실험을 했다가 쓸데없는 짓을 하는 아이라고 전교생 앞에서 교장의 나무람을 듣기도 했다. (그는 훗날 자서전에서 어린 시절의 학교를 나쁜 곳으로 회상했다.)

16세 가을에 아버지는 다윈을 에든버러대학 의학부에 입학시켰다. 그러나 그는 의학 수업을 지루해했고, 마취도 없이 수술을 받는 환자들을 보면서 고통을 느꼈다. 결국 다윈은 의학 과정을 마치지 못하고 19세에 케임브리지대학 신학부에 입학하였다. 그러나 신학 역시 다윈의 마음을 사로잡지는 못했다. 그 대신 대학 식물원을 구경하다가 박물학자 헨슬로(John Stevens Henslow, 1796~1861) 교수를 만나게 되면서 박물학[1]의 매력에 이끌리게 되었다.

다윈은 헨슬로와 식물원을 자주 산책했기 때문에 학생들 사이에서

---

1. 동물학, 식물학, 광물학, 지질학을 통틀어 이르는 말. 박물학은 영어로 'the study of nature' 또는 'natural history', 박물학자는 'naturalist'로 일컬어진다.

'헨슬로의 남자'라고 불리기도 했다. 지질학자 세즈윅(Adam Sedgwick, 1785~1873) 교수로부터는 지질학(地質學, geology)을 배웠다. 세즈윅은 고생대 지층을 연구하여 데본기라는 지질시대 명칭을 제안했고, 종교적 원리에 따른 지구 격변설과 창조론을 옹호한 학자였다. (몇 년 후 다윈은 격변설을 반대하는 동일과정설을 따르게 되고, 진화론을 창시하여 세즈윅의 자연철학과는 정반대의 길을 걷게 되지만 오래도록 스승과 제자의 우호적인 관계를 유지했다.)

1831년 대학을 졸업한 다윈은 헨슬로 교수의 추천으로 피츠로이[2] 함장이 이끄는 탐험선 비글호(H. M. S. Beagle)의 탐사 항해에 참가하게 되었다.

비글호는 너비 7.7미터, 길이 27.5미터의 해군 함선으로 1차 탐사 항해(1826~1830년) 때는 남아메리카 남부 파타고니아 지방을 조사했다. 다윈은 비글호 2차 탐사에 박물학자 자격으로 승선했다. 다윈을 태운 비글호는 1831년 12월 27일 영국 플리머스 항구를 떠났다. 다윈의 소지품에는 찰스 라이엘(Sir Charles Lyell, 1st Baronet, FRS, 1797~1875)이 쓴 『지질학의 원리 Principles of Geology』(1830)가 들어 있었다. 『지질학의 원리』는 지사학(地史學)의 새로운 패러다임인 동일과정설[3]을 제시하고 지질 구조와 형성 원리를 상세하게 분석하여 장차 지질학의 바이블로 등극하게 되는 책이다. 그러나 다윈의 스승인 세즈윅 교수는 라이엘의 이론을

---

2. FitzRoy, 1805~1865: 비글호 2차 항해 중 대령으로 진급했고, 훗날 해군 중장이 되어 뉴질랜드 총독을 지내기도 했다. 창조론을 믿었던 사람이었기 때문에 1859년 다윈의 진화론이 발표된 후 자신이 진화론에 기여했다고 생각하여 괴로워하다가 1865년 60세에 자살했다.

3. 同一過程說, uniformitarianism: 지질학적 변화의 속도와 양상이 과거나 현재나 다르지 않기 때문에 지형 변화는 장구한 세월에 걸쳐 서서히 진행된다는 설. 상세 내용은 「현재는 과거를 푸는 열쇠, 동일과정설의 창시자 제임스 허턴」 편 참조.

▌비글호, H. M. S. Beagle
HMS(국왕 폐하의 배): H=His/Her, M=Majesty's, S=Ship
Beagle(비글): 영국 잉글랜드 토종 개 비글에서 따온 이름.

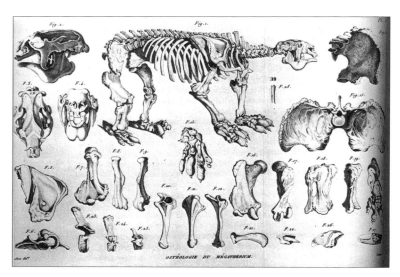

▌거대 땅늘보 메가테리움(몸길이 6~8m, 무게 3톤 추정)의 골격과 뼈 화석[22]

공개적으로 반대했으며, 헨슬로 교수도 '라이엘의 책을 읽되 믿어서는 안 된다'라고 다윈에게 조언했다.

1832년 비글호는 대서양의 여러 섬들과 브라질, 아르헨티나를 거쳐 우루과이 몬테비데오에 도착했고, 다윈은 이곳에서 그해 출판된 『지질학 원리 Ⅱ』를 받아 보았다. 다윈은 스승의 조언대로 처음에는 라이엘의 이론을 의심하면서 읽었다. 그렇지만 파타고니아 평원에서 수백 마일에 걸쳐 융기한 거대한 자갈층 절벽을 목격하고, 멸종한 거대 동물 메가테리움(Megatherium) 화석을 발견하는 등의 성과를 올리면서 다윈은 라이엘의 이론이 옳다는 확신을 가지게 되었다.

3년 이상 남아메리카 남부 지역을 조사한 비글호는 1835년 9월 태평양의 갈라파고스 제도(Islas Galápagos)에 도착했다.

갈라파고스 제도에는 바다 이구아나, 육지 이구아나, 코끼리거북,

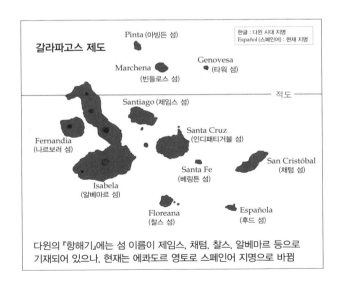

갈라파고스 제도

한글 : 다윈 시대 지명
Español (스페인어) : 현재 지명

Pinta (아빙든 섬)

Marchena (빈들로스 섬)

Genovesa (타워 섬)

적도

Santiago (제임스 섬)

Santa Cruz (인디패티거블 섬)

Fernandia (나르보러 섬)

San Cristóbal (채텀 섬)

Santa Fe (베링튼 섬)

Isabela (알베마르 섬)

Floreana (찰스 섬)

Española (후드 섬)

다윈의 『항해기』에는 섬 이름이 제임스, 채텀, 찰스, 알베마르 등으로 기재되어 있으나, 현재는 에콰도르 영토로 스페인어 지명으로 바뀜

▌ 갈라파고스 육지 이구아나(*Conolophus subcristatus*), 바다 이구아나(*Amblyrhynchus cristatus*)

▌ 갈라파고스 땅거북(*Chelonoidis nigra*)　　▌ 갈라파고스 중간 땅핀치(*Geospiza fortis*)

핀치 새 등 다른 곳에서는 볼 수 없는 독특한 생물종이 서식하고 있었는데, 같은 종류라도 섬에 따라서 그 생김새가 조금씩 달랐다. (갈라파고스에서 동물의 생태는 진화론의 중요한 증거 자료가 된다.)

갈라파고스 제도를 조사한 비글호는 타히티섬과 뉴질랜드를 거쳐 1836년에 오스트레일리아 시드니, 태즈메이니아를 들렀으며, 그해 4월 인도양의 킬링 군도에 도착했다. 킬링 군도(Keeling islands 또는 Cocos islands)는 산호초가 둥근 고리 모양을 이룬 환초(環礁, atoll) 섬이다. 이전까지 환초는 해저 화산의 분화구와 같은 형태의 지형에서 산호가 자라 형성되는 것으로 알려져 있었지만, 다윈은 그 형성 원인에 대해 의심을

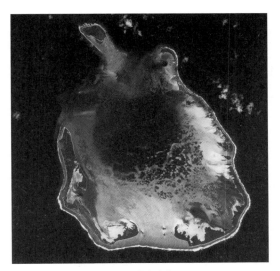

| 킬링 군도 위성 사진, 2009

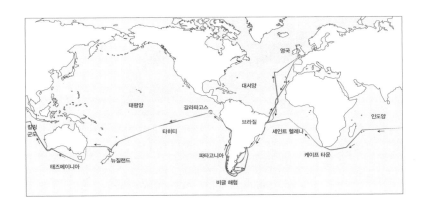

품게 되었다. 화산의 분화구 지형이라고 보기에는 섬의 분포 반경이 너무 컸기 때문이다. (몇 년 후 다윈은 산호섬의 형성 원인에 관한 올바른 이론을 최초로 세운다.)

킬링 섬을 떠나 아프리카 남단 케이프타운에 도착했을 때 다윈은 남반구의 천체들을 관측하고 있던 천문학자 존 허셜[4] 경을 만났고, 대서양 세인트헬레나섬에 도착해서는 나폴레옹 무덤 근처에서 지형을 관

1. *Geospiza magnirostris*   2. *Geospiza fortis*

3. *Geospiza parvula*   4. *Certhidea olivacea*

❚ 조류학자 존 굴드가 그린 다윈의 핀치 ㉓

---

4. Sir John Herschel, 1st Baronet, 1792~1871: 천왕성을 발견한 윌리엄 허셜의 아들로 영국 왕립천문학회 회장을 3회 역임했으며, 북반구에서는 보이지 않는 남반구의 천체들을 관측하고 토성의 위성 7개(미마스, 엔케라두스, 테티스, 디오네, 레아, 타이탄, 이아페투스), 천왕성의 위성 4개(아리엘, 운부리에루, 티타니아, 오베론)의 이름을 명명했다.

찰했다. 비글호는 세인트헬레나섬에서 대서양을 횡단[5]하여 브라질 바이아 항구로 갔다가 1836년 10월 2일 영국으로 귀환했다.

5년에 걸친 비글호 세계 탐험에서 돌아온 다윈은 1939년 『측량 항해 보고서 _Narrative of the Surveying Voyages_, vol Ⅲ』를 집필하고, 이후 1843년까지 네 명의 동물학자와 함께 5권으로 된 『비글호 동물학 보고서 _The Zoology of H. M. S. Beagle Voyage_』(1838~1843)를 출간했다. 『동물학 보고서 Ⅲ』에는 갈라파고스에 서식하는 여러 종류의 다윈 핀치(Darwin's finches)가 소개되었다. Ⅲ권을 책임 집필한 조류학자 존 굴드(John Gould, 1804~1881)는 새들을 실물 크기로 아름답게 그려서 넣고 그 특성을 자세히 기술했다.

1838년 29세의 다윈은 지질학회 서기로 취임했고, 『지질학 원리』의 저자인 찰스 라이엘과도 친밀한 사이가 되었다. 그해 12월에는 외사촌 엠마 웨지우드(Emma Wedgwood, 1808~1896)에게 청혼하였고, 이듬해 1월 양가의 축복 속에 결혼식을 올렸다.

그해에 『비글호 항해기 _Journal of Researches During the Voyage of H. M. S. Beagle_』[6] 초판(1839)을 출간했다.

1842년 다윈은 아내와 어린 두 자녀(윌리엄, 앤)를 데리고 소음과 매연이 심한 런던을 벗어나 동남쪽에 위치한 켄트 주(County of Kent) 다운(Down)으로 이사했다. 다윈이 현기증과 멀미, 심장쇠약 증상으로 시달렸기 때문에 한적한 교외를 택한 것이었다. 다윈의 건강 이상은 비글

---

5. 바람을 이용하는 함선들은 무역풍과 편서풍을 이용한 항로를 이용한다.
6. 원제: 『_Journal of Researches into the Geology and Natural History of the various Countries Visited by H. M S Beagle under the command of Captain FitzRoy, R. N. from 1832 to 1836_』. 비글호 항해기 2판은 1846년, 3판은 1860년에 출간.

호 탐사 여행 중 흡혈 빈대에 물려 샤가스병[7]에 걸렸기 때문인 것으로 추정된다.

1842년, 1844년, 1846년에 다윈은 섬의 지질학에 관한 세 권의 연작 저서 『비글호 항해의 지질학 1·2·3권 *the Geology of the voyage of the Beagle*』을 출간했다. 1권은 『산호초의 구조와 분포 *The Structure and Distribution of Coral Reefs*』(1842), 2권은 『화산섬의 지질학적 관찰 *Geological observations on the volcanic islands*』(1844), 3권은 『남아메리카 지질 관찰 *Geological Observations on South America*』이다.

세 권의 저서 중에서 1권 『산호초의 구조와 분포』는 산호섬의 여러 형태와 형성 원인을 밝힌 중요한 저서로 손꼽힌다. 이전까지는 산호가 어떻게 둥근 고리 형태의 환초를 형성하는지 아무도 제대로 설명하지 못했지만, 다윈은 섬이 침강함으로써 그와 같은 형태가 만들어진 사실을 밝혀냈다.

오른쪽의 그림과 설명은 섬을 둘러싸고 있는 산호 보초(堡礁, barrier reef)가 어떻게 둥근 고리 형태의 환초로 변하게 되는지를 보여 준다.

다윈은 찰스 라이엘의 『지질학 원론』을 읽고 지구가 엄청난 세월의

---

7. Chagas's disease, American trypanosomiasis: 브라질, 칠레, 아르헨티나, 우루과이 등 중남미의 열대풍토병으로 크루스 파동편모충(Trypanosoma cruzi)의 감염에 의해 발생하는 질환으로 원충을 매개하는 곤충은 흡혈 침노린재류(Triatoma bug)이다. 침노린재는 입술이나 눈 주위를 주로 흡혈하므로 '키스 벌레(kissing bug)'라고도 한다. 샤가스병이 만성 질환이 되면 심장 비대(부정맥, 심부전, 실신, 뇌혈전증 등 유발), 거대 식도(흡인성 폐렴 유발), 거대 대장(변비, 복통 유발) 등의 증상이 나타난다.

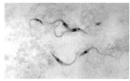

왼쪽: 크루스 파동편모충
오른쪽: 흡혈 빈대 침노린재
(키스 벌레, 벤츄카)

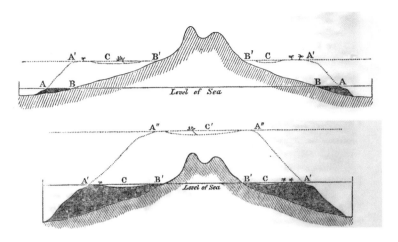

■ (위 그림) 아주 먼 옛날의 해수면 높이는 A-A였다. 섬이 서서히 침강함에 따라서 해수면이 A'-A'
로 상승한다. 해수면이 상승하는 동안 산호 보초도 둑을 만들며 성장한다. C는 바닷물 호수(수로로
연결된)이다.

■ (아래 그림) 해수면의 높이가 A"-A" 수준으로 높아지면 섬은 완전히 침강한 상태가 되고 환초의 모
습을 띠게 된다. A"는 둑, C'는 바닷물 호수다. [64]

■ 타이아로 환초 (유네스코 자연보호 유산)

장구한 역사를 가지고 있다는 것을 확신했고, 1837년 무렵부터 창조론과 대립하게 되는 진화론 비밀 노트를 쓰기 시작했다.

그의 진화론이 담긴 진정한 역작 『종의 기원』[8] 초고는 1844년 무렵에 완성한 것으로 나중에 알려졌다. 그러나 다윈은 신학에 반대되는 새로운 과학 이론을 내고 박해를 받았던 과거의 과학자들을 떠올리며 출간할 용기를 내지 못했다.

▮ 종 변이에 대한 다윈의 1837년 첫 번째 노트 중, '진화의 트리' 스케치

1846년에는 『비글호 항해의 지질학, 3권』을 출간했고, 1851~1854년에는 「만각류[9] 아강에 대한 논문A Monograph on the Sub-Class Cirripedia」 두 권을 비롯하여 고생물 화석에 대한 논문을 썼다.

다윈은 1858년 6월 박물학자 월리스(Alfred Russel Wallace, 1823~1913)가 보낸 편지를 받았다. 월리스는 가정형편이 어려워 기계 공고를 졸업하고 측량사 일을 하였고, 4년(1848~1852) 동안 아마존 강 유역을 측량하면서 곤충 표본과 동물을 채집했다. 그는 표본 판매를 위해 1만 점이 넘는 표본을 배에 싣고 영국으로 돌아오다가 화재가 발생

---

8. 원제: 『On the Origin of Species by Means of Natural Selection, or the Preservation of Favoured Races in the Struggle for Life』
9. 蔓脚類, Cirripedia: 따개비, 거북손 종류의 갑각류를 일컬음.

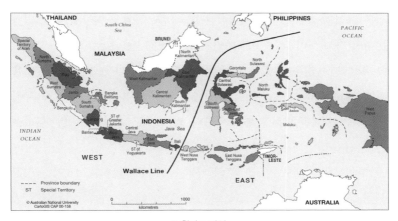

| 월리스 라인

하여 전부 소실한 후, 열흘 동안이나 표류하다가 구출되는 고난을 겪었다. 월리스는 1854부터 1862년 사이에 말레이시아와 인도네시아에 머물면서 8만 종의 딱정벌레를 포함한 12만 5천 종의 표본을 수집하였고, 인도네시아와 오스트레일리아 사이의 해협을 경계로 동물학적인 차이가 크다는 사실을 알아냈다. 이 해협 사이의 경계선을 '월리스 라인(Wallace's Line)'이라고 한다.

1858년 2월 인도네시아 북말루쿠섬(North Maluku Islands)에 있던 월리스는 「변종이 원종에서 무한히 멀어져 가는 경향에 대해서On the Tendency of Varieties to depart indefinitely from the Original Type」라는 제목의 요약 논문을 작성하여 다윈에게 편지로 부쳤다. 편지는 배편으로 4개월이 지나서 다윈에게 도착했다.

월리스의 편지를 읽은 다윈은 당황하여 찰스 라이엘에게 편지를 보냈다. 월리스의 논문이 진화론의 핵심을 꿰뚫고 있었기 때문이었다. 다윈은 라이엘에게 보낸 편지에서 진화론의 우선권을 빼앗길 수도 있다는 우려가 현실이 되는 것은 아닌지 울적한 심정을 토로했다.

찰스 라이엘은 이 문제를 해결하기 위해 다윈과 월리스의 논문[10]을 린네학회(Linnean Society)에서 동시에 발표(1858. 7. 1)하고, 회보에 동시 게재하는 방책을 써서 다윈을 구했다. 당시 지구 반대편에 있던 월리스는 이 사실을 알지 못했다.[11]

다윈은 이후 15년 동안 『종의 기원』 원고를 집필했고, 1859년 12월 24일 초판을 출간하였다. 그는 이 저서를 통해 동식물의 인위적 품종 개량이 가능한 것처럼 자연에서도 변이가 생길 수 있으며, 변이가 일어난 종이 원래의 종보다 생존 경쟁에서 유리한 경우 변종이 자연 선택되어 생물의 분화가 이루어진다는 진화론을 전개했다.

다윈의 진화론을 간단히 요약하면 다음과 같다.

1. 변이(變異, variation): 자연계의 생물 개체들 중에는 변이가 존재한다.
2. 유전(heredity): 자식은 부모를 닮으며 어떤 변이는 대대로 유전된다.
3. 경쟁(competition): 생물은 한정된 자원을 놓고 생존 경쟁을 할 수밖에 없다.
4. 자연 선택(natural selection): 주어진 환경에 적합한 형질 변이를 가진 종류가 더 많이 살아남고 번성하게 된다.

---

10. 다윈 논문 제목: 「On the Tendency of Species to form Varieties; and on the Perpetuation of Varieties and Species by Natural Means of Selection」
    월리스 논문 제목: 「On the Tendency of Varieties to depart indefinitely from the Original Type」
11. 월리스의 편지를 다윈이 표절했다는 최근의 주장도 있다. Roy Davies, 『다윈 음모: 과학 범죄의 기원(The Darwin Conspiracy: Origins of a Scientific Crime)』(2008)

『종의 기원』초판은 발매를 시작하자마자 매진될 정도로 인기를 끌었다. 진화론은 지동설만큼이나 세상을 놀라게 했지만 사회의 반발은 별로 크지 않았다. 이는 『종의 기원』에 수록된 자료가 방대했으며, 탁월한 구성과 치밀한 논리로 집필한 책이었기 때문이다.

과거의 사실로 판단할 때 지금의 모습을 그대로 유지한 채 먼 미래에까지 자손을 남기는 현생종은 하나도 없다고 추론해도 좋을 것이다. (……) 단순한 발단에서 지극히 아름답고 놀라운 형태가 끝없이 태어났고 지금도 태어나고 있다. ―「종의 기원」 결론 중에서

『종의 기원』은 개정을 거듭하여 1872년 6판까지 출판되었다.

다윈은 박물학자로서 연구와 저작 활동에 전념한 사람이다. 영국 왕립학회의 회원으로 젊은 날 서기를 맡은 적도 있으나 교수와 같은 공식적인 직업을 갖지 않았다. 부친에게서 물려받은 유산이 있기도 했지만 피로와 현기증, 구토와 심장 발작 등 지병에 시달리며 살았기 때문이기도 하다.

다윈은 엠마 웨지우드(Emma Wedgwood, 1808~1896)와 결혼하여 6남 4녀를 낳았다. (맏딸은 10세에, 둘째 딸과 여섯 째 아들은 2세 이전에 죽었다.) 그는 67세부터 쓰기 시작한 자서전에서 아내에 대한 한없는 고마움을 표현했다.

하나하나의 도덕적 자질, 그 어느 것을 따져 보아도 나보다 무한히 뛰어난 이 사람이, 나의 아내가 되는 것에 동의해 준 것은 얼마나 행운이었던

▌ 1840년 엠마 다윈(32세), by George Richmond(1809~1896)

가. 이 사람은 나의 생애를 통해 나의 현명한 조언자이고, 쾌활한 위안이 었다. 이 사람이 없었다면 나의 생애는 병든 몸 때문에 매우 오랫동안 비 참했을 것이다. -「종의 기원」 중에서

다윈은 『덩굴 식물의 운동과 습성 The Movement and Habits of Climbing Plants』 (1864), 『가축과 재배식물의 변이 The Variation of Animals and Plants under Domestication』 (1868), 『인간의 유래와 성 선택 The Descent of Man, and Selection in Relation to Sex』 (1871), 『사람과 동물의 감정 표현 The Expression of the Emotions in Man and Animals』 (1872), 『식충식물 Insectivorous Plants』(1875), 『식물의 운동력 The Power of Movement in Plants』(1880), 『지렁이의 작용에 의한 부식토의 형성 The Formation of Vegetable Mould Through the Action of Worms』(1881) 등의 저서를 남긴 후, 1882년 4월 19일

73세의 나이로 세상을 떠났고 영국 웨스트민스터 대성당에 안치되었다.

▌ 1882년, by Edward Linley Sambourne

19세기 후반, 매거진 〈펀치(PUNCH)〉는 "Man is But a Worm."이란 제목의 풍자화를 게재하여 다윈의 진화론을 우스꽝스러운 것으로 묘사했다. 오늘날 과학은 원시 바다의 무기물에서 합성된 유기물 성분이 단세포, 다세포 생물, 하등 생물을 거쳐 고등 생물로 차차 진화한 것으로 인정하고 있다. 그 진화의 기간을 대략 40억 년이라고 가정하면, 앞으로 40억 년 후 인류는 어떻게 진화해 있을까? 육체 없이 생각만 할 수 있는 그런 존재로의 진화도 가능하지 않을까?

17

『대륙과 해양의 기원』에서 밝힌
대륙 이동의 놀라운 증거들

알프레드 베게너

Alfred Lothar Wegener (1880. 11. 1. ~ 1930. 11. 16?)

　1930년 11월 1일 아침, 동료들로부터 조촐한 생일 축하를 받은 탐험대장 베게너는 아이스미테 얼음 기지(Station Eismitte)를 떠났다. 14명의 동료대원들과 함께 영하 50도씨 이하로 내려가는 그린란드의 내륙에서 겨울을 나려면 연료와 식량이 부족했다. 서해안의 보급기지까지는 400킬로미터나 되는 먼 거리였지만, 그가 개척한 최적의 루트를 따라 이동하면 한 달이면 갈 것이었다. 이누이트(사람, ᐃᓄᐃᑦ; 이누크티투트

▌ 1930년. 베게너와 빌룸센의 마지막 사진

어) 동료인 빌룸센(Rasmus Villumsen)이 개썰매를 끌고 앞장섰다.

그러나 그들은 다시 돌아오지 못했다. 이듬해인 1931년 5월 12일 수색대가 아이스미테와 서해안 보급기지의 중간 지점에서 베게너의 무덤을 발견했다. 동료 빌룸센이 멀리서도 알아볼 수 있도록 십자가를 세워 두었다. 빌룸센도 얼음 평원 어디엔가, 눈보라에 파묻혀 잠들어 있

▌ (좌) 베게너의 무덤. (우) 아이스미테 기지

겠지만 그는 발견되지 않았다.

알프레드 베게너는 1880년 베를린에서 리하르트(Richart Wegener)와 안나(Anna Schwarz)의 다섯 자녀 중 막내로 태어났다. 아버지 리하르트 박사는 그레이 수도원의 목사였고, 문법학교에서 고대 언어를 가르치는 교사이기도 했다.

1899년 쾰리히(Köllich)고등학교를 졸업한 베게너는 하이델베르크 대학, 인스부르크대학, 베를린대학에서 천문학, 대기학, 물리학을 전공하였고, 1904년에 천문학 박사로 공인학위를 받았다. 1902~1903년 사이에는 우라니아 천문대에서 근무하기도 했다.

1905년 베게너는 그의 형 쿠르트(Kurt Wegener)가 근무하는 프로이센 항공 관측소에 들어가 형의 기술조수가 되었고, 1906년 4월 초 수준계 성능 실험을 위해 형과 함께 풍선 기구를 타고 52.5시간 동안 무중단 비행하여 세계신기록을 세웠다. 덴마크 국가탐험대에 기상학자로 참여한 그는 그린란드 북동해안에서 극지 이동 기술을 익히며 기상관측 임무를 수행했다.

1908~1912년에는 마르부르크(Marburg)대학의 강사로 천문학과 기상학을 가르치면서 교과서 『대기권의 열역학*Thermodynamik der Atmosphäre*』을 출간했다.

1912년 1월 베게너는 독일지질학회와 자연과학진흥회에서 대륙의 수평 이동(Continental Drift)에 대한 가설을 발표했다. 그의 논문은 두 종의 학술지에 게재되었고, 그해에 덴마크의 지리학자 코흐(Johan Peter Koch, 1870~1928)가 이끄는 그린란드 탐험(1912~1913)에 참가했다.

1913년 33세가 된 베게너는 기상학자 쾨펜(Wladimir Peter Köppen,

1846~1940)의 딸 엘제(Else)와 결혼했다. 쾨펜은 식생분포를 기준으로 기후구(열대, 건조, 온대, 냉대, 한대)를 구분한 기후학의 권위자였다.

1914년에 첫 딸을 얻은 베게너는 그해 여름 1차 세계대전이 발발하자 독일 근위연대 예비역 중위로 징집되어 전장에 투입되었다. 벨기에로 진격하는 도중 팔에 관통상을 입었고 14일 후에는 목에 총알이 박히는 부상도 입었다. 연이은 부상으로 장기 휴가를 얻게 된 베게너는 대륙 이동설에 대한 집필을 시작하여 1915년『대륙과 해양의 기원 *Die Entstehung der Kontinente und Ozeane*』초판을 출간했다. 책의 주요 내용은 '약 2억 5천만 년 전 세상의 모든 대륙이 한 덩어리로 붙어 있었지만, 중생대부터 갈라져서 이동하여 오늘날의 해양과 대륙 분포가 되었다'는 기상천외한 내용이 담긴 것이었다. 이른바 베게너의 '대륙 이동설(Continental Drift)'이 탄생한 것이다. 그러나 전쟁으로 혼란한 시대였으므로 대륙 이동설에 대한 초기 반응은 비교적 조용했다.

1919년 39세에 독일 해양 관측소에 들어간 베게너는 함부르크 북쪽의 소도시 그로스보르스텔(Grossborstel)에 위치한 기상연구소장을 맡았고 함부르크대학에서 강의도 했다. 이때 그의 대륙 이동설에 관심을 보이기 시작한 젊은 과학자들이 그로스보르스텔을 방문하였고, 베게너는 이들과 활발하게 교류하면서 새로운 지식과 정보를 얻어 대륙 이동에 관한 증거들을 보강했다. 그리고 1920년에《대륙과 해양의 기원》2판, 1922년에는 3판을 출간했다. 3판은 영어, 불어, 스페인어, 러시아어, 스웨덴어로 번역되었고, 그의 대륙 이동설은 널리 알려지기 시작했다.

1924년에는 오스트리아 그라츠대학의 정교수로 부임하여 기상학과 지구물리학을 강의했고, 장인 쾨펜과 함께 집필한『과거 지질시대의 기후-*Die Klimate der Geologischen Vorzeit*』를 출간했다.

그의 대륙 이동설은 제3세력이라 불리는 지구물리학자들에게 지지를 받았으나, 1920년대 중반부터 보수적인 지질학자들의 공격을 받았다. 케임브리지대학의 헤럴드 제프리스(Sir Harold Jeffreys, FRS, 1891~1989)는 대륙 이동을 일으킬 수 있는 힘에 대해서 집중적으로 파고들며 이의를 제기했다.

베게너는 대륙 이동을 일으키는 힘의 근원에 대해서는 파악하지 못한 상태였다. 그는 달이 일으키는 조석 마찰력, 이극력[1], 세차 운동[2], 지구 회전축 이동에 의한 힘, 지구 내부 시마[3]의 대류 등 여러 가지 가능성을 고려하면서 아마도 복합적인 힘이 작용할 것이라고만 생각했다. 제프리스는 조석 마찰에 의해 대륙이 밀릴 정도라면 산맥들은 무너져 내릴 것이며 지구는 일 년 이내에 자전을 멈출 것이라고 비웃었다.

1928년 미국석유지질학회(AAPG) 심포지엄에서 "베게너는 아무런 규칙이나 명확한 행동의 법칙도 없이 우리의 지구를 가지고 함부로 놀았으며, 제멋대로 이리저리 뜯어 고쳤다.", "베게너의 가설을 인정한다면 우리는 과거 70년 동안 배운 모든 것들을 다 버리고 다시 시작해야 한다."라고 비난하는 말들이 쏟아져 나왔다.

그해 베게너는 최근 연구 자료들을 더 보강하여 『대륙과 해양의 기

---

1. **離極力, Polfluchtkraft**: 대륙에 작용하는 중력과 부력의 합력이 적도를 향하므로 대륙이 극을 이탈하여 적도 쪽으로 밀릴 것이라고 가정한 힘
2. **歲差運動, Precession**: 회전하는 팽이의 축이 지면에 대해 비스듬한 상태일 때 팽이의 축이 원을 그리며 빙글빙글 맴돌이한다. 이와 마찬가지로 지구의 자전축도 천구북극에 대해 2만 6천 년 주기로 맴돌이 운동을 한다. 이를 세차운동이라고 한다.
3. 시마와 시알: 해양지각과 맨틀의 암석은 규소(Si)와 마그네슘(Mg) 성분이 많기 때문에 시마(Sima)라고 칭하고, 대륙의 암석은 규소(Si)와 알루미늄(Al) 성분이 많기 때문에 시알(Sial)이라고 칭한다.

원』 4판(1928)을 출간했다.

『대륙과 해양의 기원』 서문에서 베게너는 '1910년, 세계 지도를 바라보다가 양쪽 대륙 해안선의 모양이 일치한다는 것을 깨달았다. 대륙 이동의 진위를 가리기 위해서는 가능한 한 완벽하게 지질학적 증거를 따라야 한다.'라고 언급한 후, 기존의 육교설이나 지구 수축설은 옳지 않으며 대륙은 수평 이동한 것이 틀림없다는 주장을 전개했다.

육교설은 과거에 남미와 아프리카 사이에 육교가 있었다는 가설로서 두 대륙에 동일한 종류의 생물 화석이 출토되는 것을 해석하기 위해 나온 추측이었고, 지구 수축설은 뜨거웠던 지구가 식으면서 쭈글쭈글 주름이 잡히는 바람에 산맥과 같은 요철이 생기게 되었다는 설이었다. 베게너는 이에 대해서 육교나 대륙이 바다 밑으로 잠수하는 일은 지각 평형의 원리에 부합하지 않으며, 지구 내부는 라돈과 같은 물질이 붕괴하면서 열을 방출하기 때문에 차갑지 않다고 반론했다. 그리고 대륙 수평 이동의 근거로 측지학적 증거, 지구물리학적 증거, 지질학적 증거, 생물학적 증거, 고기후학적 증거 등을 조목조목 제시했다.

◖ ◗

『대륙과 해양의 기원』 4판의 주요 논증

베게너는 고생대 석탄기말에 모든 대륙이 한 덩어리[4]로 붙어 있었는데, 그것이 차차 분리되어 오늘날의 대륙 분포가 되었다고 주장했다.

베게너는 대륙 이동의 측지학적(Geodetic) 증거로 덴마크 측지연구소가 제공한 경도 자료를 제시했다. 자료에는 지구 지표면 여러 지점들

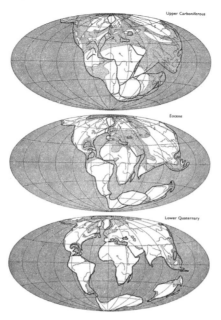

Upper Carboniferous

Eocene

Lower Quaternary

■ 베게너가 제시한 고생대말, 신생대 고제3기 에오세, 신생대 4기초 대륙의 분포⊗

의 위치가 수십 미터 이상 변화된 기록이 나타나 있다.

　지구물리학적(Geophysical) 증거로, 베게너는 수학자 가우스의 오차 곡선을 이용하여 지각이 애초에 만들어질 때부터 두 개의 층에서 출발했다고 주장했다. 지구 수축설의 이론대로 지각이 한 개의 층에서 시작하여 융기한 곳은 산맥이 되고 침강한 곳은 바다가 되었다면, 가우스의

4.　고생대 석탄기말에 형성된 초대륙의 이름이 '판게아(pangea)'라고 널리 알려진 것은 1920년대 중반 보도 기사에서 비롯된 것으로 알려져 있다. 베게너의 『대륙과 해양의 기원』에는 독일어 3판 (1922년)에 'Pangäa'라는 단어가 한 차례 등장(p120)할 뿐이다. 2판, 4판에서는 이 용어가 사용되지 않았다. 판게아(Pangaea, 또는 Pangea)는 고대 그리스어 판(πᾶν, 전체)과 Gaia(Γαῖα, 어머니, 땅)에서 따온 용어로 알려져 있다.

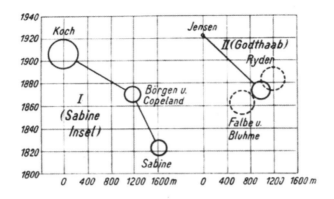

┃ 경도 측정에 의한 그린란드의 이동 ⊗

Ⅰ. 북동 그린란드 사비네(Sabine) 섬의 위치 이동.
Ⅱ. 서 그린란드 고트호프(Godthaab)의 위치 이동
코흐(Koch)와 옌센(Jensen)의 측정치를 이용하여 제시된 자료

오차 곡선 이론에 따라 수심 2,450미터 깊이가 최빈치 지형이 되어야
하는데, 실제로는 두 지점(약 100미터 높이의 대륙과 수심 4,700미터 깊이의
해저)에서 최빈치가 나타나므로 지각이 태초에 생겨날 때부터 2개의 층
으로 출발했다는 논증이었다.

베게너는 지각의 구조를 설명하기 위해 중력 측정과 지각 평형,
지진파 관측에 대한 설명도 곁들였다. 유라시아와 북미 대륙은 지하
50~60킬로미터에 지각과 맨틀의 경계부가 있으나, 태평양의 지각에는
그와 같은 경계면이 존재하지 않는다고 밝혔다.

그는 지구가 여러 개의 층으로 되어 있어서 지하 30~40킬로미터까
지는 화강암(Granite), 그 이하 60킬로미터까지는 현무암(Basalt), 60킬로
미터 이하는 초염기성암인 더나이트(dunite)[5]로 되어 있을 것으로 추정
했다.

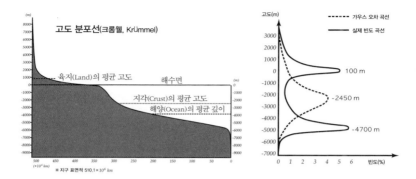

태초에 지각이 평탄한 동일한 면에서 시작하여 융기한 곳은 높아지고, 침강한 곳은 낮아졌다면, 그리고 고도나 깊이가 증가할수록 그 면적이 줄어든다면, 빈도 분포는 대략 가우스 오차 곡선(Gauß error curve)을 따를 것이다. 즉 이론적으로는 최고 빈도치가 -2450m 근처에 나타나야 한다. 그러나 실제로 최빈 고도는 100m 와 -4700m 두 곳에 나타난다. 이는 지각이 애초부터 2개의 출발 고도가 있었다고 결론지을 수밖에 없다. ···▶ (대륙 지각, 해양 지각 2개의 층)

┃『대륙과 해양의 기원』(1929) Abb 7. Abb 8. 재구성 그림.

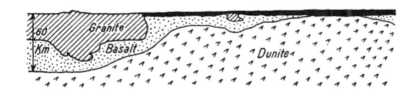

그는 지진처럼 짧은 시간에 작용하는 힘에는 암석이 고체처럼 반응하지만, 오랫동안 서서히 작용하는 힘에 대해서는 유체처럼 반응한다고 설명했다. 특히 지하 70킬로미터 부근은 용융되기 쉬우며, 아프리카 지역을 열대류가 일어나는 지역으로 꼽았다.

---

5. 감람석이 90퍼센트 이상인 암석

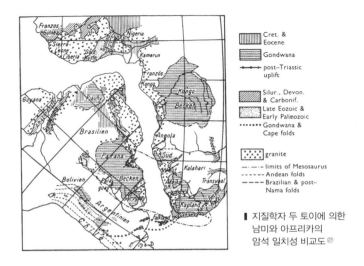

■ 지질학자 두 토이에 의한
남미와 아프리카의
암석 일치성 비교도 ^㉗

베게너는 지질학적 증거로, 남아프리카의 지질학자 두 토이(Du
Toit)의 연구를 활용하여 대서양 양측의 산맥이 연속되며 암석층이 일
치함을 제시했다. 그 밖에도 아이슬란드와 대서양 중앙해령도 지각의

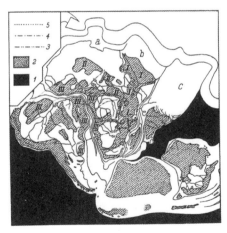

■ 아르강에 의한
곤드와나 대륙의
지체 구조도 ^㉘

균열에 의한 지형이라고 직관적으로 언급했다. (중앙 해령의 균열은 훗날 1960년대에 해저 확장설에서 중요한 증거로 제시되는 것 중의 하나다.) 또한 인도 북부의 히말라야 습곡산맥이 지각의 충돌과 압축에 의해 형성된 것이라는 아르강(E. Argand)의 연구(『*La tectonic de I'Asie*』(1924))도 증거로 제시했고, 호주 동부와 뉴질랜드의 습곡 작용, 호상 열도의 활화산 분포, 남극과 안데스 산맥의 연결 등에 대해서도 설명했다.

베게너는 고생물학적(Paleontological) 및 생물학적(Biological) 증거로 식물화석 글로소프테리스(Glossopteris)와 파충류 화석 메소사우루스

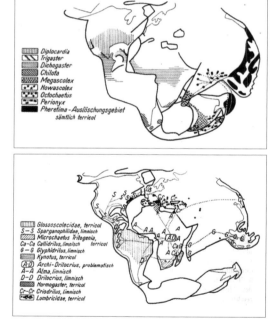

❚ 미카엘센(Michaelsen) 지렁이 분포 연구를 토대로 한
중생대 쥐라기와 신생대 에오세 대륙 복원도[20]

274

(Mesosaurus)의 분포지가 아프리카와 남미로 연결된다는 점을 제시하였고, 지렁이 룸브리시데(Lumbricidae)와 메가스콜시나(Megascolcina), 정원 달팽이(garden snail)의 분포 또한 대륙 이동설로만 설명된다고 지적했다. 아울러 호주와 남미는 멀리 떨어져 있지만 양 대륙에 서식하는 유대류(有袋類, marsuprals)[6]는 같은 종으로 심지어 배 속의 기생충까지도

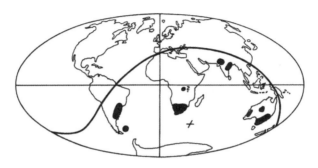

▌ 오늘날 대륙 분포도에 표시한 페름─석탄기의 내륙 빙하 흔적⑳
굵은 선은 당시의 적도선, 십자(+) 표시는 대륙 분포에 맞춘 남극의 위치

▌ 석탄기의 빙하, 늪지, 사막을 표시한 지도㉑
E: 얼음의 흔적, K: 석탄, S: 암염, G: 석고, W: 사막 사암, 빗금: 건조한 부분

---

6. 캥거루, 주머니쥐

같다고 서술하면서, 이는 호주와 뉴질랜드가 대부분 남극과 남미 대륙에 연결되어 있었기 때문이라고 설명했다. 또한 앵무조개(Nautilus), 트리고니아(Trigonia)처럼 매우 오래된 고대 생물이 태평양 해저에서는 발견되지만 대서양에는 전혀 없다는 우비쉬(Ubisch)의 연구를 토대로, 대서양은 태평양보다 훨씬 나중에 생겼다고 주장했다.

고기후학적(Palæoclimatic) 논증에서는 빙하에 의한 퇴적물 빙퇴석(氷堆石), 우림 기후에서 만들어지는 석탄, 건조 기후에서 만들어지는 암염, 석고, 사막 사암, 석회암의 분포를 증거로 제시했다. 그리고 현재 내륙 빙하로 덮여 있는 노르웨이 북쪽의 섬 스피츠베르겐(Spitsbergen)의 기후가 신생대 3기초에는 따뜻했기 때문에 다양한 삼림이 자라고 있었다고 설명했다. 또 현재 남반구에 위치한 모든 대륙(아프리카, 남미, 호주, 인도)은 석탄기 말에서 페름기 초까지 내륙 빙하였다고 언급했다.

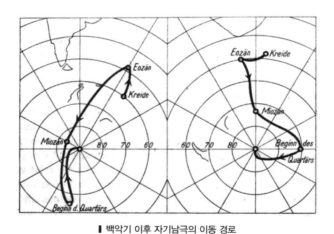

❙ 백악기 이후 자기남극의 이동 경로
왼쪽은 남아메리카에서 측정한 경로, 오른쪽은 아프리카에서 측정한 경로
(자기남극의 이동 경로 측정 결과가 두 대륙에서 다르게 나온 것은 대륙 이동의 증거가 된다.)⑳

베게너가 『대륙과 해양의 기원』에서 대륙 이동의 근거를 설명하기 위해 인용하거나 언급한 학자의 수는 2백 명이 넘는다. 그는 자력과 극 이동에 대한 논쟁도 소개했다. 자기극의 위치는 매년 조금씩 이동한다. 그 원인에 대해서 지구물리학자들은 '대륙이 이동하기 때문'이라고 생각했고, 보수적인 지질학자들은 '자전축 자체가 움직이기 때문'이라고 보았다. 그러나 남아메리카의 암석을 기준으로 측정한 자기남극의 이동과 아프리카의 암석을 기준으로 측정한 자기남극의 이동 경로가 다른 것은 대륙이 이동한 결과로 해석할 수 있다. 자기남극이 두 개일 수는 없기 때문이다.

베게너는 대륙을 이동시키는 힘의 근원으로 이극력, 조석력을 우선적으로 서술했지만, 슈빈너(R. Schwinner)와 키르쉬(G. Kirsch)가 제기한 시마(SIMA)의 대류 운동[7]에 대해서도 소개했다. 베게너는 시마의 대류

7. 시마의 대류는 곧 맨틀의 대류를 의미한다. 맨틀의 대류는 영국의 아서 홈스(Arthur Holmes, 1890~1965)에 의한 업적으로 평가되고 있다. 맨틀 대류에 관한 홈스의 연구가 공개된 시기는 1931년으로, 글라스고 지질학회(Geological Society of Glasgow) 학회지에 게재된 논문 「방사능과 지구 운동(Radioactivity and Earth Movement)」을 통해서였다.

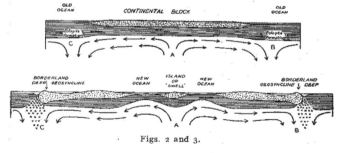

Figs. 2 and 3.

❚ 홈스의 맨틀 대류설 ③

가 대륙 이동과 대서양의 형성을 잘 설명하지만, 아직 이론적 근거는 보이지 않는다고 언급했다.

베게너는 대륙 해안선의 모양이 대륙붕과 대륙사면을 기준으로 할 때 더 잘 맞는다고 설명했다. 아울러 동아프리카 열곡대와 동아시아의 호상열도, 샌프란시스코의 지진 단층을 대륙 이동을 뒷받침하는 자료로 소개했다. 아울러 해구가 발달한 태평양과 해구가 발달하지 않은 대서양의 차이점에 대해서 설명하고, 진정한 심해 퇴적물인 적색 점토(red clay)와 방산충 연니(軟泥, radiolarian ooze)[8]는 대서양에 없다는 사실도 적

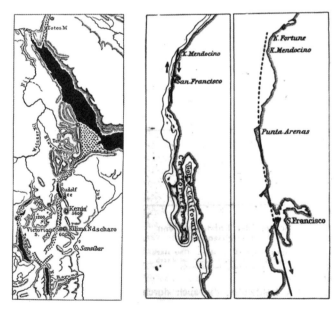

▎(좌) 동아프리카 열곡대 (우) 캘리포니아 지도와 샌프란시스코의 지진 단층⑭

---

8. 딱딱해지지 않은 석회질 또는 규질의 퇴적물

시했다. 이는 대서양이 태평양에 비해서 매우 젊은 바다라는 것을 주장하기 위함이었다.

베게너의 '대륙 이동설(Continental drift)'은 제2차 세계 대전으로 촉진된 해저 지형에 대한 연구와 고지구자기학인 증거들이 수집되면서 1960년대 '해저 확장설(sea-floor spreading theory)'을 거쳐 1968년 판 구조론(Plate Tectonics)으로 확립되었다.

◐ ◑

베게너는 그린란드의 얼음이 2,700미터 두께에 이른다는 것을 밝혀 냈고, 그린란드 서해안에서 중심부 내륙 빙하에 이르는 최적의 루트를 개척했다. 그는 1930년 4월 1일에 14명의 독일 그린란드 원정대를 이

▌ 그린란드 원정 탐험선

끌고 코펜하겐 항구를 떠나 그린란드로 출발했고, 그해 11월 중순 그린란드의 평원에서 실종되었다.

베게너의 대륙 이동설은 대륙 이동의 원동력을 제대로 설명하지 못해서 당시 학계의 반발을 이겨내지 못했다. 그러나 이는 기상학자가 지질학의 이론을 무너뜨리려 했기 때문에 철저하게 외면당한 측면이 있다. 그는 대륙 이동의 힘으로 조석력, 이극력, 맨틀의 대류 등을 열거했을 뿐 정확이 무엇이라고 단언하지 않았다. 또한 훗날 판(plate)의 발산 경계가 되는 해령과 열곡, 충돌 경계인 습곡 산맥과 호상 열도, 해구, 보존 경계(변환 경계)인 샌프란시스코 단층대에 대해서도 설명했으며, 자기극의 이동과 대륙 이동의 연관성, 해양의 퇴적 구조 등에 대해서도 충분히 제언했다. 이러한 제시들은 패러다임의 전환을 일으키기에 충분한 것이었지만, 당시의 보수적인 지질학자들은 베게너의 약점만 집중적으로 파고들었다. 베게너가 제시한 대륙 이동설의 논증들은 그 후 30년 동안 대부분 사실로 밝혀졌다.

1915년 베게너가 『대륙과 해양의 기원』에서 제시한 수많은 증거들은 대륙이 이동했음을 여실히 보여 주는 것이었다. 그럼에도 지질학의 주류학자들은 대륙 이동의 힘을 제대로 설명하지 못했다는 꼬투리를 잡고 그의 이론을 수용하려 들지 않았다. 이는 명백해 보이는 가설이나 이론일수록 더 완강하게 세상의 저항을 받게 된다는 것을 보여 주는 사례다. 학계의 석학들은 아마도 자신의 지위와 권위를 바탕으로 세상을 가르치며 살았을 것이다. 그러나 어느 한 사람의 놀라운 발상에 의해 기득권자들의 위상과 신념이 송두리째 흔들릴 때, 방어심리로 연합한 사람들은 진실을 한사코 외면하려 한다.

베게너의 대륙이동설은 1968년 '판 구조론(Plate Tectonics)'으로 발전하여 지구의 거의 모든 지각 변동을 설명하는 학문이 되었다.

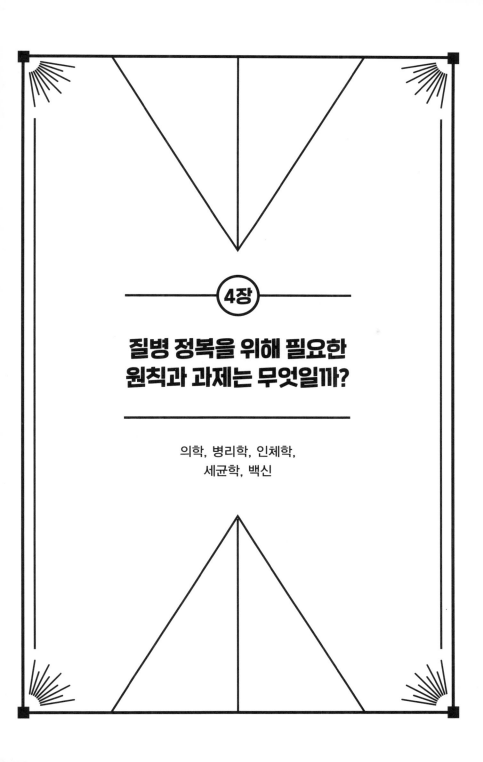

4장

질병 정복을 위해 필요한
원칙과 과제는 무엇일까?

의학, 병리학, 인체학,
세균학, 백신

18

해부학, 병리학, 치료학, 약리학의
경전을 쓴 황제의 의사

클라우디오스 갈레노스
Claudius Galenus (서기 129~199/216?)

'다혈질', '신경질'과 같은 말의 유래를 찾으려면 기원전의 고문헌을
조사해야 할 것이다. 그와 같은 용어의 뿌리는 고대 그리스의 철학자
엠페도클레스[1]와 의사 히포크라테스[2]가 주장한 4체액설(四體液說)에서
찾을 수 있다. 처음에 히포크라테스가 정한 4체액은 '혈액, 점액, 담즙,
물'이었으나 나중에는 물 대신에 '검은 담즙'으로 바뀌었고, 고대 로마
의 의사 갈레노스가 이를 체계화하여 사람의 기질과 병인을 파악하고

치료하는 데 활용하였다. 4체액의 많고 적음에 따라 사람의 기질이 달라지고, 체액의 불균형으로 질병이 생긴다고 본 것이다. 4체액과 관련된 특성은 다음과 같다.

체액	기질	원소	계절	인생 주기	특질	방위	색
혈액	다혈질	공기	봄	유년기	온난 습윤	남	빨강
노란 담즙	신경질	불	여름	청년기	온난 건조	동	노랑
검은 담즙	우울질	흙	가을	장년기	한랭 건조	북	검정
점액	점액질	물	겨울	노년기	한랭 습윤	서	하양

출처: 박혜정, 『멜랑콜리』, 연세대학교출판문화원, 2015

'우울질'은 '멜랑콜리'와 같은 말이다. 검다는 뜻의 melan과 담즙이란 뜻의 kholê가 합쳐져서 멜랑콜리(melancholy), 멜랑콜리아(melancholia, 우울증) 같은 용어가 생겨났다. 갈레노스는 비장에서 만들어지는 검은 담즙이 부패하지 않으면 탁월한 정신력의 바탕이 되나, 열에 의해 검은

---

1. Empedocles(기원전 494?~434?): 만물이 물, 불, 흙, 공기 4원소로 이루어져 있다고 주장한 고대 그리스의 철학자
2. Hippocrates(기원전 460?~370?): 고대 그리스의 의사로 그의 생애는 잘 알려져 있지 않지만 '의사의 아버지'라고 불리며, 히포크라테스 선서로 유명하다.
    [히포크라테스 선서(1948년 제네바, 세계의사회에서 채택된 의사 선언문)]: 이제 의업에 종사할 허락을 받으매, 나의 생애를 인류 봉사에 바칠 것을 엄숙히 서약하노라. 나의 은사에 대하여 존경과 감사를 드리겠노라. 나의 양심과 위엄으로써 의술을 베풀겠노라. 나는 환자의 건강과 생명을 첫째로 생각하노라. 나는 환자가 알려준 모든 내정의 비밀을 지키겠노라. 나는 의업에 고귀한 전통과 명예를 지키겠노라. 나는 동업자를 형제처럼 여기겠노라. 나는 인종, 종교, 국적, 정당정파 또는 사회적 지위 여하를 초월하여 오직 환자에 대한 나의 의무를 지키겠노라. 나는 인간의 생명을 그 수태된 때로부터 지상의 것으로 존중히 여기겠노라. 비록 위협을 당할지라도 나의 지식을 인도에 어긋나게 쓰지 않겠노라. 이상의 서약을 나의 자유의사로 나의 명예를 받들어 하노라.

담즙이 연소되는 경우에는 멜랑콜리 질병에 걸린다고 보았다. 그렇지만 오늘날 '검은 담즙'이라는 것은 상상의 산물로 여겨질 뿐이다. 위키백과는 미국의 소설가 수잔 손택(Susan Sontag, 1933~2004)이 "멜랑콜리에서 매력을 뺀 것이 우울증"이라고 표현했다고 언급하고 있다.

갈레노스는 히포크라테스의 4체액설을 믿었지만, 동물 해부를 통해 인체 내부 장기의 기능을 면밀하게 살펴 해부학, 병리학, 치료학, 약리학 분야에 체계적인 저술을 남겼고 이것이 서양 의학의 근간을 이루게 되었다는 점에서 위대한 인물로 평가된다. 대한의사학회에 기고된 한 논문[3]은 히포크라테스가 서양 의학의 '정신'을 지배한다면, 갈레노스는 적어도 르네상스 시대까지 서양 의학의 '내용'을 지배했다고 평가했다.

갈레노스는 고대 로마의 페르가몬(현 터키의 베르가마)에서 귀족 계급 건축가인 아엘리오스 니콘(Aelius Nicon)의 아들로 태어났다. 갈레노스는 열세 살이 되기 전에 세 권의 책을 저술한 것으로 알려져 있는데, 그 배경에는 교육열이 높고 자상하며 부유한 아버지가 있었다. 아버지 니콘은 어린 아들에게 글과 학문을 직접 가르쳤고 아들을 김나지움(gymnasium, 체육관)에 데리고 가서 달리기와 레슬링, 수영 등의 운동으로 단련시켰다. 자신의 저택 도서관에 두루마리로 된 많은 책을 가지고 있던 니콘은 아들의 독서 교육에 힘썼다. 열네 살이 되었을 때 갈레노스는 철학 학교에 입학하여 라틴어, 수학, 과학, 철학 등의 과목을 공부했다. 페르가몬에는 목욕탕, 도서관, 극장, 휴게 치료실을 갖춘 아스클레피오스(Aesculapius)[4] 신전이 있었다. 신전의 사제들은 몸이 아픈 사람

---

3. 「"좋은 의사는 또한 철학자다" 의사-철학자의 모델 갈레노스를 중심으로」 여인석, 2018. 의철학연구, 25, 3-26.

들을 돌보는 치료사이기도 했다.

갈레노스가 열여섯 살이 되던 해에 아버지 니콘은 신전의 휴게실에서 잠을 자다가 아스클레피오스가 나타나 갈레노스에게 의학 공부를 시키라는 꿈을 꾸었다고 한다. 니콘은 신의 계시라고 생각하여 아들이 신전에서 의술을 배우게끔 하였다.

당시의 의술은 약초를 달여 마시게 하거나 간단한 수술을 하는 수준이었고 점성술과 꿈을 이용한 주술적인 치료도 이루어지고 있었다. 당시의 의학에서 중요한 개념 중의 하나는 프네우마(pneuma)[5]였다. 갈레노스는 프네우마가 신진대사를 조절한다고 믿었고, 사체액설을 신봉하며 의술을 익혔다.

갈레노스가 아스클레피오스 신전의 공부를 마치고 19세가 되었을 때 그의 아버지 니콘이 죽었다. 갈레노스는 상당한 재산을 상속받았지만 동시에 외로운 사람이 되어 페르가몬을 떠나 여행길에 올랐다.

갈레노스는 남부 도시 스미로나[6]의 펠롭스 의학학교에 한동안 머물며 약리학과 식물학을 배웠다. 그리고 더 큰 배움을 얻고자 지중해를 건너 알렉산드리아로 향했다. 알렉산드리아는 기원전 331년경 알렉산드로스 대왕이 세운 도시로 세계에서 가장 큰 도서관인 무세이온도 그곳에 있었다. 갈레노스는 그곳에서 처음으로 독수리들이 쪼아 먹어 앙상하게 뼈만 남은 인체의 골격을 관찰할 수 있었다. 그러나 인체의 해부는 금지되어 있었기 때문에 갈레노스는 소, 돼지, 원숭이 등의 동물

---

4. 의학과 치료의 신. 그리스 신화
5. 숨을 쉴 때 들이키는 우주 생명의 기운
6. 현 터키의 이즈마르

▌고대 로마의 외과용 의료 도구들

을 해부하면서 연구했다. 그는 간에서 만들어진 혈액이 우심장으로 들어갔다가 폐로 들어가 거품 형태의 가벼운 물질로 변한다고 여겼다. 또한 공기와 섞여 폐로 들어온 프네우마는 좌심실에서 혈액과 섞인 후 생명 기운이 되어 동맥을 타고 전신으로 퍼진다고 생각했다. 그러나 혈액이 전신을 순환하고 있다는 것에 대해서는 잘 몰랐다. 혈액은 한 방향으로만 흘러 인체의 말단에서 사라진다고 보았으며, 심장의 우심실과 좌심실을 나누는 근육벽 사이에 혈액이 통하는 작은 구멍이 있다고 생각했다.

알렉산드리아에서 9년 정도 머물렀던 갈레노스는 페르가몬으로 돌아와 검투사 훈련소의 의사가 되었다. 로마 제국의 검투사들은 목숨을 걸고 싸워야 했고 사자, 표범, 곰, 코뿔소와 같은 동물과도 격투를 해야 했으므로 죽거나 다치는 일이 다반사였다. 갈레노스는 4년 동안 장인들이 만든 의료 기구들을 이용하여 검투사들의 부러진 뼈를 맞추거나 피부와 근육을 꿰매는 수술을 하면서 많은 경험을 쌓을 수 있었다.

삼십 대 초반에 갈레노스는 유럽에서 가장 번창한 도시이자 황제의 궁이 있는 로마로 향했다. 그곳에서 그는 집정관의 아내를 비롯한 유력 인사들의 병을 치료하면서 점차 유명해졌고, 로마의 16대 황제 마르쿠스 아우렐리우스[7]와 그의 아들 콤모두스[8]의 주치의로 고용되어 의사로서는 최고의 반열에 올랐다.

그는 돼지 등의 동물 해부를 시연하고 강연하였다. 갈레노스는 긴 꼬리원숭이를 해부하여 인체 내부를 연구하는 데 참고했다. 해부를 통해 근육과 뼈의 조직, 심장의 구조, 정맥과 동맥의 차이를 관찰하고 뇌신경을 분류하여 기록으로 남겼다. 동물의 성대를 묶거나 척수를 자르거나 요도를 묶어 다양한 실험도 했다. 그는 약리학, 생리학, 해부학, 병리학 등의 의학서와 수필, 서간문까지 400권 이상의 책을 저술하였는데, 그의 지식을 책으로 펴기 위해 스무 명의 서기가 고용되었다고 전해진다. 그의 저서 상당수는 로마 화재로 소실되었지만 약리학 30권, 생리학 17권, 치료학 16권, 해부학 9권, 병리학 6권, 수필과 편지 등이 후대에 남겨졌다. 『갈레노스 약전』이라 불리는 서른 권의 저서에는 약제의 제조와 투여량이 기록되었고, 천오백 년 동안 약전의 표준으로 통

---

7. Marcus Aurelius: 로마 제국의 제16대 황제(서기 121~180). 철인황제(哲人皇帝)로 불리며, 그가 쓴 『명상록』은 로마 스토아 철학의 대표적인 에세이로 유명하다.
8. Commodus: 로마 제국의 제17대 황제(서기 161~192). 최악의 황제 포학제(暴虐帝)로 불리며, 서기 192년 12월 31일 목욕을 하던 중 공모자들이 고용한 레슬링 선수에 의해 목이 졸려 살해되었다.

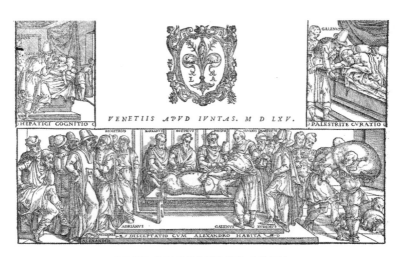

▌ 1547년 베니스에서 출판된 갈레노스의 저서
「오페라*Operum*」 표지의 일부(돼지 해부 시연 그림)

했다. 그의 방대한 의학 체계는 중세 이후 근대까지도 유럽 의학을 지
배하면서 커다란 영향을 끼쳤다.

갈레노스는 '인간은 신이 창조하였으며 소화에는 자연의 영(spirit)
이 작용하고, 호흡에는 생명의 영이 작용하며, 신경에는 동물의 영이
작용한다'라고 설명하였기 때문에 종교계는 그의 이론을 적극 지지하
고 보호했다. 덕분에 그의 의학서들은 1,400년 동안 중세 유럽 의학의
교과서로 굳건한 지위를 누렸고 갈레노스의 이론에 반대하는 사람은
미친 사람 취급을 받았으며 때로 화형[9]에 처해지기도 했다.

---

9. 스페인의 의사 세르베투스(Michael Servetus, 1511~1553)는 인간의 영(spirit)이 하나뿐이라고 주장
하였는데, 이는 기독교의 삼위일체설을 부정하는 것이고 갈레노스의 이론을 반박하는 것이어서
이단자로 몰려 화형에 처해진 것으로 알려져 있다.

갈레노스는 로마 제국의 17대 황제 콤모두스가 살해되고 18대 황제 셉티미우스 세베루스(Septimius Severus)가 등극한 후에도 황제의 주치의로 활동하다가 생을 마감했다. 그가 사망한 연대는 불확실하여 서기 199년, 200년, 210년, 216년 등 다양한 추정이 있다. 가장 늦은 연대로 잡는다면, 그는 87세까지 살았다.

세계 각국의 통계 자료는 의사들의 평균 수명이 일반인에 비해 적어도 십 년은 짧다는 사실을 보여 준다. 스트레스가 과중하여 그럴 것이라고 추정되는데, 남을 치료하느라 자신을 돌보지 못하는 상황이 아이러니하다는 생각이 든다. 그렇지만 우주 시간의 철학으로 볼 때에는 천 년을 살아도 순간에 지나지 않는다. 오래 사는 것보다 중요한 것은 아름답게 사는 일일 것이다.

19

새우와 달걀, 결찰사로 알아낸
혈액순환의 비밀

윌리엄 하비
William Harvey (1578. 4. 1 ~ 1657. 6. 3)

혈관을 따라 혈액이 온몸을 순환하는 과정은 잠시도 쉬는 법이 없다. 혈액은 산소와 양분을 신체의 각 기관에 공급하고 노폐물과 이산화 탄소를 회수하여 처리한다. 혈액이 이동하는 힘의 원천은 심장에 있다. 심장은 0.8초에 한 번씩 수축과 이완을 반복한다. 그로 인해 생기는 압력의 변화가 혈액을 이동시킨다. 심장의 동맥 혈관을 따라 나온 혈액은 전신의 모세혈관으로 퍼졌다가 정맥 혈관을 통해 다시 심장으로 되돌아간다. 현대인들에게 이것은 상식이다. 그래서 사람들은 혈압을 체크하고 운동하며 때로는 혈액순환 약을 복용하기도 하면서 건강관리에 힘쓴다. 정맥 주사나 수혈 같은 치료도 혈액의 순환을 알기 때문에 가능한 일이다.

혈액이 전신을 순환하고 있다는 사실이 알려지고 수긍되기 시작한 것은 윌리엄 하비에 의해서였다. 그는 1578년 영국의 작은 어촌(포크스턴)에서 토머스 하비(Thomas Harvey)와 부인 요안 호크(Joan Hawke)의 맏아들로 태어났다. 캔터베리의 킹스 스쿨(King's school)을 졸업하고 16세에 케임브리지대학에 들어가 의학부 교양 과정을 마친 그는 이탈리아의 파도바(Padova)대학으로 유학을 떠났다.

당시 유럽의 의학은 갈레노스(Claudius Galenus)의 이론에 바탕을 두고 있었다. 그의 이론에 따르면, 혈액은 간에서 생성되어 손이나 발과 같은 말단부에서 소멸되며, 심장의 좌심실과 우심실을 구분하는 벽 사이에 보이지 않는 작은 구멍이 있어서 혈액이 드나든다. 이는 사실과 다른 것이지만, 1,400년 동안이나 굳건한 이론으로 서양 의학을 지배하고 있었다.

파도바대학의 의학자들은 갈레노스의 이론을 수정하는 데 선구적인 역할을 했다. 선봉장 역할을 한 사람은 베살리우스(Andreas Vesalius, 1514~1564)였다. 벨기에 브뤼셀에서 태어난 그는 23세에 파도바의과대학의 교수가 되었고, 1543년 상세한 인체 해부도를 실은 『인체의 구조에 관하여 De humani corporis fabrica』를 출간하여 해부학의 새 장을 열었다.

베살리우스의 동료 교수였던 레알도 콜롬보(Realdo Colombo,

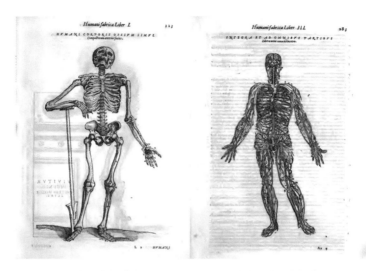

| 베르살리우스 『인체의 구조에 관하여』에 실린 인체 뼈와 정맥도 ⑳

1516~1559)는 심장 판막[1]을 연구하고 혈액 폐순환(심장에서 양쪽 폐로 혈액이 이동하는 순환)을 주장했으며, 그들의 제자인 파브리치우스(Hieronymus Fabricius, 1537~1619)는 정맥 판막을 발견하고 혈액 흐름 연구의 기초를 세웠다. 그렇지만 그들은 갈레노스의 의학 이론을 존중했기 때문에 되도록이면 갈레노스의 이론을 거스르지 않는 방향으로 관찰 결과를 해석하고자 했다.

파도바대학에서 의학 박사 학위를 취득한 윌리엄 하비는 영국으로 돌아와 국왕 제임스 1세(James I)의 주치의였던 랜슬럿 브라운(Lancelot Browne) 경의 딸 엘리자베스(Elizabeth)와 1604년에 결혼했다. 이후 작

---

1. 정맥 혈관을 흐르는 피가 한쪽 방향(분지에서 줄기 쪽으로)으로 흐르도록 하는 밸브 장치로 동맥에는 판막이 없다.

은 병원을 열고 의료 활동을 하던 하비는 1607년에 왕립의사학회 정회원이 되었고, 1609년 성 바르톨로메오 병원(St. Bartholomew's Hospital)의 의사가 되어 36년 동안 봉직했다. 1615년에는 왕립의사회의 지원금으로 운영하는 럼리 강좌(Lumleian lecture)의 강사를 맡아 해부학을 강의했고, 1618년에는 제임스 1세의 특별 주치의로 임명되었다.

이 무렵 하비는 의료 활동과 연구 활동을 병행했다. 그는 두꺼비, 개구리, 뱀, 물고기, 게, 새우, 달팽이, 갑각류 등의 생체 해부와 관찰을 통해 '동물의 혈액은 전신을 순환한다'라는 결론에 도달했다. 그 상세한 내용은 『동물의 심장과 혈액의 운동에 관한 해부학적 연구』(1628)에 실렸다.

그의 혈액순환 이론은 생생한 관찰과 정량적 계산에 의해서 얻어진 것이었다. 살아 있는 투명한 새우의 심장 박동을 관찰하거나 성숙한 달걀의 껍데기를 조심스럽게 제거하고 미지근한 물에 담가서 알을 관찰하는 방법은 심장 박동과 혈액의 흐름의 알아내는 데 효율적인 관찰 연구 방법이었다. 그는 심장의 1회 박동에 의해 방출되는 혈액의 양을 추산하고 일정한 시간 동안 심장 박동 횟수를 곱하여, 유통되는 혈액의 총량을 계산했다. 그 결과로 얻어진 혈액량은 사람이 하루에 섭취하는 음식량으로는 생성할 수 없는 값이었다. 혈액의 유통량이 생성량보다 크다는 사실을 근거로 하비는 혈액은 소멸하지 않고 신체를 순환한다고 주장했다. 그는 팔뚝 결찰사 실험(팔뚝을 실로 묶어 혈액의 흐름을 관찰하는 실험)을 통해 정맥으로 흐르는 피의 방향이 기존의 갈레노스 이론과는 반대라는 사실도 밝혔다. 이는 혈액이 신체 말단부로 흘러가 소멸하는 것이 아니라 심장 쪽을 향하여 되돌아간다는 사실을 확인시켜 주

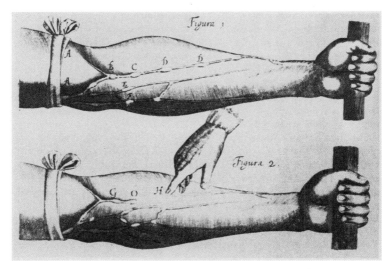

▌하비의 결찰사 실험

는 것이었다.

고무줄을 이용하여 적당한 세기로 팔뚝을 묶으면 심장 쪽으로 향하는 정맥혈의 흐름이 차단되기 때문에 팔뚝 아래쪽의 정맥 혈관이 부풀어 오르게 된다. 그런데 처음부터 고무줄을 세게 잡아당겨 팔뚝을 질끈 동여매면 정맥이 부풀지 않고 오히려 아래쪽의 손이 창백해진다. 그 까닭은 정맥보다 더 깊숙한 곳에 자리한 동맥혈의 흐름도 차단되기 때문이다. 하비는 부풀어 오른 정맥 혈관의 아래쪽을 손가락으로 눌러 흐름을 차단한 뒤에 정맥의 피를 짜내듯이 훑어 밀어 올리고 눌렀던 손가락을 떼면 피가 아래쪽에서 위쪽 방향으로 빠르게 채워진다는 사실을 언급하고 시범을 보이기도 했다.

하비의 관찰과 실험은 누구나 손쉽게 확인해 볼 수 있는 것이었고 해석과 이론은 타당성이 있었다. 그렇지만 권위주의적이고 냉소적이었던 당시 의사들은 하비의 이론을 쉽사리 인정하려 하지 않았다. 왕립의사회 회원 중에는 '동맥이 두터운 이유는 생명의 혼이 들어 있기 때문이고, 심장은 맥박을 자극하는 미덕(美德)을 가지고 있으며, 근육은 자유 의지(意志)를 가지고 있으므로 심장이 의지와 상관없이 뛰는 것은 모순이다'라며 비과학적인 논문을 발표한 사람도 있었다. ―이와 같은 논란은 하비가 사망하고 30년이 흐른 뒤 이탈리아의 생물학자 마르첼로 말피기(Marcello Malpighi)가 현미경을 이용하여 동맥과 정맥을 연결하는 모세혈관을 발견함으로써 종식되었다.―

1642년 8월, 영국 내전(English Civil War, 1642~1651)이 발발했다. 스코틀랜드와의 전쟁에 패하고 민생을 도외시하며 의회의 결정도 무시하는 잉글랜드 왕가에 대한 반감으로 터진 내전이었다. 내전은 크롬웰(Oliver Cromwell)이 이끄는 의회파의 승리로 끝이 났고 찰스 1세는 1649년 1월 대역죄로 참수되었다. 왕당파였던 윌리엄 하비도 직장을 잃고 가택에 보관하던 연구 문서가 불타는 고초를 겪었지만 다행히 위기를 넘기고 연구 활동을 지속했다.

1649년에는 혈액순환이 빠르면 내분비계가 망가질 것이라는 비판 논문에 대한 반박 자료로 『혈액순환에 관한 두 가지 실험』을 발표했으며, 1651년에는 병아리 부화 과정을 관찰하고 연구하여 『동물의 발생에 관한 연구』를 출간하였다. 그리고 그해 하비는 자신의 재산을 왕립의사회에 기부하여 의사회 건물과 도서관을 짓고 연례 강연의 경비에 쓰이도록 했다. 그의 기부로 시작된 왕립의사회 연례 강연 하베이언 연설(Harveian Oration)은 1656년부터 오늘날까지 이어지고 있다.

하비는 통풍과 신장결석, 불면증 등으로 고생하다가 1657년 80세의 나이로 별세했다.

하비가 주장한 인체 혈액순환의 과정은 후대의 학자들에 의해서 보다 상세하게 파악되었다.

심장은 네 개의 방으로 나뉘어 있다. 우심방, 우심실, 좌심방, 좌심실이 그것이다. 혈액은 온몸을 돌며 양분을 공급하고 ①상대정맥과 하대정맥을 통해 ②우심방으로 복귀한다. 상대정맥은 혈액이 상체(머리, 팔) 부위를 순례하고 돌아오는 통로고, 하대정맥은 하체(복부, 다리) 부위를 순례하고 돌아오는 통로다. 우심방으로 들어온 혈액은 우심방의 수축에 의해 ③우심실로 이동한다. 우심방과 우심실 사이에는 방실판

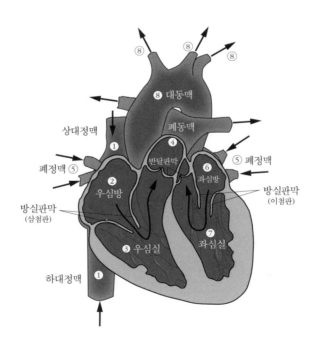

막²이 있어서 혈액을 한 방향으로만 흐르도록 제어한다. 우심실이 수축하면 반달판막³이 열리고 우심실의 혈액이 ④폐동맥으로 이동한다. 폐동맥을 통해 폐로 이동한 혈액은 이산화탄소를 배출하고 산소를 흡수하여 정화된 후 네 개의 ⑤폐정맥을 통해 ⑥좌심방으로 들어온다. 좌심방이 수축하면 방실판막(이첨판, 二尖瓣)이 열리고 혈액이 ⑦좌심실로 이동한다. 좌심실은 온몸으로 혈액을 내보내는 역할을 맡고 있어서 강한 힘으로 수축해야 한다. 그런 이유로 좌심실 근육의 두께는 우심실보다 훨씬 두껍다. 좌심실이 수축하면 반달판막이 열리면서 ⑧대동맥을 통해 혈액이 방출된 후 온몸을 순환하게 된다.

---

2. **房室瓣膜, 삼첨판, 三尖瓣**: 우심방과 우심실 사이에 있는 방실판막은 세 개의 고깔모자(三尖, 삼첨)가 맞물린 형태여서 삼첨판(三尖瓣)이라 부르고, 좌심방과 좌심실 사이의 방실판막은 두 개의 첨판으로 되어 있어서 이첨판(二尖瓣)이라고 한다.
3. **반월판, 半月瓣**: 우심실에서 폐동맥으로 나가는 길목과 좌심실에서 대동맥으로 나가는 길목에 있는 반달 모양의 판막

20

와인의 맛은 무엇이 결정할까?
저온살균법, 탄저병·광견병 백신

루이 파스퇴르

Louis Pasteur (1822. 12. 27. ~1895. 09. 28.)

　　1858년, 프랑스 루앙의 과학박물관장인 푸셰(Felix Pouchet, 1800~1872)는 끓는 물에 마른 풀을 넣고 30분 동안 더 끓였다. 그는 액체가 충분히 식을 때까지 기다렸다가 수은이 가득 찬 통에 거꾸로 세워진 1리터 용량의 플라스크 속에 넣고 0.5리터의 산소를 주입했다. 산소는 화학 반응을 통해 얻은 순수한 것으로 미생물 따위는 들어 있지 않았다. 8일 후, 푸셰는 플라스크 속에서 곰팡이가 피어난 것을 관찰하였고, 이 실험 결과에 대한 보고서를 프랑스 과학아카데미에 제출했다. 그가 입증하고자 한 것은 '생물은 산소만 있으면 자연적으로 발생한다.'라는 것이었다.

1864년 4월 소르본(파리대학교) 야간 과학 강연회에서 파스퇴르는 푸셰가 수은 통에서 수행한 미생물 발생 실험이 잘못된 것이라고 지적했다. 먼지 속에는 미생물 포자가 섞여 있는데 외부와의 차단재로 사용한 수은이 이미 먼지에 오염된 상태임을 푸셰가 간과했다는 것이었다. 파스퇴르는 공기에서 저절로 미생물이 발생할 수는 없고 반드시 씨앗이 되는 포자가 있어야 한다고 확신했다. 그는 청중들에게 백조의 목처럼 구부린 플라스크를 보여 주면서 자신이 수행한 실험의 결과에 대해 설명했다. 백조목 플라스크에 유기물 침출액을 넣은 지 4년이 지났는데도 미생물에 의해 부패하지 않고 여전히 투명한 그대로 보존되고 있다는 것이었다.

백조의 목처럼 구부러진 유리관은 먼지와 미생물의 유입을 차단하

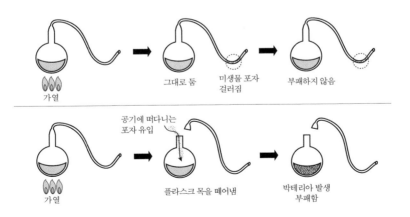

지만 산소 같은 공기 성분은 자유롭게 드나들 수 있는 거름 장치였다. 공기가 자유롭게 드나드는데도 미생물이 전혀 발생하지 않은 실험 결과는 자연발생설이 옳지 않음을 입증하는 것이었다. 구부러진 유리관을 떼어내고 방치한 경우에는 공기에 떠다니는 포자가 유입되므로 플라스크 내부에 곰팡이 미생물이 생겼다.

파스퇴르의 실험으로 자연발생설을 주장하는 사람들의 목소리는 잦아들었다. 그렇지만 수은 통에서 건초를 이용해 미생물 발생 실험을 했던 푸셰는 자신의 주장을 굽히지 않았다. 보다 주의를 기울여 오염되지 않은 수은을 사용하여 재차 실험했을 때에도 미생물이 발생하는 것을 관찰했기 때문이었다. 허나 그 실험은 또 다른 원인에서 오류가 생긴 것이었다. 이유는 십 년 정도 지나서 밝혀지는데, 마른 풀에 100℃로 가열해도 죽지 않는 내열성 세균 포자가 붙어 있었기 때문이었다. 내열성 세균의 존재가 알려지면서 자연발생설[1]을 옹호하는 학자는 더 이상 나타나지 않았다.

◖ ◗

반도 전쟁[2]에서 용감한 군인으로 이름을 날렸던 하사관 장-조셉(Jean-Joseph Pasteur)은 귀향하여 무두질(생가죽을 매만져서 부드럽게 만드는 일) 일을 하다가 정원사 일을 하고 있던 소녀 잔느-티넷(Jeanne-Etiennette

---

1. 당시 논란의 대상이었던 자연발생설은 고기를 방치하면 구더기가 저절로 생긴다는 설로서, 지구 최초의 생명이 바다 속에서 유기물 합성에 의해 발생했다고 보는 자연발생설과는 별개의 학설이다.
2. Peninsular War, 1808~1812: 스페인과 포르투갈이 나폴레옹의 지배에 대항하여 일으킨 전쟁

▌운하 쪽의 장-조셉 파스퇴르의 무두질 공장

Roqui)을 만나 청혼했다. 결혼 후 장-조셉은 장모가 물려준 재산으로 프랑스의 작은 도시 둘(Dole)에 무두질 공장을 차리고 정착했다. 운하의 강둑을 따라 집들이 들어선 평화로운 동네였다. 부부는 딸 셋을 낳고 아들을 하나 낳았으며 또 딸 둘을 낳았다. 아들 루이 파스퇴르는 스케치와 낚시를 좋아하는 평범한 소년으로 자랐다.

1839년 쁘장송(Besançon) 왕립대학(Collège Royal)에 입학하여 철학을 전공하고 1840년에 문학사 학위를 받은 파스퇴르는 1843년 파리 에꼴 노르말[3]에 들어가 2년 후 과학 석사 학위를 받았다. 졸업 후 파스퇴르는 아르데슈(Ardèche) 주에 있는 대학의 물리학 교수로 가려고 했으나, 원소 브로민(Br)을 발견한 앙투안 제롬 바랄(Antoine Jérôme Balard,

1802~1876) 교수가 그에게 조교 자리를 권유하여 에꼴 노르말에 남았다.

조교로 일하면서 그는 포도주 통에 침전물로 생성되는 주석산(酒石酸, 포도나 바나나 등의 과일이 발효할 때 생기는 침전 결정)에 대해 연구했다. 당시 알려진 주석산은 두 종류였는데, 타르타르 산(Tartaric acid)과 라세미 산(Racemic acid)이 그것이다. 이 둘은 동일한 성분임에도 불구하고 편광[4]을 쏘였을 때 나타나는 성질이 달랐다.

타르타르 산에 수평 편광을 쏘이면 7도의 각도로 휘어지지만, 라세미 산에서는 편광이 똑바로 진행했다. 파스퇴르는 세심한 관찰을 통해 타르타르 산의 결정들이 모두 한 방향을 향하는 구조로 되어 있는 반면, 라세미 산 결정들은 거울 대칭을 가지는 결정들이 혼합되어 있음을 알아냈다. 그는 현미경을 사용하여 결정면이 가리키는 방향에 따라 결

▌주석산

Tartaric acid

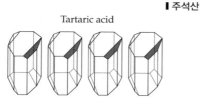

타르타르 산의 결정들은 동일한 모양으로
구성되어 있어서 편광이 통과할 때 7°
휘어지면서 진행한다.

Racemic acid

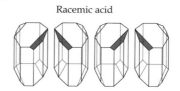

라세미 산의 결정들은 거울상 대칭으로
혼합되어 있어서 편광의 휘어짐이
발생하지 않는다.

---

3. École normale supérieure. 고등사범학교: 파리 과학인문학대학교(Université PSL)의 자연과학계열 그랑제꼴(Grandes Écoles)이다. 그랑제꼴은 최정상급 소수 정예를 선발하여 교육하는 프랑스의 영재교육기관을 말한다.
4. 광학 필터를 통해 걸러져, 한 방향으로만 진동하는 빛

정을 분리하고, 각각을 녹인 용액을 따로 만들어 빛의 진행 경로를 측정했다. 그 결과 하나는 오른쪽으로 하나는 왼쪽으로 빛이 휘어지는 것으로 나타났다.

그의 발견은 물질의 성질이 성분뿐만 아니라 분자 구조의 형태에 따라서도 달라진다는 사실을 밝힌 것이었다. 25세의 젊은 나이에 그가 알아낸 분자의 결정 특성은 입체화학(stereochemistry)이라는 새로운 학문을 태동하게 했다.

파스퇴르는 그 업적에 힘입어 1849년 1월에 스트라스부르대학(Université de Strasbourg)의 화학 교수가 되었다. 그리고 그 해 5월 대학장의 딸인 마리 로랑(Marie Laurent, 1826~1910)과 결혼했다. 마리는 아이들의 엄마로서 뿐만 아니라, 남편의 기록 작가이자 궂은일을 도맡는 실험 조수로서 헌신적 조력자 역할을 하게 된다. 파스퇴르와 마리는 1남 4녀의 아이를 낳게 되지만, 장티푸스로 딸 셋이 각각 9세, 2세, 12세에 사망했다.

1854년 31세의 파스퇴르는 벨기에 국경 근처에 신설된 릴대학교(Lille University of Science and Technology)에 학과장으로 부임했다.

1856년 파스퇴르는 포도주의 발효 상태가 나빠서 손해를 입은 주류업자로부터 대책을 세워 달라는 부탁을 받았다. 그는 맛있는 포도주는 효모에 의해서 발효가 되지만, 쓴맛이 나는 포도주는 효모가 아닌 세균성 미생물에 의해서 발효된다는 사실을 알아냈다.

세균성 미생물을 제거하는 방법은 무엇일까? 파스퇴르는 포도주를 50~60도씨의 저온으로 가열하면 세균이 죽고 변질을 방지할 수 있다는 사실을 알아냈다. 또한 동일한 와인이라도 햇빛과 공기 노출 정도에

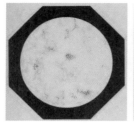
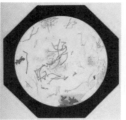
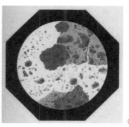

▌정상적인 와인 꽃
(배율 × 460)
▌쓴맛 병에 걸린 와인
(배율 × 400)
▌산화된 와인
(배율 × 400)

따라 이산화탄소의 함량이 달라지며 색깔이나 맛도 달라진다는 사실을 밝혔다. 그는 산소 결합이 많은 와인일수록 색조가 더 진해지고(레드 와인은 붉은 색, 화이트 와인은 황금색으로), 당도는 확실히 감소하는 것으로

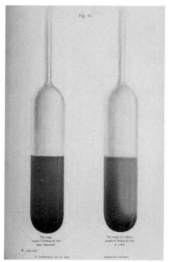
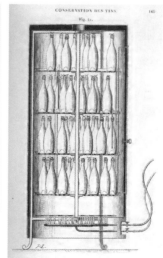

▌적포도주(vin rounge) 발효 상태 ㉯
(좌) 어두운 곳에서 공기가 통할 때
(우) 햇빛에서 공기가 작용할 때

▌와인 보존 장치 ㊳

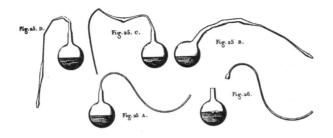

■ 파스퇴르가 그린 백조목 플라스크⑳

파악했다. 또한 와인에 생기는 침전물은 포타슘 바이트레이트(Potassium bitartrate)와 칼슘 타르트레이트(Calcium tartrate)가 주성분으로 와인의 품질에는 별 영향을 주지 않는다고 『와인 연구 *Études sur Le Vin* 』에서 언급했다.

파스퇴르의 연구 덕분에 프랑스의 포도주 사업은 다시 살아났다. 그의 저온처리법은 맥주와 우유에도 확대 적용되었고, 식료품 저장과 수송에 일대 혁명을 일으켰다. 저온처리법이 파스퇴라이제이션(Pasteurization)이라 불리는 것은 그의 이름에서 비롯한 것이다.

이전까지의 발효 이론은 효모가 발효를 일으키는 것이 아니라, 발효가 될 때 효모가 번식하여 오히려 발효를 방해하는 것이라고 알려져 있었다. 파스퇴르는 효모에 관한 연구를 통해서 '효모는 자연 발생하는 것인가, 어디선가 날아온 포자에 의해서 발생하는 것인가?'라는 문제에 골몰하기 시작했다. 당시에 유행하던 학설은 생물은 자연적으로 발생한다는 자연발생설이었다. 고대 그리스의 아리스토텔레스가 모든 생물이 자연 발생하는 것이라고 주장한 이래로 많은 학자들이 자연발생설을 주장하고 있었으며, 푸셰의 실험을 통해서 자연 발생이 증명된 것으로 간주되고 있었다.

1861년 파스퇴르는 『자연발생설 비판』[5]을 출간했다. 이 책을 통해 자연발생설의 문제점을 지적하고 자신이 실험한 백조목 플라스크 실험에 대해 상세히 기술함으로써 생물은 저절로 발생하는 것이 아니라 반드시 종자가 있어야 한다는 생각을 매듭지었다.

1863년 에꼴 노르말((École normale supérieure) 교수로 다시 돌아오게 된 그는 누에에 발생하는 미립자병 연구에 뛰어들었다. 누에들이 병들어 죽는 바람에 프랑스의 양잠업이 막대한 손해를 입었기 때문이다. 그는 누에와 누에의 알을 연구하여 원생동물의 포자가 병을 일으키는 원인이라는 것을 알아냈다. 누에를 살리는 방법은 병든 누에를 소각 처리하고 전염 경로를 차단하는 것이었다. 파스퇴르의 조언에 힘입어 프랑스 양잠업은 다시 살아났다. 프랑스의 마지막 세습 황제인 나폴레옹 3세는 파스퇴르가 이룬 업적을 칭송하고 그를 왕궁으로 초대하여 종종 의견을 들었다.

1867년 파스퇴르는 석좌 교수가 되었지만, 뇌일혈로 건강이 나빠져 교수직을 그만두었다. 그 대신 대학에 요청하여 생리화학실험실을 만들고 1888년까지 책임자로 일했다. 그의 연구는 보불전쟁[6]으로 인해 일시적으로 중단되었으나, 전쟁이 끝난 후에는 맥주의 제조 공정에 관

---

5. 원제: 『대기 속에 존재하는 유기체성 미립자에 관한 보고서. 자연발생설 검토(*Mémoire Sur Les Corpuscules Organisés Qui Existent Dans L'Atmosphère, Examen De La Doctrine Des Générations Spontanées*)』

6. 普佛戰爭, 프로이센–프랑스 전쟁(1870. 7. 19.~ 1871. 5. 10): 독일 프로이센 왕국은 1918년까지 존속했다. 프로이센–프랑스 전쟁에서 프로이센이 승리하여 나폴레옹 3세는 포로가 되었고, 프로이센군은 파리에서 시가행진을 했다. 1871년 1월 18일, 베르사유 궁전 거울의 방에서 독일 제국의 수립을 선포하고 빌헬름 1세를 독일의 황제로 선언했다. 전쟁 후 프랑크푸르트 조약(1871. 5. 18)에서 프랑스가 전쟁 배상금으로 50억 프랑을 내지 못하면 프로이센군이 계속 주둔한다는 조항을 넣었다. 이에 치욕을 느낀 프랑스 국민들은 금, 은, 구리 재물을 팔아 성금을 모았고 불과 3개월 만에 배상금을 갚아 프로이센군대를 철수하게 만들었다고 역사는 전하고 있다.

해 많은 연구를 하였고 프랑스의 맥주 산업을 발전시켰다.

　1877년에는 독일 의사인 로베르트 코흐(Robert Heinrich Hermann Koch, 1843~1910)가 가축과 사람에게 전염되는 탄저균을 발견했다. 탄저균은 피부 상처 또는 호흡기나 소화기관을 통해 전염되어 패혈증을 유발하는, 동물과 사람에게 치명적인 세균이다. 그때부터 파스퇴르는 세균에 저항할 수 있는 백신(vaccine)을 개발하기 시작했다.

　파스퇴르가 제일 먼저 개발한 백신은 닭 콜레라 백신이었다. 프랑스에 닭 콜레라가 발생하여 닭들이 떼로 죽어 나가기 시작했기 때문이다. 오랫동안 배지(培地, 미생물을 증식시키기 위해 고안된 액체나 젤 상태의 영양원)에 방치하여 약해진 콜레라균을 닭에게 주사했더니, 면역력이 생긴 닭들은 콜레라에 걸리지 않았다.

▌화가 랑송이 그린 푸이르포르 목장의 파스퇴르[40]

파스퇴르는 같은 방식으로 탄저균 백신을 만들었다. 그러나 백신을 불신하는 사람들이 효과를 입증하라고 요청했기 때문에 그는 1881년 48마리의 양과 2마리의 염소, 4~5마리의 소에 대한 탄저병 백신 접종을 공개적으로 실시했다. 절반의 동물에게는 1차, 2차 백신 접종을 하고 나머지 절반의 동물은 백신 접종을 하지 않은 채, 치명적인 탄저균을 주사하여 그 결과를 비교하는 실험이었다.

5월 31일에 탄저균을 주사하고, 6월 2일에는 그 결과를 보기 위해 관중이 구름처럼 모여들었다. 결과는 대성공이었다. 백신을 맞은 동물들을 모두 탄저병에 걸리지 않았고, 그렇지 않은 나머지 동물들은 코와 입에 검은 피를 흘리며 죽어 갔다.

파스퇴르는 질병에 감염되거나, 수술 후 상처에 염증이 생기고 피가 썩는 패혈증으로까지 진행되는 것이 모두 외부로부터 날아드는 세균 때문이라는 사실을 강조했다. 의학 수술 도구를 소독하기 위해 페놀과 같은 살균제가 널리 사용되기 시작한 것도 이 무렵부터였다고 전해진다.

이어서 파스퇴르는 조수 에밀 루(Pierre Paul Émile Roux, 1853~1933)의 도움을 받아 광견병[7] 백신을 개발했다. 광견병은 세균이 아닌 바이러스가 일으키는 질병이므로 일반 광학현미경으로는 보이지 않기 때문에 파스퇴르도 병원체를 확인하지는 못했다. 그렇지만 그는 광견병에 걸린 토끼의 척수를 잘라 말리는 방식으로 백신을 개발했다.

파스퇴르가 만든 광견병 백신은 수십 마리의 개를 치료했다. 사람에게 광견병 백신이 처음 투여된 것은 1885년 7월이었다. 광견병에 걸린 개에게 수십 차례나 물린 아홉 살 소년 조셉(Joseph Meister)을 데리

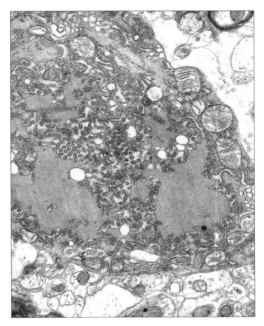

| 1975년 전자 현미경으로 촬영한 광견병 바이러스
짙은 회색의 막대 모양의 입자들이 바이러스

7. 狂犬病, Rabies: 사람과 동물 공통으로 감염되는 바이러스성 인수공통감염병(人獸共通感染病, zoonosis)이다. 물 등을 두려워하게 되는 특징 때문에 공수병(恐水病, Hydrophobia)으로도 불린다. 원래 인간의 뇌에는 혈액 뇌 장벽(Blood Brain Barrier)이 존재하여 외부 물질을 막기 때문에 바이러스가 침투할 수 없으나, 광견병 바이러스는 RVG 단백질을 통해 이 장벽을 통과하여 뇌를 감염시킨다. 개, 고양이, 너구리, 스컹크, 박쥐 등의 동물에 물리는 경우에 발병할 수 있다. (위키백과 인용) 처음에는 물린 상처에서 중추를 향하여 방산하는 신경통 같은 증세가 나타나면서 심한 불안감에 사로잡혀 불면, 식욕부진, 동공산대(瞳孔散大), 타액 분비과다, 발한(發汗)등이 일어난다. 2~3일 지나면 체온이 38도씨 정도로 되고 불안과 흥분 상태가 심해진다. 바람과 빛, 소리 자극에 대해 강한 반응을 보이며 인두(咽頭)의 근육에서 가슴으로 뻗치는 통증과 함께 경련이 일어난다. 이 발작은 점차 빈번해지며 2~3일 후 마비기에 들어가 발작이 감퇴하여 침정기(沈靜期)가 점점 길어진다. 먼저 물린 상처와 관계가 있는 근육의 마비가 일어나고, 다음에 동안근(動眼筋)이나 표정근(表情筋)·교근(咬筋)·사지(특히 하지)의 마비가 연달아 일어나며, 의식이 혼탁하여 발병 3~5일 후에 호흡이 마비되며 질식사한다. 드물게는 마비형이라고 하여 흥분기의 경련 발작이 없이 바로 운동마비나 지각마비가 나타나서 급사하기도 한다. (두산백과 인용)

고 그의 어머니가 찾아왔기 때문이었다. 파스퇴르는 의사 2명의 동의를 얻은 후 조셉을 치료했다. 광견병은 치명적이지만 잠복기가 2주일 이상 되기 때문에 바이러스가 뇌에 침투하기 이전에 치료하면 살 수 있다. 13차례에 걸친 접종 끝에 소년은 완치되었다. 그 후로 미친개에게 물린 많은 사람이 파스퇴르를 찾아와 백신 치료를 받았으며, 사나운 늑대들에게 습격받은 십여 명의 러시아 사람들도 치료받았다. 러시아 황제는 그에게 감사를 표하고 세인트 앤 다이아몬드 십자가(the Cross of the Order of St. Anne)를 선물했으며, 각지에서 파스퇴르 연구소 건립을 위한 후원금이 답지하여 1888년 파리에 파스퇴르 연구소[8]가 설립되었다.

이후 파스퇴르는 두 번의 뇌졸중을 겪으면서 건강이 매우 약해졌고 1895년 9월 28일 눈을 감았다. 장례식은 프랑스 정부의 주도로 국장으로 치러졌고, 그의 유해는 노트르담 대성당에 안치되었다가 파스퇴르 연구소 지하 묘실로 이장되었다.

광견병 백신 치료를 최초로 받은 조셉 마이스터는 45년 동안 파스퇴르 연구소의 문지기로 근무했다고 한다. 1940년 파리를 점령한 독일군이 파스퇴르의 지하 묘실을 열라고 강요하자 조셉은 묘지의 문을 여는 대신 자살을 선택했다는 소문이 전해지고 있다.

---

8. 파스퇴르 연구소 네트워크(RIIP: International Network of Pasteur Institutes)는 2020년 현재 25개 나라 32개 지부가 운영되고 있으며, 23,000명이 연구에 종사하고 있다. (노벨상 수상 10회)

21

코흐의 공리에 따라 발견한
탄저균, 결핵균, 콜레라균

로베르트 코흐

Robert Heinrich Hermann Koch (1843. 12. 11. ~1910. 5. 27.)

식물에 발생하는 탄저병(Canker)과 동물이 걸리는 탄저병(Anthrax)은 한자어가 같지만 영어명은 다르며 원인균도 다르다.

식물 탄저병은 곰팡이, 세균, 바이러스 등 다양한 원인에 의해서 발생한다. 탄저병은 숯을 의미하는 탄(炭), 등창이나 종기를 의미하는 저(疽)를 합성한 말로, 탄저병에 걸린 식물은 시커멓게 타들어 가는 반점이 생기며 줄기가 말라 죽는 것이 일반적이다.

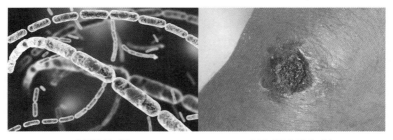

| 동물 탄저균 | 탄저병에 걸린 피부 |

　동물 탄저병은 세균(細菌, Bacteria)계에 속한 탄저균(Bacillus anthracis)에 의해서 생긴다. 말, 소, 돼지, 양, 염소 등의 가축이 탄저균에 감염되면 수일 이내에 죽는 경우가 대부분이다. 사람이 동물로부터 감염되어 탄저균이 피부 상처로 침입하면 1~3센티미터 크기의 시커먼 피부 종양이 생기고, 호흡기를 통해서 탄저균에 감염되면 호흡 곤란과 함께 심하면 쇼크사할 수도 있으며, 소화기를 통해 감염되면 복통, 구토, 설사와 함께 위중한 상태에 빠질 수 있다.

　막대기나 몽둥이처럼 생긴 세균을 간균(桿菌, Bacillus)이라고 한다. 탄저균도 간균의 일종이다. 막대기처럼 생긴 미생물이 탄저병을 일으키는 세균이라는 것을 어떻게 확인할 수 있을까? 코흐는 몇 가지 원칙을 세웠다.

　첫째, 질환을 앓고 있는 모든 생물체에서 같은 종류의 미생물이 다량 검출되어야 한다.
　둘째, 질환을 앓고 있는 모든 생물체에서 미생물을 순수 분리해야 하며, 순수 배양이 가능해야 한다.

셋째, 순수 배양한 미생물을 건강하고 감염이 가능한 생물체에게 접종했을 때 동일한 병이 발생해야 한다.

넷째, 배양된 미생물이 접종된 생물체로부터 다시 분리되어야 하며, 그 미생물이 처음 발견한 것과 동일한 것임을 증명해야 한다.

위의 네 가지 원칙을 '코흐의 공리'라고 한다. 이 원칙은 오늘날에도 지켜지는 세균학의 원리다.

◐◑

로베르트 코흐는 1843년 독일 클라우스탈(Clausthal-Zellerfeld)에서 광산 기사 헤르만(Hermann Koch)과 마틸드(Mathilde Julie Henriette)의 자녀 13남매 중 세 번째 아들로 태어났다. 1862년 자연철학을 전공하기 위해 괴팅겐대학(Georg-August-Universität Göttingen)에 입학하였으나, 두 학기가 지난 후에 전공을 의학으로 바꾸었다. 1866년 의대를 졸업한 그는 1867년 에미 프랏츠(Emmy Adolfine Josephine Fraatz)와 결혼하였고, 종합병원과 개인병원에서 진료하다가 보불전쟁이 일어나자 군의관으로 지원하여 부상병들을 치료하였다.

1872년 코흐는 지역의료 담당관 시험에 합격하여 작은 도시 볼슈타인(Wollstein)의 공의(公醫)가 되었다. 그의 세균 연구는 주로 이곳에서 이루어졌다.

당시 볼슈타인에서는 탄저병이 유행하여 수만 마리의 가축과 수백 명의 사람이 사망했다. 코흐는 아내가 스물여덟 살 생일 선물로 사 준

현미경을 이용하여 탄저병으로 죽은 소의 혈액을 관찰했다. 혈액 속에
는 막대기처럼 생긴 미생물이 실뭉치처럼 떠다니고 있었다. 그것은 프
랑스 과학자 다벤느(Casimir Davaine, 1812~1882)와 라예르(Pierre Rayer,
1793~1867)가 죽은 양에서 발견하여 간균이라고 이름 붙인 탄저균들의
집합체였다. 그러나 막대 모양의 미생물이 탄저병을 일으킨다고 확실
히 증명된 적은 없었고 믿는 사람도 거의 없었다.

　코흐는 살아 있는 흰쥐의 꼬리 끝을 칼로 절단한 후, 탄저병으로 죽
은 양의 혈액을 뾰족한 가시 끝에 묻혀 주입하였다. 흰쥐는 탄저병에
걸렸고 하루 만에 뻣뻣해진 채로 죽었다. 한 방울의 혈액 속에 들어 있
는 수백 개의 탄저균이 하루 사이에 동안 수십 억 개로 늘어나 흰쥐를
죽인 것이 틀림없었다. 그러나 실제로 탄저균이 자라는 모습을 직접 본
것은 아니므로 이를 관찰하려면 별도의 배지에서 길러 내야만 했다. 코
흐는 소의 눈알에서 액체를 뽑아 배양액을 만들고 탄저병으로 죽은 흰
쥐의 비장을 잘라 집어넣었다. 그리고 기름 램프로 가열하여 소의 체온
과 비슷한 온도가 되도록 유지했다. 다음날 관찰한 결과는 실망스러웠
다. 배양액 속에는 잡균들이 우글거리고 있었고 탄저균은 제대로 자라
지 못한 상태였다. 코흐는 잡균들에 의한 오염을 막기 위해 실험 방식
을 바꾸었다. 두꺼운 유리판에 오목한 홈을 파고 얇은 유리를 덮어 가

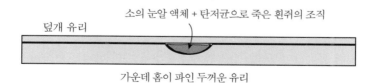

소의 눈알 액체 + 탄저균으로 죽은 흰쥐의 조직

덮개 유리

가운데 홈이 파인 두꺼운 유리

장자리에 바셀린을 발라 밀봉하는 방식이었다.

　유리판 속에서 탄저균은 빠른 속도로 증식했고 코흐는 이 모습을 현미경을 통해 관찰했다. 그는 여러 번에 걸쳐 배양한 탄저균을 흰쥐, 기니피그, 토끼, 양에게 주입했다. 실험 대상이 된 동물들은 예외 없이 탄저병에 걸려 죽었다. 코흐는 지속적인 관찰을 통해 탄저균은 산소가 부족해지면 구슬 덩어리 형태로 보호막을 만들며 포자 덩어리로 변한다는 사실도 알아냈다. 건조하고 추운 들판에서도 몇 개월 이상 소멸하

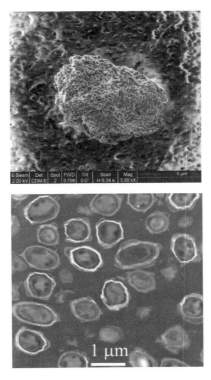

▌탄저균 포자

지 않는 포자 덩어리는 가축들이 풀을 뜯기 시작하는 계절이 되면 자연
스럽게 생물체의 몸으로 이동할 기회를 맞게 된다. 포자가 생물체의 몸
으로 들어가게 되면 막대기 형태의 탄저균으로 풀어지면서 활동을 시
작한다. 그래서 탄저균이 생물체의 몸을 완전히 장악하면 생물은 죽음
에 이른다.

코흐는 1876년 봄에 은사였던 식물학자 콘(Ferdinand Julius Cohn,
1828~1898)과 병리학자 콘하임(Julius Friedrich Cohnheim, 1839~1884)을
비롯한 여러 의사 앞에서 자신의 연구 결과를 시연해 보였다. 그리고
탄저병의 확산을 막기 위해서는 탄저병에 걸려 죽은 동물을 태워 버리
거나 땅속 깊이 묻어야 한다고 말했다. 콘과 콘하임은 코흐가 위대한
발견을 했다고 칭찬했고 그의 후원자가 되었다. 탄저균에 대한 코흐의
논문은 1876년 『탄저병의 원인 Die Aetiologie der Milzbrandkrankheit』이라는 제목
으로 출간되었다.

1880년 코흐는 정부로부터 보건국의 특별연구원으로 발탁되었다
는 통보를 받고 베를린으로 이사하여 두 명의 조수까지 딸린 훌륭한 실
험실에서 연구 활동을 계속했다. 그는 우뭇가사리를 삶아 식혀서 만든
한천(寒天)을 이용하여 고체 배지를 개발했다. 고체 배지는 액체처럼 빨
리 증발하거나 쏟아질 염려가 없었으므로 세균의 배양과 보관에 유리
한 장점이 있었다. 또한 세균 관찰을 용이하게 할 수 있는 염색법도 개
발했다.

코흐에게 가장 큰 영광과 좌절을 함께 선사한 연구 업적은 결핵균
(Mycobacterium tuberculosis)의 발견이었다. 당시 유럽은 네 명 중 한 명이
결핵(結核, Tuberculosis)으로 사망한다는 소문이 있을 정도로 결핵이 만

Aetiologie der Milzbrandkrankheit.

▌『탄저병의 원인』 tafel Ⅰ.

Fig1: 기니피그 혈액에서 나온 탄저균, Fig2: 수액 한 방울에서 3시간 배양한 탄저균, Fig3: 배양 10시간 후, 실 모양으로 자란 탄저균, Fig4: 배양 24시간 후, 둥근 포자가 진주목걸이처럼 길게 발달, Fig5: 포자의 발아, 2개 이상으로 분해, Fig6: 맷돌 모양의 배지, Fig7: 탄저균 군집, 탄저균 나선, 접힌 세포막 등 Fig1~7은 650배율, Fig9~11은 1650배율로 확대한 모습.[41]

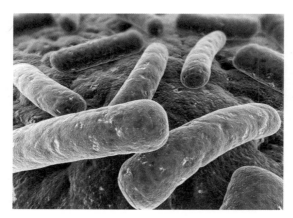
❘ 결핵균 ®

연했다. 그러나 사람들은 결핵을 세균에 의한 병이라고 생각하지 못했고, 유전이나 영양 결핍으로 생기는 것이라고 추측하고 있었다.

코흐는 결핵으로 죽은 사람의 장기에 좁쌀처럼 돋아난 결절을 채취하여 깨끗한 유리판에 문지른 후 메틸렌 블루로 염색하여 관찰했다. 결핵균은 보통의 방법으로는 순수 배양이 되지 않는 어려움이 있었다. 그는 혈장[1] 젤리를 개발함으로써 결핵균 배양에 성공했다.

그는 결핵균이 기침을 통해 전염될 수 있는지를 확인하기 위해 흰쥐, 기니피그, 토끼를 가둔 공간에 분무기를 이용하여 결핵균을 분사시키며 실험했다. 그리고 결핵에 대한 연구 보고서를 작성하여 1882년 5월 24일 베를린 생리학협회에서 발표했다. 강연 내용은 2쪽 정도에

---

1. 血漿, Blood plasma: 혈액의 액체 성분으로 92퍼센트가 물이며, 나머지는 알부민(albumin), 글로불린(Globulin), 피브리노겐(Fibrinogen)과 같은 단백질과 포도당, 소듐(나트륨), 포타슘(칼륨) 등의 이온이 들어 있다. 원심분리기를 이용하여 혈구(적혈구, 백혈구, 혈소판)를 분리한 혈장은 노란색을 띤다.

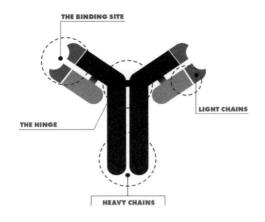

▎항체의 기본 구조

heavy chain: 중(重) 사슬, light chain: 경(輕) 사슬
항체의 기본 구조는 Y자형으로 2개 경사슬 끝 부분(바인딩 사이트)이 항원에 부착한다.

불과했지만 결핵균의 특징과 증거, 감염 조직을 염색하는 방법, 환자의 기침 가래를 통해 전염된다는 것, 결핵에 걸린 소에 의해서도 감염될 수 있다는 점을 밝혔다. 결핵균 발견 소식은 빅뉴스로 세계에 전송되었다.

코흐는 소의 결핵균에서 추출한 물질을 기니피그에 주사하여 치료제로 쓰는 실험을 했다. 추출한 물질은 나중에 글리세린 성분이란 것이 밝혀져 '투베르쿨린(Tuberculin)'이라는 이름이 붙었다. 그런데 투베르쿨린은 결핵을 치료할 수 없는 항원[2]에 불과했다. 그렇지만 코흐는 투베르쿨린을 치료제라고 믿었고, 치료에 사용하도록 권고했다. 논문 「코흐

---

2.   항원(抗原, antigen): 체내에서 이물질로 간주되는 병원성 세균이나 바이러스, 기타 물질
     항체(抗體, antibody): 항원과 결합하여 항원을 무력화시키는 물질, 면역 글로불린
     (immunoglobulin)

의 결핵 치료제「Robert Koch's Heilmittel gegen die」에는 50개의 임상 치료 보고서가 수록되어 있다. 그는 서두에서 자신이 추출한 액체(투베르쿨린)의 주사 방법에 대해서 소개하고 그 효과를 긍정적으로 기술했다. 그러나 치료를 받던 환자의 병세가 더 악화되어 사망하는 사건들이 일어나면서 투베르쿨린은 효과가 없는 것으로 밝혀졌고, 코흐의 명성은 커다란 타격을 입었다. 하지만 결핵균을 보유한 사람에게 투베르쿨린을 주사하면 국부가 크게 부풀어 오르는 특징이 있으므로, 의사들에 의해서 '투

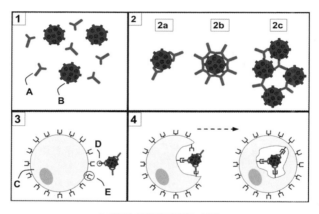

┃ 항체가 항원에 달라붙는 방법

A: 항체, B: 항원

항체가 항원에 달라붙는 방법은 일부만 결합하거나, 포위하거나, 세트로 묶는 방법 등 여러 가지다. 3, 4번은 체내의 대식세포(大食細胞)가 항체를 이용하여 항원을 먹어 버리는 과정을 나타낸다.

---

3. 투베르쿨린 검사는 결핵균의 배양액으로 정제한 투베르쿨린(PPD)을 피부에 주사한 뒤, 48~72시간 후에 피부 병변의 크기로 결핵의 감염 여부를 판단하는 검사다. 팔뚝에 주사를 맞았을 때 붉게 부풀어 오르는 경결의 정도를 측정하여 10밀리미터 이상이거나 BCG를 접종하지 않은 신생아에서 5밀리미터 이상인 경우 양성으로, 결핵균에 감염되었을 가능성이 높은 것으로 간주한다. (출처: 서울아산병원)

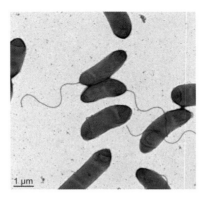

┃ 콜레라균

베르쿨린 반응 검사[3]가 개발된 것은 커다란 소득이었다.

　1883년에는 콜레라가 창궐하여 인도를 거쳐 이집트까지 번졌다. 코흐는 독일 콜레라위원회의 단장으로 알렉산드리아를 방문했고, 그곳에서 콤마 모양으로 생긴 세균을 채취했다. 그리고 그 세균이 콜레라의 원인균임을 입증하기 위해 콜레라가 최초 발생한 인도로 갔고, 콜레라균이 사람의 장이나 오염이 심하게 된 물에서 자란다는 사실을 알아냈다. 그는 콜레라가 위생 관리를 잘 하면 예방할 수 있는 병이라는 것을 세상에 알렸다.

　1885년 코흐는 베를린대학 위생학 교수가 되었고, 1891년 독일 정부가 세운 베를린 전염병 연구소의 소장으로 취임하였다.

　그 무렵 초상화가의 화실에서 공부하던 19세 소녀 헤트윅(Hedwig Freiberg, 1872~1945)을 알게 된 코흐는 점차 그녀와 관계가 깊어졌고 1893년에 부인 에미와 이혼했다. 그리고 29세 연하인 그녀를 두 번째 부인으로 맞이하여 커다란 스캔들의 장본인이 되었다. 그 후 코흐는 상당히 오랜 기간 남아프리카와 인도 등지를 여행하며 말라리아, 수면병, 회귀열, 흑수열 등의 열대성 질병에 대해 연구했다.

1905년 로베르트 코흐는 결핵균을 발견한 업적으로 노벨 생리의학상을 수상했고, 열대성 질병에 관한 연구로 1906년 프로이센 공로 훈장을 받았으며, 1908년 자신의 이름이 붙여진 로베르트 코흐 메달을 받았다. 그는 1910년 67세의 나이에 심장마비로 독일의 바덴바덴에서 사망했다.

결핵 예방 백신 BCG는 1908년 프랑스 파스퇴르 연구소의 세균학자 알베르 칼메트(Albert Calmette, 1863~1933)와 수의사 카미유 게렝(Camille Guérin, 1872~1961)에 의해서 개발되었다. BCG는 간균(Bacillus), 칼메트(Calmette), 게렝(Guérin)의 머리글자에서 딴 이름이다. BCG 균주는 글리세린 감자 배지에서 13년 동안 239회 계대 배양(繼代培養: 증식된 세포나 세균을 새로운 배지에 이식하여 대를 계속해서 배양하는 방법)하여 독성을 상실한 균으로 만들어졌고, 1921년 인간에게 처음 접종한 것으로 보고되었다.

최초의 결핵 치료제인 스트렙토마이신(Streptomycin)은 1943년 왁스만(Selman A. Waksman, 1888~1973) 연구소에서 개발되었다. 스트렙토마이신은 단백질 합성 억제제로 광범위한 항생 효과를 가지고 있다. 왁스만은 결핵치료제 발명의 공로로 1952년 노벨 생리의학상을 받았다.

코흐가 결핵균 발견을 발표(1882년 5월 24일)하고 1세기가 지난 후(1982년), 국제 항결핵 및 폐질환 연맹(IUATLD)은 세계보건기구(WHO)와 협의하여 매년 5월 24일을 '세계 결핵의 날'로 제정했다. 대한결핵협회(KNTA)는 1989년부터 세계 결핵 예방의 날을 기념하는 행사를 개최하였고, 결핵예방법(2011. 1. 26. 시행)에 따라 결핵 예방과 퇴치에 힘쓰고 있다. 대한결핵협회의 정보에 따르면, 오늘날에도 결핵으로 사망하는 사람이 1분당 3명꼴로 에이즈나 말라리아로 숨지는 사람보다 더 많다고 한다.

5장

어떻게 거인의 눈으로
세상을 볼 수 있었을까?

지동설, 천동설,
태양계 운동, 은하와 우주

22

어떻게 코페르니쿠스보다 1,800년 앞서 지동설을 주장할 수 있었을까?

아리스타르코스

Aristarchus of Samos (기원전 310 ~ 기원전 230년)

지구가 우주의 중심에 있다고 보는 지구 중심설(천동설)은 기원전 4세기 고대 그리스의 아리스토텔레스(Aristoteles) 등에 의해서 주장되었고, 2세기 무렵 프톨레마이오스(Ptolemæus)에 의해 정교한 이론으로 발전하면서 진리처럼 여겨져 왔다. 그러나 16세기 중반 폴란드의 천문학자 코페르니쿠스(Copernicus)가 지구 중심설(천동설)을 부인하고 태양 중심설(지동설)을 주장하면서 세계의 우주관이 뒤집어지는 일대 전환이

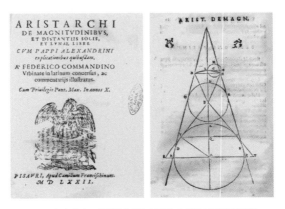

▌ 1572년 라틴어로 출판된 『태양과 달의 크기와 거리에 대하여』
표지와 태양, 지구, 달 측정 비교 그림⊕

시작되었다. 그런데 코페르니쿠스의 생각은 그보다 1,800년이나 앞서 태어난 아리스타르코스의 태양 중심설(Heliocentric Hypothesis)에서 비롯된 것이었다.

　아리스타르코스는 에게해 동부에 위치한 그리스의 섬 사모스(Samos) 출신이다. 사모스는 기원전 6세기 무렵 『이솝 우화』의 작자 이솝(Aesop)이 살았던 곳으로 알려져 있고, 수학자 피타고라스(Pythagoras)와 철학자 에피쿠로스(Epicurus)가 태어난 곳이기도 하다. 그는 알렉산드리아의 무세이온(Museion)[1]에서 일한 것으로 추정되고 있으나 한 편의 논문을 제외하고 자세한 생애는 알려져 있지 않다. 그가 남긴 논문

1.　그리스 헬레니즘 시대의 프톨레마이오스 1세 소테르(Ptolemy I Soter, 기원전 376~282)가 알렉산드리아에 세운 학당으로 기원전 300년경에 설립되어 5세기 초까지 존재했던 것으로 알려져 있다. 박물관, 미술관을 의미하는 museum의 어원은 무세이온에서 비롯되었다.

「태양과 달의 크기와 거리에 대하여 Aristarchi De magnitudinibus, et distantiis Solis, et Lunae, liber」에는 태양중심설에 대한 내용이 담겨져 있다.

◐ ◑

고대인들에게 밤하늘은 현대인들에 비해서 훨씬 친숙한 대상이었을 것이다. 고대인들은 전깃불 공해가 없는 까만 하늘에서 환하게 빛나는 별들을 밤마다 볼 수 있었다. 그들은 별을 보며 방향과 위치를 파악했고 절기와 날짜와 시간 개념을 만들었다. 계절에 따라 변하는 별자리는 양치는 어린 목동들도 알고 있었을 것이다. 별을 보고 점을 치는 점성학(astrology)이 유행하여 심지어는 국가 대사를 결정하거나 의사가 수술 날짜를 잡는 데에도 별점을 보고 정하곤 했다. 점성학은 17세기까지도 대학에서 가르치는 중요한 학문이었다. 그러나 17세기 뉴턴(Isaac Newton)이 등장한 이후 수학적 증명이 중요해지면서 점성학은 천문학(astronomy)의 형태로 발전하게 되었다.

천문학에서 별의 위치를 나타내는 기본적인 방법은 각도를 이용하는 것이다. 우주의 모양을 구형으로 간주하면 $360°$가 최대 각도다. 그렇지만 관측을 위해 들판에 나갔을 경우 지평면 위에 보이는 하늘은 반구이므로 $180°$에 해당하고 이를 180등분하면 $1°$가 된다. $1°$의 크기는 결코 작은 각이 아니어서 달 직경(지름)의 두 배쯤 된다. 그러므로 지구에서 본 달의 크기는 $0.5°$ 각도가 되는데, 이를 달의 시직경 또는 각지름이라고 한다. 지구에서 보는 태양의 시직경도 $0.5°$ 정도다. 따라서 태양과 달은 지구에서 볼 때 엇비슷한 크기로 보인다.

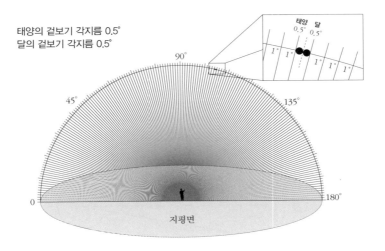

태양의 겉보기 각지름 0.5°
달의 겉보기 각지름 0.5°

행성(行星, planet)은 별자리 사이를 방랑하는 것처럼 보이는 천체에 붙여진 말이다. 맨눈으로 보이는 행성은 수성, 금성, 화성, 목성, 토성으로 5개가 있다. 행성은 몇 개월 사이에 수십 배 이상 밝아지거나 몇 개월에 걸쳐 어두워지거나 태양의 뒤편으로 돌아가 숨어 버려서 몇 개월 이상 관측되지 않는 경우도 있다.

아리스타르코스는 행성의 밝기 변화에 주목했다. 행성들이 지구를 중심으로 하는 원 궤도를 돌고 있다면 지구와 행성 사이의 거리가 일정하므로 행성들의 밝기도 항상 일정해야 할 것이다. 그러나 행성들의 밝기는 일정하지 않기 때문에 행성이 지구를 중심으로 공전하는 것이 아니라고 그는 판단했다.

아리스타르코스는 달의 모양이 반달일 때 태양-달-지구가 직각삼각형의 꼭짓점 위치에 각각 놓일 것이라고 생각했다. 그리고 달과 태양이 이루는 각을 측정하여 87°(실제 내각의 크기는 89° 52′)[2]라는 값을 얻었다. 그는 삼각형 도형에서 길이의 비를 산출하는 삼각법을 이용하여 지구에서 태양까지의 거리가 달까지의 거리보다 19배(실제로는 약 390배) 정도 크다는 계산 결과를 얻었다. 지구에서 보는 태양과 달의 겉보기 크기는 비슷하므로, 태양이 달보다 19배 크다는 결과도 동시에 얻은 셈이었다.

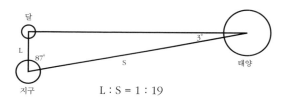

L : S = 1 : 19

아리스타르코스는 지구의 크기가 얼마나 될지 상대 비교를 위해 월식을 관찰했다. 월식은 달이 지구 주위를 공전하면서 지구의 그림자 속으로 들어와 어둡게 변하는 현상이다. 아리스타르코스는 보름달이 지구의 그림자 속으로 들어와 월식이 진행되는 시간을 측정하였고, 이를 이용하여 지구의 크기가 달보다 약 2.85배(실제로는 약 3.7배) 클 것으로 추정했다.

태양이 달보다 19배 크고, 지구가 달보다 2.85배 크다면, 태양의 크기는 지구보다 6.6배(실제 태양 지름은 지구 지름의 109배) 크다는 결론을 얻을 수 있다. 아리스타르코스는 지구보다 6.6배나 큰 태양이 지구 주

---

2. 각도의 단위 : 1°(도)는 원을 360등분한 각도, 1′(분)은 1°를 60등분한 각도, 1″(초)는 1′을 60등분한 각도. 1°=60′=3600″

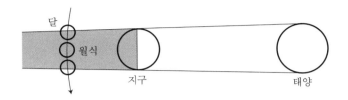

위를 돈다는 것은 순리일 수 없고, 지구가 태양 주위를 회전해야 마땅하다고 생각했다. 비록 오차가 있기는 했지만, 그의 과학적 사고방식은 올바른 것이었다. 그렇지만 지구의 공전을 입증하려면 보다 더 확실한 증거를 보여 주어야 했다. 지구가 태양 주위를 공전하고 있다면 지구에 가까운 별들의 시차(視差)가 관측되어야 한다는 것이 학자들의 공통된 생각이었다. 그러나 별의 시차는 당시 관측된 적이 없었다.

시차란, 자신의 코앞 가까이에 손가락 하나를 세운 후 왼쪽 눈과 오른쪽 눈을 번갈아 감았다 떴다 했을 때 배경에 대해 손가락이 좌우로 크게 움직여 보이는 것과 같은 현상을 말한다. 별까지의 거리가 모두

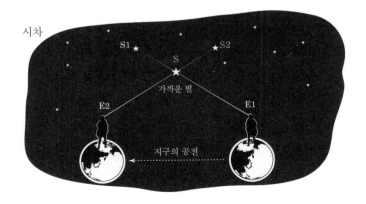

다르다면, 가까운 별들을 관측했을 때 시차가 나타나야 마땅했다.

그러나 아리스타르코스 이후 2천 년이 넘도록 별의 시차 측정에 성공한 사람은 아무도 없었기 때문에 지구가 우주의 중심에 고정되어 있다는 관념은 오랜 세월 동안 깨지지 않았다.

별의 시차가 처음 측정된 것은 성능이 좋은 망원경이 제작된 이후였다. 시차의 측정에 최초로 성공한 사람은 1838년 독일의 베셀(Friedrich Bessel)이었다. 그는 백조자리 61번 별의 시차 각이 0.62″(초)임을 알아냈다.

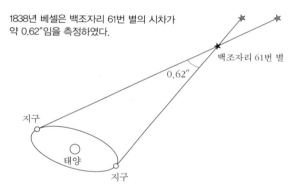

1838년 베셀은 백조자리 61번 별의 시차가
약 0.62″임을 측정하였다.

0.62″

백조자리 61번 별

지구

태양

지구

이후 20세기의 천문학자들은 지구 공전 궤도 양끝에서 별을 보았을 때 발생하는 각도의 1/2을 '연주 시차'로 정의하고 별까지의 거리를 나타내는 지표로 사용하기 시작했다. 연주 시차 1″가 되는 별까지의 거리를 1pc(파섹)라고 하며 빛의 속력으로 3.26년을 가야 하는 먼 거리에 해당한다.

20세기 천문학에서는 별까지의 거리를 측정하는 기준으로 삼기 위해
지구 공전 궤도 양끝을 기준으로 측정한 각도의 1/2을 연주 시차로 정의한다.

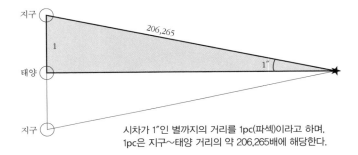

시차가 1″인 별까지의 거리를 1pc(파섹)이라고 하며,
1pc은 지구~태양 거리의 약 206,265배에 해당한다.

23

막대기 하나로 가능한
지구 둘레 측정 방법

에라토스테네스

Eratosthenes (기원전 276년 ~ 기원전 194년)

에라토스테네스는 북부 아프리카 고대 그리스의 키레네(Cyrene)[1]에
서 태어나 아테네에서 교육을 받았으며, 알렉산드리아(Alexandria)의 무
세이온 도서관장을 맡았다.

그는 철학자로 스토어 철학을 강의했고, 시인이었으며, 역사와 관련

---

1.   오늘날의 리비아 샤하트(Shahhat)

된 연대기를 쓴 것으로도 알려져 있다. 또한 그는 세계의 기후구를 극지 두 곳 온대 두 곳 적도와 열대 한 곳으로 구분하였는데, 이는 북반구와 남반구가 대칭인 기후라는 것을 이미 그 시대에 파악하고 있었다는 의미가 된다. 에라토스테네스는 베타(β, 2인자)라는 별명으로 불린 것으로 전해지는데, 이에 대해서 그를 시기하는 사람들이 붙인 것이라는 설이 있기도 하다.

에라토스테네스는 수학자로서 소수를 걸러내는 알고리즘을 고안하였다. 이는 '에라토스테네스의 체(Sieve of Eratosthenes)'라고 불린다.

수학에서 자연수(自然數, natural number)는 음(−)이 아닌 양(+)의 정수(1, 2, 3, 4, 5, 6, …)를 말한다.

소수(素數, prime number)는 '자신보다 작은 두 개의 자연수를 곱하여 만들 수 없는 1보다 큰 자연수'를 말한다. (숫자 1과 자신 이외의 자연수로는 나누어지지 않는 수이기도 하다.) 소수의 예를 들면 2, 3, 5, 7, 11과 같은 숫자다. 2를 곱셈으로 나타내면 2×1, 3은 3×1, 5는 5×1, 7은 7×1, 11은 11×1로 밖에 나타낼 수 없다. 따라서 '자신보다 작은 두 개의 자연수를 곱하여 만들 수 없다'라는 조건을 만족하므로 소수가 된다.

그런데 4는 2×2로 나타낼 수 있고 6은 2×3으로 나타낼 수 있다. 이처럼 4나 6은 자신보다 작은 두 개의 자연수를 곱하여 나타낼 수 있는 수이므로 소수가 아니다. 이와 같은 자연수를 합성수(合成數, Composite Number)라고 한다.

결국 모든 자연수는 소수 아니면 합성수다.

에라토스테네스의 체는 숫자를 바둑판처럼 나열한 후 소수인 2의

	2	3	4	5	6	7	8	9	10
11	12	13	14	15	16	17	18	19	20
21	22	23	24	25	26	27	28	29	30
31	32	33	34	35	36	37	38	39	40
41	42	43	44	45	46	47	48	49	50
51	52	53	54	55	56	57	58	59	60
61	62	63	64	65	66	67	68	69	70
71	72	73	74	75	76	77	78	79	80
81	82	83	84	85	86	87	88	89	90
91	92	93	94	95	96	97	98	99	100
101	102	103	104	105	106	107	108	109	110
111	112	113	114	115	116	117	118	119	120

걸러낸 소수

1단계: 2는 소수다.(흰색)   2
2단계: 자신을 제외한 2의 배수를 모두 지운다. (색칠 ■)
3단계: 3은 소수다.(흰색)   2, 3
4단계: 자신을 제외한 3의 배수를 모두 지운다. (색칠 ▨)
5단계: 5는 소수다.(흰색)   2, 3, 5
6단계: 자신을 제외한 5의 배수를 모두 지운다. (색칠 ■)
7단계: 7은 소수다.(흰색)   2, 3, 5, 7
8단계: 자신을 제외한 7의 배수를 모두 지운다. (색칠 ■)
9단계: 11은 소수다.(흰색)   2, 3, 5, 7, 11
10단계: 자신을 제외한 11의 배수를 모두 지운다.(앞선 작업에서 이미 모두 지워진 상태다.)
마지막 단계: 11×11=121이므로 120까지의 소수를 찾으려면 10단계로 충분하다. 지워지지 않은 나머지 숫자 30개가 모두 소수다.

2, 3, 5, 7, 11, 13
17, 19, 23, 29, 31, 37
41, 43, 47, 53, 59, 61
67, 71, 73, 79, 83, 89
97, 101, 103, 107, 109, 113

배수를 모두(자신을 제외한) 지우고, 소수인 3의 배수를 모두 지우고, 소수인 5의 배수를 모두 지우고, 소수인 7의 배수를 모두 지우는 식으로 진행되는 알고리즘이다. 120까지의 숫자 중에서 소수를 골라내려면 11의 배수까지 지우면 된다. 11의 제곱이 121이 되므로($11^2 = 11 \times$

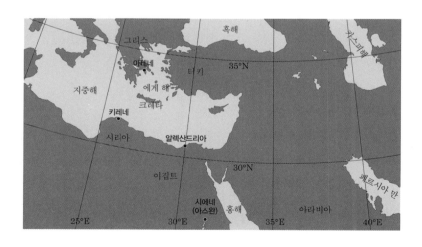

338

11 = 121) 이것으로 충분하다.

에라토스테네스는 지구의 크기를 단순한 도구로 거의 정확하게 측정했다. 그가 사용한 도구는 막대기와 각도기였다.

에라토스테네스는 이집트 남부의 도시 시에네(Syene)[2]에서는 하짓날 정오에 햇빛이 우물 바닥에 거의 수직으로 입사한다는 사실을 전해들었다. 이는 하짓날 시에네에서 태양의 고도(지평면과 천체가 이루는 각도)가 90°라는 것을 의미하는 것이며, 시에네가 북회귀선(북위 23.5°)에 위치한다는 의미기도 했다.

에라토스테네스는 하짓날 알렉산드리아의 지면에 막대기를 꽂은 후 생기는 그림자를 이용하여 태양의 고도를 측량했다. 그 크기가 약 83°라는 사실을 파악한 그는 '지구는 완전 구형이고 태양 광선은 지구에 평행하게 입사한다.'라는 기본 가정[3]을 통해 지구의 크기를 계산했다.

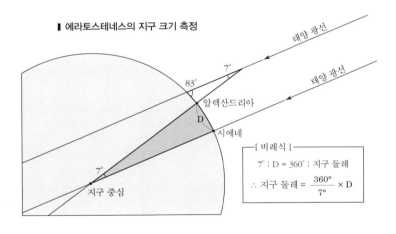

▌ **에라토스테네스의 지구 크기 측정**

[비례식]

$7° : D = 360° :$ 지구 둘레

$\therefore$ 지구 둘레 $= \dfrac{360°}{7°} \times D$

2.   현 아스완

태양의 고도가 $83°$인 경우 막대는 지면과 수직을 이루고 있으므로 막대와 그림자가 만드는 삼각형의 나머지 각은 $7°$가 된다. 이 각도는 알렉산드리아와 시에네에서 지구 중심까지 선을 그어 만나는 각도의 엇각이므로, 알렉산드리아와 시에네 그리고 지구 중심을 연결하는 부채꼴의 중심각도 $7°$가 된다. 따라서 알렉산드리아와 시에네가 이루는 호의 길이(D)를 측정하면 비례식을 세워 지구 둘레의 길이를 구할 수 있다. 지구 둘레 한 바퀴는 $360°$이므로, $7° : D = 360° :$ 지구 둘레 길이, 라는 공식이 된다.

에라토스테네스는 알렉산드리아에서 시에네까지의 거리인 D의 길이가 5,000스타디아인 것으로 측량하였고, 비례식 계산을 통해 지구의 둘레 길이를 구하였다. 그가 구한 지구 둘레의 길이는 실제의 지구 크기보다 약 10퍼센트 정도 큰 값이었다.

---

3. 에라토스테네스가 지구의 크기를 측량하기 위해 필요했던 가정들은 다음과 같다.
   (1) 시에네는 북회귀선에 있다.
   ⋯→ 실제 시에네의 위도는 $24°N$로 북회귀선 $23.5°N$과는 약간의 차이가 있다. 이는 하짓날 시에네에서 태양의 고도가 $90°$라는 것을 전제하기 위한 단서 조항이다.
   (2) 알렉산드리아는 시에네의 정북 방향에 있다.
   ⋯→ 태양 고도를 이용하여 지구의 크기를 측정하려면, 두 지점이 동일한 경도(동일한 자오선, 동일한 남북선) 상에 있어야 기하학적으로 원의 호에 해당하는 길이를 잡아서 쉬운 계산을 할 수 있다. 그러나 실제로 알렉산드리아는 시에네의 정북 방향이 아니라 약간 북서 방향에 있다. 이 경우에는 호의 길이가 실제보다 길어지게 된다.
   (3) 알렉산드리아와 시에네의 거리는 5,000스타디아다.
   ⋯→ 스타디아(stadia)는 스타디온(stadion)의 복수형으로 올림픽 경기 운동장의 길이를 기준으로 하는 거리 단위이다. 1스타디온의 길이는 시대에 따라서 157미터, 176미터, 185미터 등 다양한데, 에라토스테네스가 사용한 1스타디온은 176미터 거리인 것으로 알려져 있다.
   (4) 태양 광선은 평행하게 지구에 입사한다.
   ⋯→ 태양까지의 거리는 매우 멀기 때문에 이를 반영하면 지구는 하나의 점과 같다. 따라서 태양 광선이 지구에 평행하게 입사한다는 가정은 옳은 것이다.
   (5) 지구는 완전 구형이다.
   ⋯→ 실제 지구는 적도 쪽의 반지름이 극 방향의 반지름보다 300분의 1정도 긴 회전 타원체다.

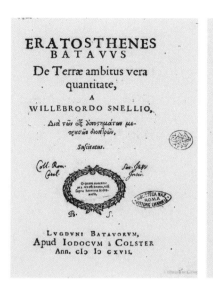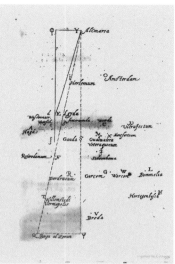

▎Willebrord Snell 『Eratosthenes Batauus de terrae ambitus vera quantitate』
1617년 라틴어 판 표지와 에라토스테네스의 각도 측정 소개 그림. p168

24
천문학자들도 감탄하는
정교한 천동설

클라우디오스 프톨레마이오스
Cláudius Ptolemǽus (83~168)

　가로등이 없는 산골의 밤하늘에는 적어도 2천 개 이상의 별이 보인다. 그 별들은 거의 전부가 붙박이별 항성[1]이다. 항성들은 북두칠성이나 카시오페이아 같은 별자리 모양을 유지한 채로 동쪽 지평선에서 떠

1.　恒星, fixed star : 항성도 실제로는 움직이고 있다. 태양의 경우에도 은하의 회전 운동에 의해서 초속 220킬로미터의 속력으로 움직이고 있다. 그렇지만 별들은 아득히 먼 거리에 위치하고 있기 때문에 별자리의 모양이 달라지는 것을 맨눈으로 알아볼 정도가 되려면 적어도 수만 년의 시간의 필요하다.

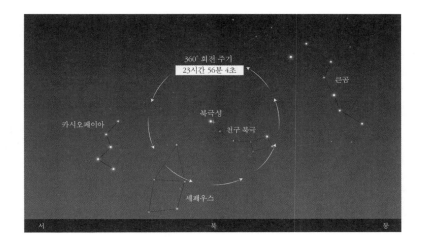

올라서 남쪽 하늘을 지나 서쪽 지평선 아래로 진다. 이러한 현상은 지구의 자전에 의해서 약 23시간 56분[2]의 주기로 반복되는 겉보기 운동이므로 일주 운동(日週運動, diurnal motion)이라고 한다.

밤하늘에 보이는 별들 중에는 항성이 아니라 행성도 있다. 이들은 별자리에 속하지 않고 자유롭게 방랑하는 떠돌이로서 보통의 별들보다 몇십 배는 밝게 보인다. 그러나 행성들의 크기는 항성에 비할 수 없이 작다. 태양계 식구들이기 때문에 거리가 아주 가까워서 밝게 보이는 것일 따름이다. 태양계 행성은 수성, 금성, 지구, 화성, 목성, 토성, 천왕성, 해왕성으로 여덟 개지만 맨눈으로 관찰할 수 있는 행성은 수성, 금성,

---

2. 하루는 24시간이지만, 지구의 자전 주기는 약 23시간 56분이다. 하루의 길이가 지구의 자전 주기보다 긴 이유는 지구의 공전 운동 때문이다. 지구는 태양에 대해서 1일에 약 1°를 공전하고 있으므로 하루가 지나면 태양의 위치가 1° 만큼 달라진다. 그러므로 해시계의 그림자로 시각을 맞추면 평균 24시간이 지나야 어제와 오늘의 시각이 일치하게 된다. 따라서 하루는 24시간이고, 별들의 일주 운동 주기는 약 23시간 56분이 된다. 결국 별들은 매일 4분씩 일찍 뜨게 되고 이러한 시간차가 누적되어 봄, 여름, 가을, 겨울 관측할 수 있는 별자리도 바뀌게 된다.

행성의 시운동
화성의 경우 2년 동안 순행하고,
2개월 정도 역행하는 것으로 관찰된다.

화성, 목성, 토성 다섯 개뿐이다. 천왕성과 해왕성은 망원경을 통해서만
볼 수 있다.

행성의 위치 변화는 대개 서→동 방향으로 일어나는데, 이를 순행
(巡行)이라고 한다. 때때로 행성들은 동→서로 이동하는 것처럼 보일
때도 있는데, 이런 경우에는 역행(逆行)이라고 한다. 화성(火星, Mars)의
경우 2년 정도를 순행하고, 2개월 정도의 기간은 역행한다.

● ）

고대 그리스의 이집트에서 태어난 것으로 추정되는 프톨레마이오
스는 천문학자, 지리학자, 점성학자, 수학자로 알렉산드리아에서 활동
하였다. 그는 아리스토텔레스, 히파르코스와 같은 고대 학자들의 가설
을 연구하여 보다 정교한 이론의 천동설을 만들었다. 그의 생각은 서기
140년경 라틴어로 편찬한 『천문학 집대성』으로 정리되었고, 9세기 초

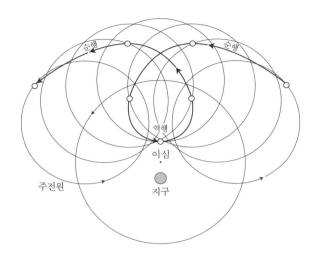

아랍어로 번역되어 『알마게스트*Almagest*(최대의 書)』라는 제목으로 유명해
졌다.

　프톨레마이오스의 천동설은 지구가 우주의 중심 근처에 고정되어
있고 달, 수성, 금성, 태양, 화성, 목성, 토성이 지구 주위를 회전하고 있
는 모델이다. 토성의 바깥쪽에는 항성들이 점처럼 박혀 있는 항성구가
둘러싸고 있다.

　프톨레마이오스는 전대 학자들이 창안해 낸 주전원(周轉圓, epicycle)
개념을 도입하여 행성들의 역행 운동을 설명했다. 주전원은 이심을 중
심으로 굴렁쇠처럼 회전하는 가상의 궤도다.

　프톨레마이오스의 천동설은 천체들의 위치 변동을 기술적으로 짜
맞추기 위해 행성들마다 각각 다른 주전원들을 그려 넣어야 했고 원운
동의 중심 또한 통일될 수가 없었다. 그럼에도 불구하고 13권으로 되

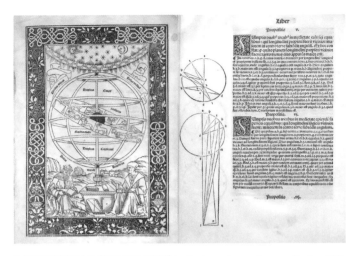

어 있는 그의 천문학 책 『알마게스트』는 16세기까지 천문학 교과서의 지위를 누렸다. 그렇지만 예리한 관찰을 통해 반박할 수 있는 결함들을 내포하고 있었기 때문에 후일 코페르니쿠스에 의해 지동설이 제기되는 동기를 제공하게 된다.

프톨레마이오스는 천문학 이외에도 기하학, 역학, 음악, 지리학, 광학, 점성학에 이르기까지 다양한 저술을 남겼다.

그가 쓴 네 권의 책 『테트라비블로스*Tebrabiblos*』는 점성술의 바이블로 알려져 있으며, 여덟 권으로 이루어진 『지리학*Geographia*』은 지도의 제작법에 관한 상세한 내용이 담겨져 있다. 그의 세계지도 제작법에는 처음으로 위도와 경도의 개념이 등장하며, 구형의 지구를 평면 위에 나타내는 투사법이 소개되어 있다. 그러나 그가 제작한 세계지도는 남아 있지 않으며, 15세기에 이르러 후대 학자들의 그의 도법에 따라서 세계지도

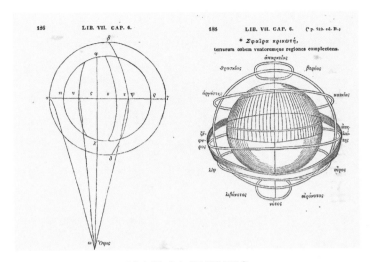

■ 『지리학』에 소개된 원추도법 ㊽

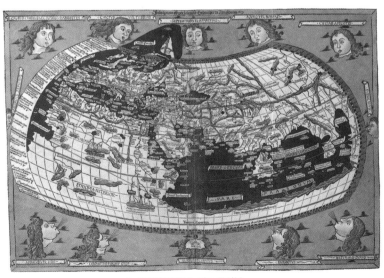

■ 프톨레마이오스 지도 목판본

목판본을 재현한 것이 유물로 전해지고 있다.

『지리학』에 기술된 지도 제작 방법과 지역 좌표를 이용해 1482
년 제작된 프톨레마이오스 지도 목판본(조각가 요하네스 슈니처, Johannes
Schnitzer)은 대서양 카나리아섬 근처를 경도 0°, 중국 중부 지역을 180°
로 표시하였고, 북위 65°와 남위 25°까지 나타내었으며 적도와 북회귀
선, 남회귀선이 그려져 있다. 지도의 바깥에 그려진 12명의 얼굴은 풍
신(風神)을 나타낸다. 풍신은 입으로 바람을 불어 지구가 둥둥 떠 있도
록 하는 역할을 한다.

『알마게스트』와 『지리학』을 비롯한 저서들은 그의 뛰어난 기하학
실력을 바탕으로 한 것이었다. 프톨레마이오스를 영어권에서는 흔히
톨레미(Ptolemy)라는 이름으로 부른다. 기하학에서는 '톨레미의 정리'를

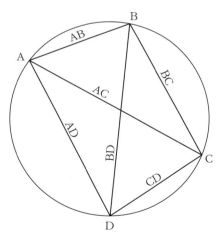

▍톨레미의 정리

$AC \cdot BD = AB \cdot CD + BC \cdot AD$

남겼는데, 이는 원에 내접하는 사각형 ABCD의 변과 대각선 길이에 대한 연산 정리다.

———

어긋나는 증거를 합리화하기 위해 설명에 설명을 덧대는 방식으로 만들어진 천동설은 난해할 수밖에 없다. 그래서 16세기가 될 때까지도 프톨레마이오스의 천동설을 분석한 사람은 거의 없었다. 천문학은 적어도 몇 년에서 수십 년을 관측해야 의미 있는 자료를 얻을 수 있기 때문에 더욱 그렇다. 밤낮으로 하늘을 쳐다봐야 하는 천문 관측은 특별한 끈기와 인내를 요구한다.

25

죽음에 이르러 비로소 출판한
지동설 『천구의 회전에 대하여』

니콜라스 코페르니쿠스
Nicolaus Copernicus (1473~1543)

그림은 라틴어로 된 코페르니쿠스의 『천구의 회전에 대하여*De revolutionibus orbium coelestium*』 1~6권 중 1권에 실려 있는 것이다. 중심에는 태양(SoL)이 위치하고 바깥쪽으로 수성(Mercurii), 금성(Venus), 지구(Telluis)와 달(Luna), 화성(Martis), 목성(Iouis), 토성(Saturnus)의 순환 회전(revolvitur, revolutio) 궤도가 차례로 그려져 있다. 가장 바깥쪽에 그려진 원은 '이동할 수 없는 고정된 별 구체(Stellarum Fixarum Sphaera

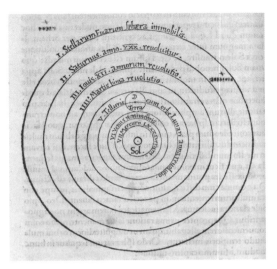

▌『천구의 회전에 대하여』(1566) 수록 그림

Immobilis)'를 나타낸 것으로 흔히 '항성구(亢星球)'로 번역되는데, 무수한 별들이 수를 놓은 천상 세계로 간주되는 영역이다. 코페르니쿠스는 항성구는 움직이지 않으며, 토성은 30년, 목성은 12년, 화성은 2년, 지구와 달은 1년, 금성은 7½달, 수성은 88일에 1회전 한다고 기술했다. 이는 실제와 같거나 엇비슷한 주기 값이다.

1473년 폴란드 토룬(Toruń)의 부유한 상인이자 관료의 막내아들로 태어난 코페르니쿠스는 열 살 때 아버지가 세상을 떠나자 당시 대성당의 신부였고 후일 주교의 자리에까지 오른 외삼촌 루카스 바첸로데(Lucas Watzenrode)의 돌봄을 받으며 성장했다. 코페르니쿠스가 열여덟 살이 되었을 때 코페르니쿠스는 크라쿠프(Kraków)대학에 입학하여 의학, 천문학, 라틴어, 수학, 교회법 등을 공부하기 시작했는데, 이는 성직자가 되기 위한 과정 중의 하나였다.

1496년 코페르니쿠스는 외삼촌 루카스의 권유로 교회법을 배우기 위해 이탈리아 볼로냐대학에 편입하여 수학한 후 로마의 파도바대학에서 의학 공부를 하였으며, 1503년에는 페라라대학으로 옮겨 교회법 박사 학위를 받은 후 다시 파도바대학으로 돌아가 의학 공부를 마쳤다. 이후 코페르니쿠스는 참사회 위원, 주교인 외삼촌의 비서 및 주치의로 지내며 천문학 연구도 병행했다. 그때까지의 천문학은 프톨레마이오스에 의해 정립된 천동설을 토대로 하여 주로 역법 계산과 점성술을 위한 용도로 활용되고 있었다.

천문학 공부에 몰입하던 코페르니쿠스는 천오백 년 가까이 서양의 천문학을 지배해 온 프톨레마이오스의 천동설이 옳지 않다는 것을 파악했고, 1512년 태양 중심설을 주장하는 짤막한 해설서 『요약 Commentariolus』을 집필하여 몇몇 지인들에게 배포했다.

코페르니쿠스는 천문학에 몰두하면서도 참사회 고문으로서의 활동에도 충실하였기 때문에 1523년에는 임시 대주교에 선출되기도 하였다. 그는 1529년부터 태양 중심설을 본격적으로 집필하기 시작하여 1532년경에 원고를 거의 마무리하였다. 그러나 교회와의 마찰을 원하지 않았기 때문에 정식 출판을 미룬 채 의료 활동에만 전념했다.

1539년 봄, 비텐베르크대학의 젊은 수학교수 레티쿠스(Joachim Rheticus, 본명 Georg Joachim de Porris)가 찾아와 제자가 되었다. 레티쿠스는 코페르니쿠스 밑에 2년 동안 있으면서 스승의 이론을 알리는 안내서 『제1원리 Narratio Prima』를 쓰고 스승에게 정식 출판을 하도록 설득했다. 결국 코페르니쿠스가 자신의 이론을 알리는 책 출판에 동의하였는데, 그 즈음 라이프치히대학의 수학 교수로 임용되어 바빠진 레티쿠스는 책 출판을 다른 사람에게 맡겨야 했다. 결국 개신교 목사인 오시안더(Andreas Osiander)가 출판의 책임을 맡게 되었고, 1543년 지동설의 내용을 담은 『천구의 회전에 대하여』가 출간되었다. 총 6권으로 되어 있는 이 책에는 우주와 지구는 구형이고, 지구와 행성들은 태양을 중심으로 하는 원운동을 하고 있으며, 황도¹가 지구의 공전 궤도면과 일치한다는 견해가 담겨 있다. 아울러 달의 운동과 행성들의 공전과 평균 운동, 수성의 이심률, 행성 궤도의 기울기 등의 내용을 기하학적인 설명과 도표를 곁들여서 설명하고 있다.

코페르니쿠스의 책이 정식으로 출판되던 해, 그는 뇌출혈로 신체의 오른쪽이 마비되었고 1543년 5월 24일에 책의 견본을 받아 든 채 숨을 거두었다. 『천구의 회전에 대하여』 서문에는 '천문학으로부터 어떠한 확실성도 바라지 말도록 하자'라는 문구가 쓰여 있고 '교황 바오로 3세에게 드리는 헌정의 글'도 실려 있다. 이는 교회의 분노를 누그러뜨리기 위한 일종의 장치였다. 책의 서문은 저자가 쓰는 것이 상식이기에 당시에는 코페르니쿠스가 직접 쓴 것으로 인식되었으나, 출간을 담당

---

1. **黄道, ecliptic**: 배경 우주에 대한 태양의 위치는 지구 공전에 의해서 시시각각 변하고 있다. 그 위치의 변화를 수작업으로 기록하려면 일출 직전이나 일몰 직후에 배경이 되는 별자리를 관측하고 태양이 별들 사이에서 어느 위치에 있는지를 점으로 표시하는 방법을 이용할 수 있다. 이러한 기록을 통해 태양이 별자리들 사이를 서에서 동 방향으로 하루에 약 1°씩 이동한다는 것을 파악할 수 있는데, 태양이 1년 동안 이동한 경로를 선으로 연결한 것이 황도다. 황도는 지구 공전에 의해서 나타나는 태양의 겉보기 운동 궤도이기 때문에 지구의 공전 궤도를 무한히 연장한 선이나 다름 없다. 태양계 행성들은 태양의 상하좌우에 제멋대로 분포하는 것이 아니라 황도와 엇비슷한 궤도면에 분포하고 있다. 그러므로 밤하늘에서 수성, 금성, 화성, 목성, 토성과 같은 행성들을 찾아보면 황도 근처에서 관측된다.

한 오시안더가 작성하여 끼워 넣은 것으로 훗날 천문학자 요하네스 케플러(Johannes Kepler, 1571~1630)가 밝혀냈다.

학자들은 『천구의 회전에 대하여』가 출간된 1543년을 과학 혁명이 시작된 기념비적인 해로 평가한다.

● ○

지동설에서의 순행과 역행의 원리

태양계의 행성들은 태양을 중심으로 회전한다. 행성들의 회전 방향은 모두 반시계 방향으로 동일하지만 행성들의 회전 속도는 태양에 가까울수록 빠르다. 즉 태양에 가장 가까운 수성의 공전 속도가 가장 빠르며 금성, 지구, 화성, 목성, 토성… 순으로 공전 속도가 점점 느려진다.[2] 행성들의 이와 같은 공통점(공전 방향 동일)과 차이점(공전 속도와 궤도 반경의 차이)으로 인해 지구에서 행성을 관찰하면 밤하늘의 별자리에 대해서 행성들의 상대 위치가 변하게 된다.

행성의 겉보기 운동인 순행과 역행을 파악하려면 적어도 몇 달 동안 별자리에 대한 상대적 위치를 틈틈이 체크해야 한다.

'행성의 순행과 역행 개념도'와 같이 중심에 태양이 있고 지구와 화성이 그 주위를 각각 회전하고 있다. 지구 궤도 1지점에 지구가 있을 때 화성도 화성 궤도 1지점의 위치에 있었다는 조건에서 시작한다. 지

---

2.   행성들의 공전 속도는 태양까지 거리의 제곱근에 반비례한다. 즉 $v \propto \dfrac{1}{\sqrt{a}}$ (v : 행성의 공전 속도, a : 행성에서 태양까지의 평균 거리)이다. 이와 같은 상관관계는 훗날 아이작 뉴턴(Isaac Newton, 1643~ 1727)의 만유인력 법칙이 등장한 후에 명확하게 식으로 유도된다.

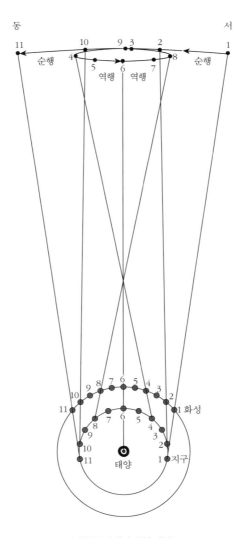

동   서

순행   역행   역행   순행

화성

태양   지구

▌ 행성의 순행과 역행 개념도

구가 반시계 방향으로 공전하여 2의 위치로 움직이는 동안 화성도 자신의 궤도를 따라 2의 위치로 이동한다. 지구가 3으로 가면 화성도 자기 궤도를 따라 3의 위치로 이동하고, 지구가 4로 가면 화성도 4로 간다. 이때 각각의 번호가 일치하도록 지구에서 화성을 지나는 직선을 그으면 먼 하늘에 대한 화성의 상대적 위치를 알 수 있다. 1→2→3→4로 이동한 결과를 먼 하늘에 투영하면 화성은 서쪽 하늘에서 동쪽 하늘로 이동하는 것처럼 나타난다. 이러한 겉보기 운동을 순행(順行, direct motion)이라고 한다.

4를 지나는 시점부터 지구가 화성을 따라잡는 추월이 시작된다. 지구의 공전 속도가 화성의 공전 속도보다 더 빠르기 때문에 화성이 뒤로 가는 것처럼 보이기 시작하는 것이다. 지구가 4→5→6→7→8로 이동하면서 화성을 관측하는 기간에는 화성이 동에서 서로 움직이는 것처럼 보인다. 이를 역행(逆行, retrograde motion)이라고 한다. 지구와 화성이 6의 위치에 도달한 시점에서 서로의 실제 거리는 가장 가깝게 된다. 이러한 위치 상태를 '충(衝, opposition)'이라고 한다. 충의 위치에서는 화성이 평소의 밝기보다 훨씬 더 밝게 보이며 밤새도록 환하게 빛난다. 많은 사람들이 손가락으로 가리키며 "저 붉은 별 참 밝은데 뭐지?"하고 궁금해하는 시기가 바로 이때이기도 하다. 8의 위치를 지난 후부터 지구는 마치 쇼트트랙 인코스로 급선회하는 모양새가 되어 9→10→11로 이동한다. 이때 지구에서 화성의 위치를 먼 하늘에 투영해 보면 화성이 서에서 동 방향으로 순행하는 것으로 보이게 된다.

위의 설명 과정에서, 지구와 화성의 공전 방향을 반시계 방향이라고 말한 것은 어디까지나 설정에 지나지 않는다. 우주는 위아래가 없기 때문에 지구의 공전 방향이나 자전 방향이 반시계 방향이라는 말은 원래 성립하지 않는다. 그런데도 종종 책이나 강연에서 그와 같은 비유가 쓰이는 까닭은 북반구에 사는 사람들의 관점에서 설명하기 때문이다.

테이블 위에 세워 놓은 지구본은 북극점이 하늘을 향하게끔 되어 있다. 지구본을 수직에 대해 23.5° 비스듬하게 기울여 놓은 것은 공전 궤도의 축 방향에 대한 기울기를 근사하게 표현한 것이다. 북반구 사람들은 지구본을 볼 때 자연스럽게 위에서 북극점을 내려다보게 된다. 마찬가지로 천문학에서 태양계 모형 그림을 나타낼 때에도 지구의 북극이 보이도록 그리는 것이 관습처럼 되어 있다. (세계 인구의 90퍼센트가 북

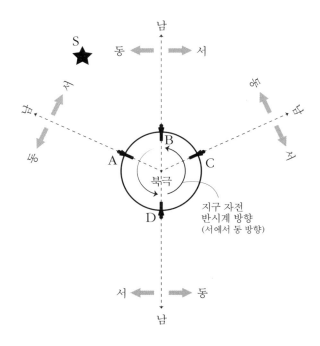

반구에 살고 있고, 북반구를 중심으로 학문이 발달했다.)

　위와 같은 연유에서 지구를 작은 동그라미로 나타내는 경우에 동그라미의 중심점은 통상적으로 지구의 북극점이 된다. 따라서 동그라미 안에서 원주에 수직한 방향으로 우주를 바라보면 정남 방향이 된다. 그림에서 관측자 A, B, C, D는 관측 지역이 다르므로 각자의 남쪽 방향이 다르며 동쪽과 서쪽도 저마다 다르다. 그래서 관측자 A가 별 S를 관측하면 서쪽 하늘에 있는 것으로 보이지만, 관측자 B가 별 S를 관측하면 동쪽 하늘에 있는 것으로 보인다.

　코페르니쿠스가 죽고 80여 년이 지난 1616년, 그의 저서 『천구의 회전에 대하여』는 로마 가톨릭 교회의 금서목록에 올랐다. '읽어서는 안 될 과학책'이란 것도 있는 것일까? 종교는 종교이고, 과학은 과학이다. 과학이 종교를 증명의 도구로 쓰지 않는 것처럼, 종교를 과학으로 증명할 필요 또한 없다.

26

메디치별, 금성의 위상으로 지동설을 입증한
그가 참회록을 쓴 이유

갈릴레오 갈릴레이

Galileo Galilei (1564. 2. 15. ~ 1642. 1. 8.)

분산되어 떨어지는 작은 빗방울도 주둥이가 넓은 깔때기를 이용하여 한곳으로 모으면 수돗물처럼 콸콸 쏟아지게 할 수 있다. 희미한 별빛도 그처럼 한곳에 모은다면 먼 거리에 있는 별을 훨씬 밝고 또렷하게 볼 수 있는데, 그와 같은 집광 장치가 바로 천체 망원경이다.

최초의 망원경은 1609년 리페르세이(Hans Lippershey, 1570~1619)를 비롯한 몇 명의 네덜란드 안경 제조업자들이 만든 것으로 알려져 있다.

▌갈릴레이식 망원경

볼록렌즈   오목렌즈

오늘날의 볼록렌즈는 양면이 볼록하고, 오목렌즈는 양면이 오목하지만,
갈릴레이가 제작한 것은 한 면이 평면이고 한 면만 볼록하거나 오목한 것이었다.

그렇지만 안경 업자들이 만든 망원경은 배율이 3~4배 정도로 성능이 뛰어난 것은 아니었다. 갈릴레오는 자신의 광학 지식을 이용하여 그들이 만든 것보다 열 배나 성능이 좋은 망원경을 제작했다. 그가 만든 망원경은 볼록렌즈로 빛을 모은 후에 오목렌즈로 빛의 경로를 똑바로 펴서 보는 방식이었다. 갈릴레이는 망원경을 이용하여 코페르니쿠스의 지동설을 입증하는 증거를 발견하고 천동설을 혁파하는 데 선봉장 역할을 하였다.

1564년 피렌체 공국(이탈리아)의 피사에서 태어난 갈릴레이는 어릴 적에 수도사가 되기를 희망했으나 의사가 되기를 바라는 아버지의 강요로 피사대학(Università di Pisa)에 입학하였다. 그러나 갈릴레이는 의학 대신 수학과 물리학 공부에 전념했고 학위를 마치지 않은 채 수학 개인 교사로 사회생활을 시작했다.

1586년 천칭을 이용하여 물체의 무게를 측정하는 원리를 설명한 『작은 천칭 *La Bilancetta*』과 몇 권의 책을 출간한 갈릴레이는 1589년 피사대학의 수학 강사를 하다가 1592년 파도바대학의 교수가 되었다. 갈릴레이는 파도바에서 마리나 감바(Marina Gamba, 1570~1612)와 사랑에 빠

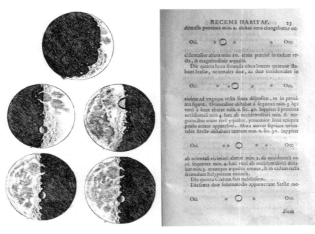

▌갈릴레이의 달 스케치　　**▌목성과 4개의 메디치 별(목성의 4대 위성)**

졌고 결혼식을 올리지 않은 채 딸 둘(1600년, 1601년)과 아들(1606년)을 낳았다.[1]

　1609년 20배율의 망원경을 제작한 갈릴레이는 가을부터 관측 활동을 시작하여 달이 울퉁불퉁한 산과 골짜기로 이루어져 있음을 발견하였다. 이어서 목성을 관찰하여 위성 4개를 발견하였고, 은하수가 무수히 많은 별들의 모임이라는 것을 알아냈으며, 토성은 동그라미 세 개가 붙은 형태인 것으로 파악했다(실제로는 고리 원반 형태임). 갈릴레이는 이러한 발견들에 관한 자세한 내용을 1610년 『시데레우스 눈치우스*Sidereus Nuncius*(별의 소식)』라는 제목의 책으로 출판했다. 그는 서문에 '고귀하신 토스카나의 네 번째 대공 코시모 드 메디치 2세 전하께'라는 찬양의 글

---

1. 결혼식을 올리지 않고 낳은 두 딸(Virginia, Livia)은 호적이 없었으므로 결국 수녀가 되었다. 아들(Vincenzo)은 류트 연주가로 훗날 호적을 인정받았다.

을 싣고 목성 주위를 돌고 있는 4개의 행성[2]에 대공의 가문 이름을 붙여서 '메디치 별'[3]로 명명했다.

갈릴레이의 관측 이전의 달은 천상의 세계에 있는 존재로 매끈하고 완전한 구로 여겨지고 있었다. 또한 모든 천체는 지구를 중심으로 원운동을 하는 것으로 믿어지고 있었다. 목성을 중심으로 회전하는 천체가 있다는 것은 우주 운동의 중심이 2개 이상이라는 것이었으므로 천동설에 어긋나는 것이었다. 자신의 믿음이 뒤집어지는 것을 재앙처럼 여겼던 사람들은 갈릴레이의 관측 결과를 부정하고 반박하고자 했다. 대표적인 반대는 '망원경이 우리의 감각을 속이는 물건일 수 있다'라는 주장이었다. 그렇지만 갈릴레이의 관측은 정확했고 분석과 추론은 타당성이 높았기 때문에 『시데레우스 눈치우스』 출판 이후 갈릴레이는 유명 인사가 되었고 대공의 수학자로 임명되었다.

이후 갈릴레이는 태양의 흑점을 발견하여 이것이 태양 표면에서 나타나는 현상임을 밝히고 흑점의 이동 방향과 움직임을 통해 태양의 자전 주기를 알아냈으며, 금성의 위상 변화를 관찰함으로써 천동설이 잘못되었다는 결정적인 증거를 제시했다. 천동설에서 완전무결했던 태양이 검은 반점들로 얼룩지고, 금성은 지구가 아닌 태양을 중심으로 도는 천체가 되어 버린 것이다.

금성을 몇 개월 이상 망원경으로 관찰하면 초승달, 반달, 보름달 모양을 모두 볼 수 있다. 금성의 시직경 크기 변화도 매우 크다. 금성이

---

2. '위성'이지만 갈릴레이는 '행성'으로 표기했다.
3. Medicean stars: 훗날 천문학자들에 의해서 '갈릴레이 위성(Galilean moons)'으로 불리게 된다. 갈릴레이 위성은 목성에 가까운 순서대로 이오(Io), 유로파(Europa), 가니메데(Ganymede), 칼리스토(Callisto)'를 통칭한다.

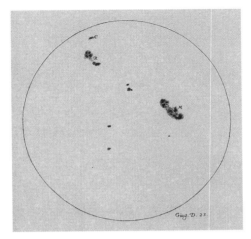

┃ 1613년 6월 23일, 갈릴레이의 태양 흑점 스케치

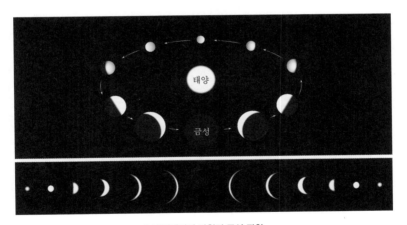

┃ **갈릴레이의 망원경 금성 관찰**
금성의 위상 변화와 시직경의 크기 변화는 금성이 태양을 중심으로
회전할 때 나타나는 것임을 보여주는 증거
➡ 천동설 모형으로는 설명할 수 없는 현상

보름달 모양일 때는 태양의 뒤쪽에 위치하게 되어 작게 보이며, 초승달이나 그믐달 모양일 때는 지구와의 거리가 매우 가까워지기 때문에 크게 보인다. 이와 같은 현상은 천동설로 설명할 수 없는 것이다.

프톨레마이오스의 천동설에서는 금성이 태양과 지구 사이에서 작은 원을 그리며 회전하는 것으로 묘사된다. 이 경우 금성에 그림자가 항상 드리워지기 때문에 반달보다 큰 위상은 나타날 수가 없고, 거리의 편차도 크지 않아서 시직경의 차이도 두드러질 수가 없다.

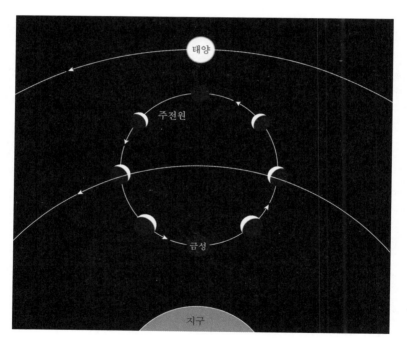

▌ 프톨레마이오스의 천동설

프톨레마이오스의 천동설에서 금성은 주전원을 따라 자전거 바퀴처럼 이동한다.
태양이 항상 금성의 뒤에 있어서 태양 광선은 금성의 뒷면을 비추게 되므로
지구에서 볼 때는 초승달, 그믐달 같은 모양만 나타나게 된다. 이는 실제와 다르다.

1632년 갈릴레이는 지동설을 확실히 주장하는 문제의 책 『대화 Dialogue』[4]를 출간하였다. 책의 서문에는 '코페르니쿠스의 이론이 낫지만 실제로 그렇다는 말은 아니다'라고 단서를 달았다. 그러나 본문을 읽으면 코페르니쿠스의 지동설이 옳다는 것을 절로 알게 하는 내용이었다. 등장인물인 살비아티는 해박한 지식으로 코페르니쿠스의 지동설을 설명하고, 아리스토텔레스의 철학을 대변하는 심플리치오는 순진하면서도 멍청하기 짝이 없다. 심판의 역할을 맡은 사그레도는 살비아티의 설명에 감탄하며 맞장구치는 도우미 역할을 한다.

나흘 동안의 대화로 전개되는 이야기는 첫째 날 태양의 흑점과 달의 지형, 둘째 날 지구의 자전, 셋째 날 지구의 공전, 넷째 날 밀물과 썰물에 관한 내용[5]을 주로 다룬다. 갈릴레이는 이 책에서 치밀한 솜씨로 과학적 사고와 합리적 추론의 정수를 보여 준다. 원래 『대화』는 갈릴레이와 친했던 교황 우르바누스(Urbanus) 8세의 반승낙을 얻고 집필한 것이었으나, 서문만 검열을 받고 출판한 것으로 전해진다.

이윽고 책이 출판되고 본문의 내용이 알려지기 시작하자 로마 교황청은 분노와 당혹감에 휩싸여 갈릴레이를 종교재판에 회부했다. 로마 교황청은 32년 전인 서기 1600년에 종교재판을 통해 이탈리아의 수도사이자 철학자인 조르다노 브루노(Giordano Bruno, 1548~1600.2.17)를 화형에 처한 전력이 있는 터였다. 브루노는 마치 21세기에서 16세기로 돌아간 시간여행자처럼 '우주는 무한하여 중심이 없으며 항성들은 태

---

4. 원제: 『두 가지 주요 세계관에 관한 대화(Dialogo dei due massimi sistemi del mondo)』
5. 갈릴레이는 밀물과 썰물이 지구의 회전 운동에 의해 생기는 것으로 추측했을 뿐, 달과 태양의 인력이 중요한 역할을 한다는 것에 대해서는 알지 못했다.

양과 같은 천체이고 회전하는 지구와 같은 행성은 우주에 무수히 많다'
라는 주장을 펼쳤다. 로마 교황청은 그의 주장을 이단으로 규정하고 주
장을 철회하도록 압박했으나 브루노는 굴복하지 않고 꿋꿋하게 버텼
다. 결국 브루노는 쇠로 만든 재갈을 쓰고 사제들에 의해 불에 달군 쇠
꼬챙이로 혀와 입천장을 관통당한 후 거리를 끌려 다니다가 발가벗겨
져서 화형을 당한 것으로 전해진다.

종교재판에 회부된 갈릴레이는 브루노처럼 화형을 당할 수도 있는
처지였으므로 결국엔 다음과 같은 내용의 참회문을 읽고 서명했다.

(상략) 저는 진심으로 말하건대, 이런 틀린 개념과 이단, 그리고 교회의 가
르침과 어긋나는 어떠한 실수든 포기하고, 저주하고, 혐오할 것입니다.
그리고 저는 앞으로 다시는 입을 통해서든 글을 통해서든 이와 비슷한 오
해를 일으킬 수 있는 말을 하지 않을 것을 맹세합니다. 다른 사람들이 이
단 행위를 하면 저는 그를 이 종교 재판소에 고발할 것이며, 제가 지금 있
는 위치에 놓이도록 만들 것입니다. 저는 이 재판정에서 제게 요구하는
어떠한 속죄 행위라도 지키고 따를 것임을 맹세합니다. (중략) 신이시여,
저를 도와주소서. 저 갈릴레오 갈릴레이는 성경에 손을 얹고 위와 같이
맹세하고, 서약하고, 약속하고, 다짐합니다. 증인들 입회하에 제 손으로
이 맹세를 쓰고 이것을 읽습니다.
1633년 6월 22일, 로마 미네르바 교회에서 저 갈릴레오 갈릴레이는 위와
같이 제 손으로 이 맹세를 썼습니다.⁴⁸

교황청은 책 판매를 금지하고 갈릴레이에게 평생 가택 연금 판결

을 내렸다. 갈릴레이는 가택 연금 상태에서도 연구를 지속했다. 망원경으로 태양을 관찰하는 일은 예나 지금이나 무척 위험한 일이다. 태양 광선이 한 개의 초점에 모인 후 동공으로 빛이 쏟아져 들어오기 때문에 성능이 좋은 필터(빛을 약하게 걸러주는 장치)를 쓰는 경우에도 장시간 관측해서는 안 된다. 그럼에도 불구하고 갈릴레이는 태양을 지속적으로 관찰하다가 1937년에 이르러 한쪽 눈을 실명했고, 이듬해에는 나머지 한쪽 눈 시력마저 완전히 상실했다. 그와 같은 역경 속에서도 갈릴레이는 틈틈이 집필한 원고를 네덜란드로 빼돌려 1638년『새로운 두 과학에 대한 대화와 수학적 증명 *Discorsi e Dimostrazioni Matematiche, intorno a due nuove scienze*』을 출간하였다. 이 책에는 전작『대화』의 주인공들(살비아티, 심플리치오, 사그레도)이 고스란히 등장하고, 이야기의 얼개 또한 동일하여 나흘 동안의 이야기로 전개된다.

첫째 날 이야기는 구조물의 강도, 충격에 대한 저항, 진공의 힘, 빛의 속력을 재는 아이디어, 물체의 비중, 물체의 낙하 법칙, 진자의 운동, 물체의 운동과 공기의 저항에 대한 내용을 담고 있다.

"(아리스토텔레스의 논리대로) 무거운 물체가 가벼운 물체보다 먼저 땅에 떨어진다고 가정해 보자. 그러면, 무거운 물체와 가벼운 물체를 연결해서 떨어뜨리는 경우는 어떨까? 무거운 물체는 빨리 떨어지려 하고 가벼운 물체는 늦게 떨어지려 할 것이므로, 그 결과는 처음의 무거운 물체 하나만인 경우보다는 늦고, 가벼운 물체 하나만인 경우보다는 빨리 떨어져야 할 것이다. 하지만 한편으로는 두 물체가 연결되어 있어서 전체 무게는 더 무거우므로 더 빨리 떨어져야 옳다는 결론도 가능하다."

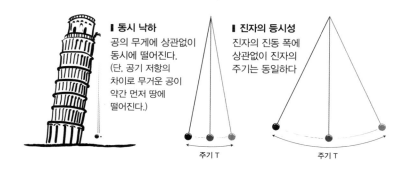

┃ 동시 낙하
공의 무게에 상관없이
동시에 떨어진다.
(단, 공기 저항의
차이로 무거운 공이
약간 먼저 땅에
떨어진다.)

┃ 진자의 등시성
진자의 진동 폭에
상관없이 진자의
주기는 동일하다

주기 T

주기 T

갈릴레이는 이처럼 모순된 두 결론을 제시하여 처음의 가정이 틀렸음을 논증하고 무거운 물체나 가벼운 물체나 동시에 떨어져야 한다는 결론을 이끌어 냈다. 그러나 공기의 저항이 작용하기 때문에 무거운 물체가 가벼운 물체보다 약간 먼저 떨어진다는 추가적인 설명도 덧붙였다. 닮은꼴 물체의 경우 길이를 반으로 줄이면 무게(부피)는 세제곱에 비례하여 1/8로 줄지만 표면적은 제곱에 비례하여 1/4로 감소하므로, 작은 물체가 표면적 비율이 높아서 공기 저항을 더 많이 받는다는 설명이었다. 아울러 물체의 낙하 속도는 시간에 비례하고 낙하 거리는 시간의 제곱에 비례한다는 등가속도 법칙, 진자의 주기는 진동 폭에 상관없이 항상 일정하다는 진자의 등시성 원리도 밝히고 있다.

둘째 날 이야기 주제는 지렛대의 원리와 구조물 기둥의 여러 가지 형태에 따른 강도에 대한 것이었다. 갈릴레이는 원기둥이나 각기둥의 무게가 자신을 부수려는 힘으로 작용하는데, 기둥이 버티는 힘은 기둥의 단면적에 비례하고 기둥의 무게는 세제곱으로 증가하기 때문에 닮은꼴 모양이라면 큰 기둥일수록 약하며, 사람의 뼈 또한 그러하다고 설명했다. 만약 거인의 뼈의 생김새 비율이 보통 사람의 뼈와 같다고 하면, 거인의 뼈는 약해서 부러지기 쉽다고 설명했다. 아울러 뼈의 크기가 커지면 길이보다 굵기가 더 늘어나야 제 기능을 할 수 있다는 것을 그림으로 덧붙였다.

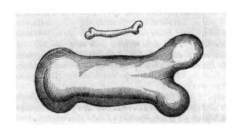

셋째와 넷째 날 이야기는 물체의 운동과 속력, 쏘아 올린 물체의 포물선 운동, 공기 저항, 진자의 진동에 관한 것이 주된 내용이다. 그는 낙하 물체가 비탈면을 내려가는 가장 빠른 길은 미끄럼틀과 같은 직선 경로가 아니라, 아래로 휘어진 원의 곡선을 따라 이동하는 것이라고 기하학적으로 논증했다.

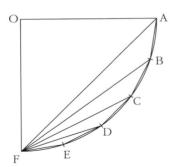

낙하 물체의 경우
대각선 A → F로 가는 것보다
A → B → C → D → E → F로
가는 것이 시간이 적게 걸린다.
결국엔 호를 따라 가는 것이
가장 빠르다.

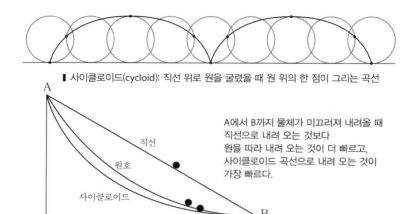

■ 사이클로이드(cycloid): 직선 위로 원을 굴렸을 때 원 위의 한 점이 그리는 곡선

A에서 B까지 물체가 미끄러져 내려올 때
직선으로 내려 오는 것보다
원을 따라 내려 오는 것이 더 빠르고,
사이클로이드 곡선으로 내려 오는 것이
가장 빠르다.

그렇지만 원호를 따라 내려오는 것보다 실제로는 사이클로이드 (cycloid) 곡선의 경로로 내려오는 것이 더 빠르다는 것이 후대의 학자들에 의해서 밝혀지고 정의되었다.

사이클로이드는 직선 위로 바퀴가 구르듯이 원을 굴렸을 때 원 위의 한 점이 그리는 곡선 경로다.

위 그림의 A에서 B까지 물체가 이동하는 경우, 직선이나 원호보다 사이클로이드 곡선을 따라 떨어지는 물체가 중력에 의한 초기 가속이 가장 크기 때문에 바닥 B에 도달하는 시간이 가장 짧으며, B 지점에서의 속력 또한 최대가 된다. 독수리가 지상의 먹잇감을 낚아채기 위해 상공에서 지상으로 낙하하는 경로가 바로 사이클로이드 곡선과 같고, 놀이공원의 레일 기차가 최고의 가속을 내는 경로 또한 사이클로이드라는 것은 널리 알려진 사실이다.

그는 맹인이 된 상태에서 진자의 법칙을 이용한 진자시계의 설계도를 1641년에 완성하고 아들이 이를 제작하도록 지도했지만 완성하지는 못했다. 그리고 갈릴레이는 1642년 1월 8일 갑자기 쓰러져 숨을 거두었다.

갈릴레이가 죽고 340년이 흐른 뒤(1980년) 가톨릭교회는 갈릴레이와 지동설에 대한 재판이 잘못된 것임을 공식적으로 인정했다.

27

티코가 수십 년 동안 모은 자료에
점을 찍어 알아낸 행성 궤도의 법칙

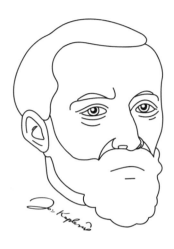

요하네스 케플러

Johannes Kepler (1571. 12. 27 ~ 1630. 11. 15)

행성들이 태양을 중심으로 회전하고 있다는 코페르니쿠스의 태양 중심설(지동설)은 1543년 그의 책『천구의 회전에 대하여』를 통하여 알려졌다. 그렇지만 당시 그의 지동설은 명확한 증거가 없었다. 코페르니쿠스가 죽은 해로부터 28년 뒤에 태어난 요하네스 케플러는 태양계 행성들의 운동에 관해 부인할 수 없는 3개의 법칙을 발견하여 불완전했던 코페르니쿠스의 지동설을 확고한 진리의 반석 위에 올려놓았다. 케

플러의 업적은 당대 최고의 천문 관측학자였던 티코 브라헤의 자료가
있었기에 가능했다.

덴마크의 귀족 가문에서 태어난 티코 브라헤(Tycho Brahe,
1546~1601)는 12세부터 코펜하겐대학 등에서 공부했으며, 16세부터는
천문 관측을 시작했다. 그는 1572년 카시오페이아자리 근처에서 신성[1]
을 발견하고 『신성에 관하여』라는 책을 출판한 후 1574년 코펜하겐 대

▌ 우라니보르 천문대 　　　　　　　 ▌ 스째른보르 지하 관측소

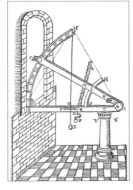
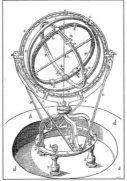

▌ 육분의 　　　　　 ▌ 아밀러리 　　　　　 ▌ 대형 적도의

학에서 첫 강의를 시작했다. 당시 덴마크의 국왕이었던 프레데릭 2세 (Frederick II)는 티코에게 스웨덴 영토에 가까운 벤섬(Ven island)을 하사하여 천문대를 짓도록 지원하였다. 티코는 벤섬의 중앙부에 천문대 우라니보르(Uraniborg)와 지하 관측소 스째른보르(Stjernborg)를 건설한 후 사분의, 육분의, 적도의, 아밀러리, 엘리데이드[2] 등 다양한 관측 장비를

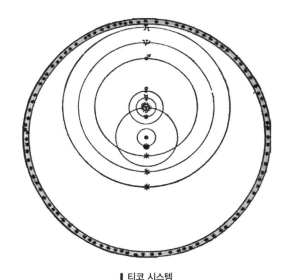

❙ 티코 시스템
원운동의 중심에 지구가 있고 달이 지구 주위를 회전하고 있으며, 그 바깥 궤도에
태양이 행성들을 거느리고 지구를 중심점으로 하여 회전하고 있는 모델

---

1. 新星, Nova: 평소에는 보이지 않던 새로운 별. 신성은 별의 폭발에 의해서 밝기가 수만 배로 증가했다가 점차 어두워진다.
2. 사분의 : 천체의 위치를 측정하기 위해 사용하는 원을 사등분한 각도기
   육분의 : 원을 육등분한 각도기
   아밀러리(amilary) : 천체의 상대적 위치를 측정하는 도구. 지평선 기준으로 측정한 천체의 위치를 천구 적도 또는 황도 기준으로 변환할 수 있는 도구
   엘리데이드(alidade) : 클로버 모양의 가늠쇠가 달린 천체 관측 장비

이용하여 정교한 관측을 하였고 방대한 분량의 천문 자료를 축적했다.

티코 브라헤는 행성들의 움직임에 관한 코페르니쿠스의 이론을 인정하지 않고, '티코 시스템'이라고 일컬어지는 자신만의 태양계 운동 이론을 만들었다. 지구를 제외한 다른 행성들이 태양을 회전하고, 태양은 지구를 회전하는 형태의 모델이었다.

요하네스 케플러는 1571년 12월 27일 독일 슈투트가르트 부근에서 장남으로 태어났다. 그의 할아버지는 바일시 시장이었고, 아버지 하인리히는 계약직 용병이었다. 케플러가 남긴 기록에 따르면, 아버지는 잔인하고 부도덕하고, 어머니 카타리나는 수다스러우며 호전적이고 밝지 못하며, 할아버지는 방탕한 사람이었고, 할머니는 증오에 가득 찬 거짓말쟁이였다. 케플러가 네 살이 되었을 때 어린 동생과 함께 친척 집에 맡겨졌다. 그의 부모는 집을 비우고 어디론가 떠났다가 1년이 지나서야 돌아왔다. 부모가 집을 비운 시기에 케플러는 천연두에 걸려 죽을 고비를 넘겼고 시력 장애마저 생겼다. 어린 동생은 제대로 돌봄을 받지 못하고 사고뭉치로 성장하다가 아버지가 그를 팔아 버리겠다고 겁을 주는 바람에 십 대 초반에 도망친 후 떠돌이 인생을 산 것으로 전해진다.

16세기는 종교개혁이 일어나 구교인 가톨릭과 개신교인 루터교, 칼뱅교 등의 여러 세력이 대립하며 혼란한 때였다. 루터교도였던 케플러의 가족은 1576년 레온베르로 이사하였고 케플러는 그곳에서 독일어 학교를 다녔는데, 그곳의 선생님들은 똑똑한 케플러를 라틴어 학교로 전학시켰다. 그렇지만 8~10세 때는 부모의 지시로 학업을 중단하고 힘든 농사일을 해야 했다. 1584년에는 아델베르 중등 신학교 입학 허가를 받아 공부했고, 2년 후에는 말브론(Malulbronn) 고등 신학교에 진학하여 2년 동안 공부했다. 그 무렵 케플러의 아버지 하인리히는 용병이 되기 위해 집을 떠났다가 재산을 탕진하고 가출하여 영영 돌아오지 않았다.

케플러는 1587년 10월에 튀빙겐대학에 등록했고, 이듬해 졸업시험에 응시하여 학사 자격을 먼저 획득한 후 신학부에서 2년 동안 공부하는 특이한 학업 과정을 거쳤다. 천문학 담당 교사 미카엘 매스틀린(Michael Mästlin)이 일반 학생들에게는 프톨레마이오스의 천동설을 가르쳤지만, 케플러에게는 특별히 코페르니쿠스의 지동설을 소개하고 가르쳐 주었으며 평생 스승 역할을 했다.

케플러는 신학자가 되려고 했으나 그라츠 신학교의 요청에 의해 튀빙겐대학이 그를 추천함으로써 수학교사로 파견 근무를 하게 되었다. 아울러 그라츠[3]의 지역 수학자로 임명되어 천문력과 점성학 예언 연감을 제작하는 직무를 맡게 되었다. 케플러는 1595년 점성력을 제작하면서 혹한, 전쟁, 농민 봉기 등을 예언했는데 신기하게도 전부 적중하여 상여금을 받고 연봉도 올랐으며 이름이 알려지게 되었다.

1597년 4월 케플러는 7세 딸이 있는 미망인 바르바라 밀러(Barbara Müller)와 사랑에 빠져 결혼했다. 그 무렵에 케플러는 우주의 기하학적인 배열에 대해 철학적인 접근을 하다가 플라톤의 완전 입체와 연관되는 신비로운 현상을 알아내고 『우주의 신비 *Mysterium Cosmographicum*』를 출간했다.

---

3. Graz: 오스트리아에서 두 번째로 큰 도시

정사면체

정육면체

정팔면체

정십이면체

정이십면체

▌ 플라톤의 완전 입체

　플라톤의 완전 입체란 변의 길이가 같은 면으로 구성된 정사면체, 정육면체, 정팔면체, 정십이면체, 정이십면체의 5개를 말한다. 케플러는 책의 서문에서 '지구의 공전 궤도에 정십이면체를 외접시키면 이를 둘러싸고 있는 원이 화성의 공전 궤도가 되고, 화성의 공전 궤도에 정사면체를 외접시키면 이를 둘러싸고 있는 원이 목성의 공전 궤도가 되며, 목성의 공전 궤도에 정육면체를 외접시키면 이를 둘러싸고 있는 원이 토성의 공전 궤도가 된다. 또한 지구의 공전 궤도 안으로 정이십면

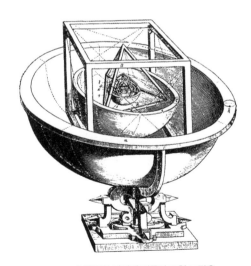

▌ 케플러 다면체 이론의 모형 그림⑱

체를 내접시키면 이를 둘러싸는 원이 금성의 공전 궤도가 되고, 금성의 공전 궤도 안으로 정팔면체를 내접시키면 수성의 공전 궤도가 된다'라고 설명하였고, 스승에게 보낸 편지에서는 이를 '하나님의 놀라운 기적'이라고 표현했다.

다면체 이론은 태양을 중심점으로 설명하는 것이었으므로 케플러의 책을 읽은 이탈리아의 갈릴레오는 이를 지지하는 편지를 보냈다. 그러자 케플러는 '코페르니쿠스의 이론(지동설)을 공개적으로 천명하는 것이 어떠시냐?'라는 취지의 답신을 보냈다. 그러나 갈릴레오는 썩 내키지 않는지 답장하지 않고 오랜 세월을 침묵했다.

한편, 덴마크에서는 성인이 된 크리스티안 4세(Christian IV, 1577~1648)가 1596년 8월에 정식으로 왕위 대관식을 가졌다. 선대왕 프레데릭 2세는 이미 8년 전에 사망했지만, 왕위 계승자인 크리스티안 4세의 나이가 어렸기 때문에 그동안 추밀원이 정국을 운영해 왔던 터였다. 왕위에 오른 크리스티안 4세는 티코 브라헤의 영지 일부를 박탈하고 우라니보르 천문대의 소유권도 인정하지 않겠다고 공식적으로 밝혔다. 티코는 점성술사로 오랜 기간 왕실의 조언자 역할을 하면서 자신이 마치 왕과 동격이 된 듯 거만하게 굴었던 터라 새로 즉위한 왕의 호의를 기대할 수 없는 처지였다. 티코 브라헤는 21년 동안 거주하던 벤 섬을 포기하고 코펜하겐으로 돌아와 왕궁이 바라보이는 자신의 저택에 관측 장비를 설치하고자 했다. 그러나 이 또한 왕의 시야를 방해한다는 이유로 철거 지시가 떨어져서 다시 짐을 싸야만 했다.

결국 티코 브라헤는 함부르크 변방으로 망명했다. 그리고 그곳에서 『최신 천체 운동론』을 집필한 후 일꾼들을 시켜 프라하의 세력가들에게 일일이 책을 전달했다. 신성로마제국[4]의 황제 루돌프 2세에게 자신의 가치를 알려서 프라하로 입성하기 위한 계획의 일환이었다. 그의 계획은 성공하였고 루돌프 2세의 호출을 받아 프라하로 이동했다. 당시 신성로마제국의 수학자는 우르수스(Ursus)로 과거에 티코의 천문대에 머물면서 티코의 자료를 훔쳐 '티코 시스템'을 자신의 이론인 양 책을 냈고 티코에 대해 저질스러운 인신공격[5]까지 한 적이 있었다. 그는 티코가 프라하로 온다는 소식을 듣고 야반도주했다.

제국의 황제 루돌프 2세는 지저로우(Jizerou)강 근처의 베나트키(Benatky) 성을 티코에게 하사하고 세습 영지와 연금 지급도 약속했다. 1600년 티코는 자신의 천문대로 케플러를 초대하는 편지를 보냈다. 케플러는 프라하로 이동하여 티코를 만났고 처음에는 환대를 받았다. 그러나 티코는 케플러를 의심하고 경계하여 오랫동안 천문 관측 자료의 일부만을 보도록 통제했다. 결국 케플러의 실력을 인정한 티코는 그를 루돌프 2세에게 소개하고 새로운 제안을 했다. 황제의 이름을 딴 '루돌프 표[6]'를 만들기로 하고 그 편집 작업을 케플러에게 맡긴 것이다.

황제는 케플러에게 급여 지급을 약속했고, 티코는 자신의 관측 자료를 모두 케플러의 손에 맡겼다. 그때부터 티코는 사교 파티에 자주 참석했다. 케플러의 기록에 의하면, 티코는 1601년 10월 한 귀족의 만찬에서 술을 마시고 예의를 차리느라 소변을 너무 오래 참았다. 집으로 돌아온 그는 방광이 터진 듯 소변을 볼 수 없었고 열흘 동안 고열과 정

---

4. 926~1896년 독일 제국의 명칭
5. 티코는 십 대 초반에 팔촌 형제와 결투하다가 코의 일부가 잘렸기 때문에 코 모양을 본뜬 금속 보형물을 붙이고 살았는데, 우르수스는 이를 두고 '티코는 얼굴에 구멍이 세 개라서 이중성을 식별할 수 있다'라고 자신의 책에다 썼다.

신착란을 겪다가 결국 숨을 거두었다. 티코의 장례식이 끝나자마자 루돌프 2세는 케플러를 제국의 수학자로 임명했다.

1604년 케플러는 '상하가 뒤집혀 안구의 망막에 맺히는 사물의 상, 근시와 원시를 교정하는 안경의 원리, 구에서 나오는 빛의 광도(표면적에 비례하고 거리 제곱에 반비례함)' 등의 내용을 담아 『천문학의 광학적 측면』을 출간하였다. 1604년 10월에는 신성[7]을 발견하고 1년 동안 관측하여 『뱀주인자리의 발 부분에 있는 신성』이라는 책을 냈다.

그리고 티코가 남긴 화성 관측 자료를 검토하여 행성의 공전에 관한 규칙성을 알아냈다. 이른바 케플러 제1법칙, 제2법칙으로 불리는 '타원 궤도의 법칙'과 '면적 속도 일정의 법칙'을 발견한 것이다. 이 내용은 1609년 『신천문학$_{Astronomia\ Nova}$』에 수록되어 세상에 알려지기 시작했다.

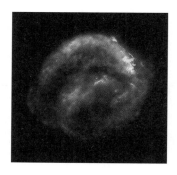

▌ 케플러 초신성의 잔해
(2004년 촬영 합성)⑫

---

6. 관측자의 위도와 경도에 따라서 그 위치가 다르게 보이는 천체들의 정확한 위치를 계산할 수 있고 행성들의 운행 경로를 예측하여 미래의 위치도 파악할 수 있는 표

7. 1604년 케플러가 관측한 신성 이후로는 400년이 넘도록 육안으로 볼 수 있는 신성이 관측된 바 없다. 현대 과학자들은 그가 관측한 신성을 '케플러 초신성(Kepler's Supernova, SN1604)'이라고 명명했다. 1604년 폭발 당시에는 −2.5등급 정도로 금성만큼 밝았는데 오늘날에는 우주 망원경으로만 그 잔해를 볼 수 있다.

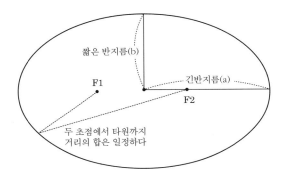

▌타원
평면 위의 두 초점(F1, F2)에서 거리의 합이
일정한 점들의 집합으로 만들어지는 곡선

짧은 반지름(b)

긴반지름(a)

F1

F2

두 초점에서 타원까지
거리의 합은 일정하다

케플러는 궤도의 모양을 알아내기 위해서 태양, 지구, 화성이 이루는 각도 자료를 삼각형으로 연결하여 교차점을 찾은 후 하나하나 점을 찍어 가며 화성의 공간적 위치를 파악했다. 그는 화성의 궤도를 달걀 모양, 소시지 모양 등으로 상상하며 자료를 분석하다가 최종적으로 타원 궤도임을 파악했다. 타원은 두 초점에서 거리의 합이 일정한 점들의 집합으로 만들어지는 곡선이다.

태양은 타원의 중심이 아니라 초점에 위치한다. 때문에 행성은 태양에 가까워졌다가 멀어지기를 반복하며 공전한다. 행성이 태양에 가장 가까운 지점을 근일점, 태양에서 가장 멀리 위치한 지점을 원일점이라고 한다.

행성의 공전 속도는 근일점을 지날 때 가장 빠르고 원일점을 지날 때는 가장 느려진다. 이러한 공전 속도의 변화는 행성이 같은 시간 동안에 쓸고 지나가는 부채꼴 면적과 밀접한 상관이 있다. 같은 시간 동

▌케플러 제1법칙(타원 궤도의 법칙)
행성은 태양을 초점으로 하는 타원 궤도를 공전한다.

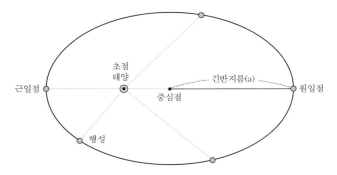

- 근일점: 행성에서 태양까지의 거리가 가장 가까운 지점
- 원일점: 행성에서 태양까지의 거리가 가장 먼 지점

행성에서 태양까지의 평균 거리를 산출하면 타원의 긴반지름의 길이와 같아진다.
즉, 긴반지름(a) = 행성에서 태양까지의 평균 거리

▌케플러 제2법칙
동일한 시간 동안 행성과 태양을 잇는 선이
휩쓸고 지나가는 면적의 크기는 같다.

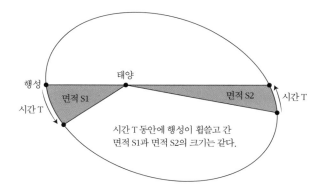

시간 T 동안에 행성이 휩쓸고 간
면적 S1과 면적 S2의 크기는 같다.

안에 행성이 쓸고 지나간 부채꼴의 면적은 항상 같다는 것이 '면적 속도 일정의 법칙'이다.

1610년 봄, 케플러는 갈릴레이가 목성의 위성 4개를 발견했다는 놀라운 소식을 들었다. 갈릴레이는 위성 발견의 내용을 담은 자신의 저서 『시데레우스 눈치우스』를 케플러에게 보내고 의견을 구하는 편지를 썼다. 이에 케플러는 갈릴레이의 발견을 지지하는 편지를 썼고, 그 내용을 『별 메신저와의 대화』라는 제목의 소책자로 발간했다. 덕분에 갈릴레이는 지동설을 반대하는 학자들과 싸움을 하는 데 큰 힘을 얻었으나 고맙다는 편지도 하지 않았고 케플러의 업적에 대해서도 무관심했다고 과학사는 전하고 있다.

케플러는 갈릴레이가 만들어 한 귀족에게 선물한 망원경을 빌려서 목성을 관찰했다. 그리고 갈릴레이식 망원경보다 더 효율적인 방식의 망원경을 설계한 후 1611년에 출간한 『굴절광학*Dióptrica*』에 설계도를 실었다. 갈릴레이가 만든 망원경은 볼록렌즈와 오목렌즈를 결합한 것이었지만, 케플러가 설계한 망원경은 두 개의 볼록렌즈를 결합한 것이었다. (오늘날 시판되는 천체 관측용 굴절망원경은 대부분 케플러식 망원경이다.)

1611년 봄에는 여섯 살이 된 아들이 천연두에 걸려 죽었고, 여름에는 그의 아내 바르바라가 열병으로 사망했다. 또한 정신이상을 보이던 황제 루돌프 2세가 권자에서 쫓겨나고 그 자리를 동생 마티아스(Mattias)가 차지했다. 루돌프 2세는 몇 개월 후 사망했다. 힘든 일들이 연거푸 일어나자 케플러는 여덟 살 딸과 세 살 아들을 데리고 프라하를 떠나 오스트리아 북부의 중심 도시 린츠(Linz)로 이사했다.

케플러는 어린 자녀들 잘 돌보기 위해서도 재혼을 서둘러야 했다.

그렇지만 그는 11명의 신붓감 후보에 번호를 붙이고 비교하며 갈등하느라 쉽사리 선택을 못했다.

'1번 후보는 건강해 보이나 입 냄새가 심하고, 2번 후보는 우연히도 1번 후보의 딸인데 사치스러웠고, 3번 후보는 매춘부를 임신시킨 다른 남자와 약혼한 사이였고, 4번 후보는 미모에 운동 실력도 있고, 5번 후보는 진지하고 검소하며 아이들에게 헌신적인데 평민 출신이고, 6번 후보는 나이가 어린데 콧대가 높고, 9번 후보는 폐병을 앓고 있고, 10번 후보는 못생기고 뚱뚱해서 남이 비웃을까 염려되고…, 7번 후보에게는 내가 차였고…, 8번 후보는 내 신앙심을 의심하고 있고, 11번 후보는 기다리다 지쳐서 나를 포기했고….'

케플러는 2년 가까이 고민하다가 결국 5번 후보 수잔나 로이팅거(Susanna Reuttinger)와 1613년 10월 30일에 결혼했다. 재혼 후 케플러는 구형 통의 부피를 보다 정확하게 측정하는 방법을 담은 『포도주통의 신계량법』(1615), 7권으로 된 『코페르니쿠스 천문학 요약서』(1618~1621)를 집필했다.

1617년 9월부터 1618월 2월까지 케플러는 두 살 딸, 첫 번째 부인과 결혼할 때 얻었던 의붓딸(27세), 생후 6개월 된 딸이 연이어 사망함으로써 견디기 힘든 상실의 아픔을 겪어야 했다.

1618년 5월, 케플러는 『우주의 조화 *Harmonices Mundi*』의 집필 마무리 단계에서 케플러의 제 3법칙인 '조화의 법칙'을 발견하는 기쁨을 맛보았다. '행성~태양의 평균 거리(타원의 긴반지름)를 세제곱한 값'과 '공전 주기를 제곱한 값'이 일정한 비례 관계에 있음을 알아낸 것이다.

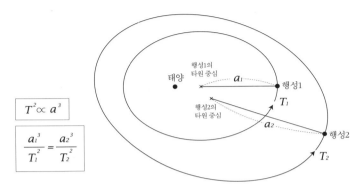

▌ 케플러 제3법칙

행성 공전 주기의 제곱은 태양에서 행성까지
평균 거리의 세제곱에 비례한다.

$$T^2 \propto a^3$$

$$\frac{a_1^{\,3}}{T_1^{\,2}} = \frac{a_2^{\,3}}{T_2^{\,2}}$$

행성들의 평균 거리 a와 공전 주기 T는 아래의 표와 같다.

	수성	금성	지구	화성	목성	토성
a (평균 거리)	0.387	0.723	1	1.524	5.204	9.537
T (공전 주기)	0.241	0.615	1	1.881	11.862	29.45

※ a(평균 거리) 단위 : AU(천문단위), 1AU는 지구~태양의 평균 거리.
　T(공전 주기) 단위 : 년(year)

a^3, T^2, 그리고 $\dfrac{a^3}{T^2}$의 값을 구하면 다음과 같다.

	수성	금성	지구	화성	목성	토성
a^3	0.058	0.3779	1	3.5396	140.93	867.43
T^2	0.0581	0.3782	1	3.5382	140.71	867.3
$\dfrac{a^3}{T^2}$	0.9979 ≒1	0.9992 ≒1	1	1.0004 ≒1	1.0016 ≒1	1.0001 ≒1

행성들의 $\dfrac{a^3}{T^2}$의 값의 계산 결과는 모두 1에 수렴하는 값(0.9979 ~1.004)[8]이 된다.

$\dfrac{a^3}{T^2} = 1$이라는 값은 년 단위와 AU 단위를 쓸 때의 값이므로, 케플러 제3법칙을 일반적인 식으로 쓰면 $T^2 \propto a^3$ 또는 $\dfrac{a^3}{T^2} = k$ (일정한 상수)가 된다.

케플러는 티코 브라헤가 죽기 전에 부탁했던 『루돌프 표』를 1624년에 완성했다. 그런데 티코의 유족들이 지분을 요구함에 따라서 인쇄가 미루어지다가 1627년에야 출간되었다. 프라하의 페르디난트 2세는 케플러의 공을 치하하여 새집과 인쇄소를 하사하고 상당량의 금화 지원을 약속했다. 1630년 그는 라이프치히 도서전에 참여했다가 가을의 찬 바람을 맞으며 레겐스부르크로 돌아온 후 고열과 섬망[9]에 시달리다가 1630년 11월 15일에 숨졌다. 그날 밤에는 불꽃같은 유성우가 내렸다고 한다.

그가 살던 시대에는 종교 대립이 극심하여 몸을 피신해야 할 경우가 많았다. 구교 통일 정책에 대항하여 신교 제후들이 반기를 들었고 유럽의 30년 전쟁(1618~1648)이 지속되어 평온한 삶이 어려웠던 시기였다. 케플러는 교회의 정원 중앙 묘지에 묻혔으나 그의 무덤은 종교 전쟁 중에 군대에 의해 훼손되어 사라졌다.

---

8. 천분의 일 정도의 오차를 보이는 것은 행성 운동에 영향을 주는 우주 공간의 모든 변수들을 고려하는 것이 불가능하고 측정 정밀도에도 한계가 있기 때문이다.
9. 譫妄: 혼란스러운 상태, 떨림과 동공 확장, 놀람, 횡설수설하는 것이 특징인 증상

28

헤비급 권투선수는 어떻게
우주 팽창의 증거를 발견했을까?

에드윈 허블

Edwin Powell Hubble (1889. 11. 20. ~ 1953. 9. 28.)

안드로메다은하는 우리 은하에서 250만 광년 거리에 있는 이웃 은
하다. 안드로메다은하는 M31이라는 명칭으로도 불린다.

M31은 18세기 프랑스의 천문학자 샤를 메시에(Charles Messie,
1730~1817)가 또렷하지 않은 뿌연 천체에 번호를 붙인 데서 비롯된 명
칭이다. 그는 소위 '혜성 사냥꾼'으로 혜성을 추적하는 과정에서 혼동
하기 쉬운 뿌연 천체를 확인하여 103개의 목록을 작성했다. 이후 다른

▌밤하늘을 상하로 가로지른 은하수와 안드로메다은하(화살표 ↓ 시직경 2.5°, 보름달의 5배 크기)

학자들에 의해 추가된 7개의 천체를 포함하여 메시에 천체 목록은 M1 부터 M110까지 총 110개로 구성되어 있다.

천체 망원경로 보았을 때 뿌옇게 보이는 천체들[1]은 종류가 다양하

---

1. 은하, 성단, 성운의 허블 망원경 촬영 사진

은하: M31 안드로메다
(2012. 01. 12)

성단: 47Tucanae
(2013. 07. 18)

성운: M1 게성운
(2020. 01. 05)

▌허블 우주 망원경(NASA's Hubble Space Telescope) 촬영 사진

여 은하(Galaxy)처럼 거대한 천체일 수도 있고, 별들이 밀집한 성단(Star cluster)일 수도 있고, 가스와 티끌로 이루어진 성운(Nebula)일 수도 있다.

20세기 초에는 은하가 '우리 은하(銀河水, Milky way galaxy)'밖에 없는 것으로 생각되고 있었다. 은하들은 모두 성운으로 간주되었고, M31도 안드로메다 성운(Andromeda Nebula)으로 불리고 있었다.

1924년 11월 에드윈 허블은 M31 안드로메다가 우리 은하수 밖에 있는 또 다른 섬우주(Island universe)라는 사실을 최초로 밝혀냈다. 당시 허블은 안드로메다 은하의 거리를 실제 거리의 절반도 안 되는 100만 광년으로 계산했지만, 이것만으로도 우주의 크기는 삽시간에 엄청나게 확장되었다. 이 발견은 시작에 불과했다. 그는 멀리 있는 은하일수록 우리 은하계로부터 빠른 속도로 멀어지고 있다는 사실(허블의 법칙)을 파악해냄으로써 진화하는 우주(빅뱅 이론, Big Bang theory)의 증거를 제시하게 되었다.

◖ ◗

에드윈 허블은 존 파월(John Powell Hubble)과 버지니아(Virginia née James)가 낳은 8남매 중 셋째로 미국 미주리주(State of Missouri) 마시필드(Marshfield)에서 태어났다. 그의 할아버지는 보험회사를 운영했고, 아버지는 네 개 지부의 책임을 맡은 임원이었다. 허블은 마시필드 초등학교에 입학했으나, 가족이 일리노이주 시카고로 이사하면서 12세에 휘튼중등학교 8학년(중2)으로 편입했다. 나이는 어렸지만 키나 덩치가 동급생들보다 컸고, 읽기 쓰기도 잘했으므로 학업에는 문제가 없었다. 고등학교 때 키가 190센티미터였고 만능 운동선수로 활약했다. 이웃 학교와의 체육대회에서 농구, 높이뛰기, 장대높이뛰기, 포환던지기, 원반던지기, 해머던지기, 1마일 계주 등 7종목에서 우승했다. 대학 진학 후에는 높이뛰기 선수로 일리노이주 신기록을 세운 것으로도 알려져 있다.

1906년 성적우수자 장학금을 받고 시카고대학에 입학한 그는 변호사가 되기를 희망하는 아버지의 바람대로 법학을 전공으로 선택했다. 미식축구부 코치가 그의 운동 능력을 알아보고 입단을 권유하자 허블은 아버지의 허락을 받으려고 했다. 그러나 아버지가 위험하다는 이유로 반대했으므로, 허블은 스포츠 통계자료를 조사하여 '야구보다 미식축구가 덜 위험하다'고 주장했다가 오히려 야구까지 금지당하고 말았다. 아버지의 말을 거역할 수 없었던 그는 헤비급 아마추어 권투선수로 등록하고 여러 차례 경기에 나갔으며, 농구부 센터로도 활약했다. 아버지가 권투는 반대하지 않았다고 한다.

1907년 시카고대 물리학 교수인 마이컬슨[2]이 광간섭계를 만든 업적으로 노벨물리학상을 수상했다. 이에 관심이 부쩍 생긴 허블은 3학년이 되자 물리학 조교를 신청했고, 밀리컨(Robert Andrews Millikan, 1868~1953) 교수의 실험 조교가 되었다. 밀리컨은 전자의 기본 전하량을 정확하게 측정하여 훗날(1923) 노벨상을 수상하게 되는 인물이다.

허블은 로즈 장학금[3] 장학생이 되기 위해 열심히 공부했다. 장학금

---

2. **Albert Abraham Michelson, 1852~1931**: 광간섭계를 만들어 지구 공전에 따른 빛의 속도 차이를 측정하는 마이컬슨—몰리의 실험을 한 것으로 유명하다. 마이컬슨—몰리의 실험은 우주 공간이 에테르로 가득 차 있어서 지구 공전 방향에 따라 측정되는 빛의 속도가 달라질 것을 예상한 실험이었다. 그러나 예상과 달리 빛의 속도 차이는 검출되지 않았고, 우주 공간에 에테르 같은 물질은 없으며 빛의 속도는 일정하다는 광속불변의 법칙을 증명한 셈이 되었다.

3. **Rhodes scholarship**: 영국 출신의 사업가 세실 로즈(Cecil John Rhodes)가 만든 국제 장학금. 세실 로즈는 남아프리카 케이프 식민지(Cape Colony)의 다이아몬드 채광권을 독점하고, 식민지 총리를 지낸 제국주의자로 알려져 있다.

액수도 컸지만, 국제적인 장학생이라는 명예를 얻고 싶기 때문이기도 했다. 결국 그는 장학생으로 선발되었고, 영국 옥스퍼드대학으로 유학을 가게 되었다. 1910년 9월부터 옥스퍼드대학에서 법학을 전공했으나 도중에 스페인어로 전공을 바꾸어 공부하고 1913년 미국으로 돌아왔다.

1913년에 그의 아버지 존 파월이 말라리아에 걸려 세상을 떠났다. 그해 허블은 켄터키에서 변호사 구술시험을 치르고 변호사 자격을 획득했다. 그리고 뉴올리버고등학교의 스페인어 교사가 된 그는 물리와 수학 수업도 맡았고 농구 코치도 겸임했는데 여학생들의 폭발적인 인기를 누렸다고 한다.

이듬해 허블은 천문학을 전공하기 위해 시카고 대학원에 입학했다. 대학이 운영하는 여키스 천문대(Yerkes Observatory)에서 일하면서 수업료와 약간의 생활비를 지원받는 조건이었다. 여덟 살 생일에 외할아버지로부터 손수 만든 천체망원경을 선물로 받았던 그는 밤하늘에 대한 꿈을 간직해 왔던 터였다. 아버지의 죽음 후 비로소 허블은 정말로 자신이 하고 싶었던 일을 시작한 셈이다.

허블은 여키스 천문대에서 찍은 항성의 사진을 십 년 전의 사진과 비교하여 항성의 '고유 운동(proper motion)[4]'에 관한 논문을 썼다.

1916년 늦여름, 허블은 로스앤젤레스 윌슨산(山) 천문대(Mount Wilson Observatory) 부대장으로부터 '학위 논문을 완성하면 내년에 연구원으로 초빙하고 싶다'라는 내용의 편지를 받았다. 그러나 1917년 4월 미국이 제1차 세계대전 참전을 선포하자 허블은 곧바로 입대를 결심한 후, 연구원 자리를 유보해 달라고 편지를 썼다. 지도교수에게는 입대하기 전에 학위논문 심사를 앞당겨 달라는 요청했다. 그의 요청은 모두 받아들여졌다. 학위논문은 완성도가 떨어졌지만 그대로 통과되었고, 그해 5월 사관후보생 훈련소에 입소했다. 그는 대위 계급장을 달고 보병중대장을 맡았으며 이듬해 소령으로 진급했다. 1918년 그의 중대병력은 프랑스에 상륙했으나 6주 후 독일이 항복하는 바람에 실제로 전투를 벌이지는 않았고, 허블은 지뢰폭발 사고로 오른쪽 팔꿈치 부상을 당했다고 알려져 있다.

1919년 8월에 제대한 허블은 9월에 천문대 연구원으로 채용되었다. 천문대장 헤일(George Ellery Hale, 1868~1938)의 노력으로 건설된 윌슨산 천문대는 구경 2.5미터, 1.5미터의 성능 좋은 망원경을 두 대나 보

4.　시간의 경과에 따라 항성이 천구 상에서 위치를 바꾸는 운동

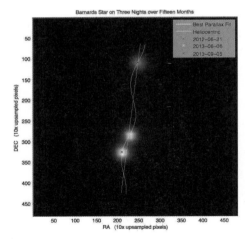

Barnards Star on Three Nights over Fifteen Months

｜별의 고유 운동

고유 운동 값은 지구 공전에 의해 변화되는 영향을 제거하고, 별이 실제로 우주 공간 상에서 움직임으로써 나타나는 위치의 변화 각도를 측정한다. 그 값은 1년 동안에 변화된 위치의 각 거리(초/년, ″/년)로 나타낸다.

그림은 약 11″/년의 고유 운동을 보이는 바너드 별(Barnard's Star)의 사진으로 2012년 6월, 2013년 6월, 9월에 찍은 사진을 겹쳐서 좌표로 나타낸 것이다. 2012년 6월~ 2013년 6월은 1년 간격으로 별이 직선으로 움직인 상태를 반영하지만, 2013년 6월~9월은 3개월 간격이기 때문에 별의 위치가 지구 공전에 의한 동–서 겉보기 진동 효과로 인하여 직선 경로에서 벗어난 것처럼 보인다. by Robert J. Vanderbei

유하고 있었다.

1920년 4월 26일, 스미소니언 자연사 박물관에서 천문학의 대논쟁으로 일컬어지는 '섀플리-커티스 논쟁(Shapley-Curtis Debate)'이 벌어졌다.

섀플리(Harlow Shapley, 1885~1972)는 '우리 은하는 직경이 30만 광년으로 모든 성단과 성운을 포함하는 유일한 우주'라는 요지의 주장을 폈고, 릭 천문대의 커티스(Heber Doust Curtis, 1872~1942)는 '안드로메다를 비롯한 나선 성운들은 우리 은하 밖에 존재하는 섬 우주와 같다'고 주장했다.

대논쟁에서 M31 안드로메다에 대한 관측 자료는 중요한 증거 도구가 되었다.

섀플리는 안드로메다에서 1885년에 관측된 신성[5] S의 겉보기 광도가 매우 크다는 점을 근거로 삼아 안드로메다는 멀지 않은 곳에 있는 성운이라고 주장했다.

커티스는 신성S가 일반적으로 알려진 것보다 훨씬 밝은 신성일 수 있으므로 겉보기 광도가 크다는 것이 결코 가까이 있다는 증거가 될 수 없다고 반론했다. 또한 안드로메다는 내부에서 신성이 여러 개 관측된 바 있으므로 결코 작은 성운일 수가 없다고 주장했다.—커티스의 주장은 훗날 사실로 밝혀졌다. 신성S는 일반 신성보다 수십 배 이상 밝은 초신성(超新星, Supernova)이었다.—

섀플리는 반 마넨(Adriaan van Maanen, 1884~1946)이 측정한 M33 성운의 예를 들어 자신의 주장에 힘을 싣고자 했다. M33 성운, 일명 바람

5.　新星, Nova: 별이 폭발하여 광도가 수만 배 이상으로 밝아졌다가 차차 어두워지는 별

개비 성운은 회전하고 있으며, 그 회전 각속도로 미루어 볼 때 거리가 멀지 않은 우리 은하 내부에 있어야 마땅하다고 주장했다. 만약 M33이 우리 은하 밖에 있는 천체라면 회전 속도가 광속을 넘어버리는 모순이 발생한다는 것이었다.

커티스는 반 마넨의 측정 자료를 의심하면서 그 자료가 정말 옳은 것으로 판명된다면 내 의견이 틀렸음을 인정하겠다고 말했다. (실제로 바람개비 은하는 너무 멀리 있는 외부 은하이므로 수십 년을 관찰해도 회전각을 측정할 수 없는 대상이었다. 이 사실을 1935년에 허블이 입증했다.)

대논쟁에서 양측이 서로 승리했다고 주장했지만, 이후 허블은 섀플리의 주장이 틀리고 커티스의 주장이 옳다는 증거를 발견했다. 아이러니하게도 섀플리와 반 마넨은 윌슨산 천문대에서 함께 근무하는 허블의 선임 동료들이었다. 섀플리와 반 마넨은 친구였지만, 허블은 그들과

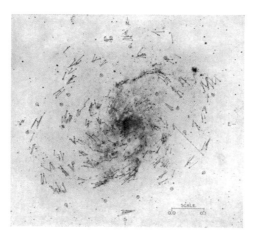

▌반 마넨, M33 바람개비 성운 고유운동 측정 그림, Astrophysical Journal, 1923[⑧]
위 측정이 잘못된 것임을 1935년 허블이 입증했다.

처음부터 사이가 좋지 않았다. 허블은 군인 장교용 코트와 니커 바지(골프 바지)를 즐겨 입고 선장처럼 담배 파이프를 물고 다녔으며, 옥스퍼드 유학 때 익힌 영국식 말투를 구사하는 별종이었다. 또한 그는 로즈 장학생이었고 게다가 만능 운동선수이기도 했으므로 만만한 구석이 없는 사람이었다.

허블은 망원경으로 성운들을 촬영하여 1922년 '은하수 내 성운과 은하수 외 성운'으로 구분한 논문을 발표하였다. 이후 허블은 우리 은하계 밖의 성운을 타원 성운, 나선 성운, 불규칙 성운 세 종류로 간략하게 분류했다. 타원(Elliptical) 성운은 납작한 정도에 따라서 E0~E7로, 나선 성운은 중심부의 모양에 따라 정상 나선(Normal Spirals) 성운과 막대 나선(Barred Spirals) 성운으로 구분한 후, 나선팔이 벌어진 정도에 따라서 세 단계(Sa, Sb, Sc / SBa, SBb, SBc)로 나누었다. S0는 원반 형태의 성운이다.

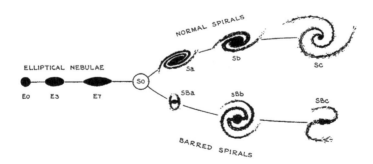

Fɪɢ. 1. *The Sequence of Nebular Types.*

▍허블의 성운(은하) 분류 체계⑧

은하계 밖의 성운은 실제로 은하이기 때문에 허블의 성운 분류는 곧 '은하 분류 체계'인 셈이다. 허블은 성운 분류 체계에 관한 내용을 편지로 적어 1923년 7월 국제천문연맹 성운부 회장인 베스토 슬라이퍼(Vesto Melvin Slipher, 1875~1969)에게 보냈다. (정식 논문은 1926년 12월 천체물리학회지에 게재되었다.)

베스토 슬라이퍼는 평생 동안 로웰 천문대(Lowell Observatory)에 재직한 천문학자로 1912년 안드로메다 성운이 초속 300킬로미터로 접근하고 있다는 사실을 최초로 알아냈다. 이는 천체의 스펙트럼을 관측했을 때 도플러 효과[6]에 의해 나타나는 파장의 변화량을 측정하여 알아낸 것이었다. 슬라이퍼는 1917년까지 25개 나선 성운의 시선 속도를 측정하여 안드로메다를 제외한 나머지 나선 성운들은 평균 초속 500킬로미터의 속도로 멀어지고 있다는 사실도 알아냈다. 그러나 그는 성운들까지의 거리를 측정하지 못했으므로 나선 성운들이 우리 은하 내부에 있는 것인지 외부에 있는 것인지는 파악하지 못했다.

---

6. **Doppler effect**: 파동을 일으키는 파동원이 관찰자와의 상대속도에 따라서 파장과 진동수가 변화되어 관측되는 효과를 말한다. 사이렌을 울리며 달리는 구급차가 관찰자에게 접근하는 경우에는 사이렌 소리가 높은 음으로 들리고, 멀어지는 경우에는 낮은 음으로 들리는 현상이 대표적인 도플러 효과의 예다.

빛도 파동의 성질을 가지고 있기 때문에 빛을 방출하는 천체가 지구에 가까워지고 있는 경우에는 파장이 짧게 관측되고, 지구에서 멀어지는 경우에는 파장이 길게 관측된다. 파장이 짧아졌는지 길어졌는지를 파악하는 것은 일반적으로 천체의 스펙트럼을 찍었을 때 검은색으로 나타나는 흡수선들의 위치 변동으로부터 알아낸다. 흡수선들이 짧은 파장(청색) 쪽으로 이동하면 천체가 지구를 향해 접근하는 것이고, 긴 파장(적색) 쪽으로 이동하면 지구에서 먼 방향 쪽으로 후퇴하는 것이다. 이를 각각 청색편이(Blueshift, 청색이동), 적색편이(Redshift, 적색이동)라고 한다.

적색편이량을 z, 천체가 방출한 빛의 파장을 λ_e, 관측된 파장을 λ_o, 후퇴속도를 V, 광속을 C라고 하면
$$z = \frac{\lambda_o}{\lambda_e} - 1 = \sqrt{\frac{1+\frac{V}{C}}{1-\frac{V}{C}}} - 1 \approx \frac{V}{C}$$ 로 표시된다. 이로부터 은하의 후퇴속도 $V \approx C$(광속) $\times$ z(적색편이량)이다.

성운 관측을 계속하던 허블은 1923년 10월 안드로메다 성운 내부에서 약 31.45일의 주기로 밝기가 변하는 세페이드 변광성[7]을 발견했다.

세페이드 변광성은 밝아지고 어두워지기를 반복하는 별로서, 밝기의 변화 주기와 별의 밝기(광도)는 비례한다.

세페이드 변광성의 주기-광도 관계를 최초로 발견한 사람은 하버드 천문대에서 천체 사진 건판을 분석하던 헨리에타 스완 레빗(Henrietta Swan Leavitt, 1868~1921)이었다. 그녀는 1777개의 변광성 분석 자료

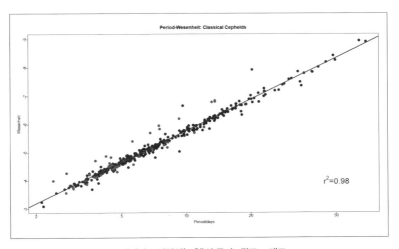

▌세페이드 변광성(Ⅰ형)의 주기-광도 그래프

7.　Cepheid variable: 1748년 네덜란드 출신 영국인 천문학자 존 구드릭(John Goodricke)은 세페우스자리 델타(δ Cephei)가 변광성이라는 사실을 발견했다. 이와 유사한 특성을 보이는 별들을 세페이드 변광성이라고 한다.

를 1908년 하버드 천문학 회보에 실었지만, 세페이드 변광성의 주기-광도 관계를 알리는 중요한 사실은 천문대장 피커링(Edward Charles Pickering, 1846~1919)의 이름으로 1912년 하버드 연보에 게재되었을 뿐이다. 그녀는 변광성에 대해 애착을 가지고 있었지만, 피커링이 다른 업무를 하도록 지시했기 때문에 윌슨산 천문대 연구원인 할로 섀플리에게 편지를 보내어 자문을 구한 바 있었다. 섀플리는 레빗의 변광성 자료를 이용하여 거리를 구하는 방법을 개발했다.[8]

　　1924년 2월 허블은 안드로메다에서 발견한 변광성에 대한 내용을 편지로 써서 선임 동료였던 할로 섀플리에게 보냈다. 당시 섀플리는 하버드 천문대장 피커링이 죽은 뒤 그 자리를 물려받아 자리를 옮긴 상태였다. 섀플리가 만든 주기-광도 관계를 이용하면 변광 주기가 31.45일인 변광성의 거리는 대략 100만 광년(실제로는 250만 광년)이나 된다. 이는 안드로메다 성운이 우리 은하에서 멀리 떨어진 외부의 천체라는 사실을 알려주는 것이었다. 섀플리는 충격을 받았지만, 이후 허블의 발견을 인정하고 우리 은하가 우주 전부라는 자신의 주장을 공식적으로 철회했다. 섀플리는 훗날 허블의 편지를 가리키며 "저것이 내 우주를 멸망시킨 편지라네."라고 말한 것으로 전해진다.

---

8. 세페이드 변광성의 주기-광도 관계는 변광성들 사이에 상대 광도 비교를 할 수 있는 자료이기 때문에 그것만으로는 별까지의 절대 광도를 알 수가 없다. 그러므로 다른 방법을 통해 어느 한 개의 변광성이라도 거리를 알아낸 후 이를 적용해야 나머지 변광성들의 절대 광도를 알 수 있다.
가까운 별들은 지구 공전에 의해 발생하는 1년 동안의 연주시차 각을 측정하여 거리를 측정할 수 있지만, 세페이드 변광성들은 먼 거리에 있기 때문에 일반적인 연주시차 측정으로는 거리를 알기가 어렵다. 때문에 당시에는 태양계가 우주 공간을 몇 년 동안 이동하면서 생기는 은하들의 위치 변동 시차를 이용하여 거리를 추정하는 방법을 이용했다. 별의 절대 광도를 알게 되면 촛불이 2배, 3배 거리로 멀어질 때 밝기가 $\left(\frac{1}{2}\right)^2$배, $\left(\frac{1}{3}\right)^2$배로 어두워지는 원리를 이용하여 별까지의 거리를 구할 수 있다.

허블은 M31 안드로메다 이외에도 M33(바람개비 은하), NGC6822 (바너드 은하)에서 추가적으로 세페이드 변광성을 확인하는 데 성공했다. 이로써 1925년 무렵에는 나선 성운들이 우리 은하 외부의 다른 은하라는 사실이 널리 인정되었다.

허블은 천문학 조수 밀턴 휴메이슨(Milton Lasell Humason, 1891~1972)과 함께 외부 은하들의 후퇴 속도를 측정하는 작업을 시작했다. 휴메이슨은 중학교를 중퇴하고 천문대 건설 자재를 옮기는 노새꾼으로 일하다가 스무 살에 천문대 전기기술자의 딸과 결혼했고, 1922년 천문학 조수로 발탁된 사람이었다. 휴메이슨은 흐린 천체를 촬영하기 위해 추운 날씨에도 밤샘 작업을 마다하지 않았고, 여러 은하들의 후퇴속도를 측정하여 1936년에는 100개 은하의 시선속도를 발표했다.

허블이 휴메이슨의 자료를 분석하여 얻어 낸 결론은 '멀리 있는 은하일수록 우리 은하에서 멀어지는 후퇴 속도가 빠르다'라는 것이었다. 그는 이 내용을 6쪽으로 정리하여 1929년 3월 국립과학원회보에 「은하계 외부 성운의 거리와 방사 속도와의 관계A relation between distance and radial velocity among extra-galactic nebulae」라는 제목으로 발표했다.

은하의 후퇴 속도를 V, 은하까지의 거리를 r이라고 하면, 허블의 법칙은 V = H · r 로 표기된다. 허블은 비례 상수 H 값을 500km / s / Mpc 로 제시했다. (후대 과학자들의 연구와 보정을 통해 H ≒ 71km / s / Mpc으로 조정되었다.)

벨기에의 가톨릭 사제이자 천문학자인 르메트르(Georges Henri Joseph Édouard Lemaître, 1894~1966)는 1925년에 대폭발 우주론을 발표했다. 초고온 초밀도의 한 점이 폭발하여 현재의 우주 상태로 팽창했다는 내

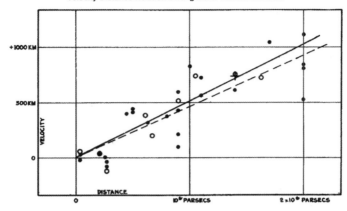

Velocity-Distance Relation among Extra-Galactic Nebulae.

▌ 외부 성운(은하)들의 속도-거리 관계를 표시한 허블 도표, 1929 ⑱

용이었다. 대폭발 우주론은 훗날 '빅뱅이론(Big Bang theory)'이라는 별명이 붙게 된다. 허블의 법칙은 대폭발 우주론의 우주 팽창을 지지하는 첫 번째 증거였다.

1930년 허블은 미국을 방문한 알베르트 아인슈타인 부부를 만났다. 아인슈타인은 허블의 연구에 찬사를 보냈다. 아인슈타인은 영원하고 변치 않는 정상우주(Infinite Universe)를 오랫동안 고집하며 믿었지만, 결국 대폭발 우주론을 인정했다.

한 점에서 폭발하여 팽창한 우주의 시간을 거슬러 올라가면 우주는 한 점에 다시 모이게 될 것이다.

$$시간(t) = \frac{거리(r)}{속력(V)} \ 이므로,$$

이 공식에 허블 공식 V = H · r을 대입하면,

$$시간(t) = \frac{r}{V} = \frac{r}{Hr} = \frac{1}{H} 이 된다.$$

$\frac{1}{H}$ 을 '허블 시간[9]'이라고 하며, 이 값이 곧 우리 우주의 나이다.

허블은 연구 성과를 정리하여 1936년 『성운의 왕국*The Realm of the Nabulae*』을 출간했다.

1939년 히틀러가 폴란드를 침공하면서 제2차 세계대전이 발발했다. 1941년 12월 7일에 일본은 하와이 진주만을 공습했다. 허블은 진주만 공습 이후 육군 소령으로 재복무를 지원하여 1942년 8월에 탄도연구소에 들어갔고, 대포와 폭격기의 사정거리표를 제작하는 일을 했다.

1945년 전쟁이 끝난 후 허블은 윌슨산 천문대 관측계획위원장으로 복직했고, 1948년 윌슨산 천문대와 캘리포니아공과대학이 운영하는 팔로마 천문대(Paloma Observatory)가 통합되면서 대학교수직도 겸임하게 되었다.

1949년 허블은 심근경색으로 고통을 겪었고, 1953년 9월 28일 64세에 뇌졸중으로 사망했다. 그는 조용히 가고 싶다고 아내 그레이스에게 유언을 남겼고, 사망한 다음날 바로 화장한 것으로 전해진다.

허블이 그레이스(Grace Lillian Burke, 1889~1980)를 만난 것은 1920

---

9. 허블 시간은 상수 H 값의 크기에 따라서 달라진다. 허블이 구한 H=500km/s/Mps의 값으로 계산하면 우주의 나이가 20억 년밖에 되지 않은 것으로 나온다. 오늘날 H상수 값은 약 71km/s/Mpc으로 조정되었다. 그 값을 대입하면,

$$\frac{1}{H} = \frac{1}{71 \text{ km/s/Mpc}} = \frac{1 \text{ Mpc}}{71 \text{ km}} s = \frac{3.0856 \times 10^{19} \text{ km}}{71 \text{ km}} s ≒ 138 억년 이다.$$

년 여름으로 거슬러 올라간다. 릭 천문대의 천문학자 윌리엄 라이트 (William Hammond Wright)가 윌슨산 천문대로 출장을 오면서 부인을 동반했고, 그녀가 시누이 그레이스를 천문대 산장으로 불렀다.

그레이스는 산호세 · 산타클라라 철도회사 사장의 장녀로 스탠퍼드 대학에서 영문학을 전공했고 모든 과목에서 A를 받은 재원이었다. 그레이스는 허블과 동갑이었지만, 대학 1년 선배인 지질학자 얼 리브(Earl Leib)와 결혼한 8년차 유부녀였다. 그녀의 남편은 남태평양 지질조사를 위해 집을 비울 때가 많았으며, 부부 사이에 자녀는 없었다. 그런데 그녀가 윌슨산을 다녀온 1년 후에 남편이 탄광 지하 갱도로 들어가는 사다리에서 추락하여 사망했다.

그레이스와 허블은 1922년부터 편지를 교환했고 1923년 개기일식 관측 행사 때 다시 만났으며 1924년 2월 26일 작은 결혼식을 올렸다. 부부가 영국, 프랑스, 이탈리아로 신혼여행을 하는 동안 유럽천문학자들의 환대를 받았다. 부부는 이후에도 외국 출장을 자주 다녔고, 허블 아내의 여행비까지 천문대 경비로 처리하는 바람에 동료들의 불만을 샀다. 그레이스는 2년 후 임신을 하였으나 유산하였고, 이후 자녀는 없었다.

허블은 아버지가 돌아가신 후 자신의 가족을 돌보지 않았고 결혼 후에도 거의 만나지 않았다고 한다. 그레이스는 남편이 죽은 후 허블의 논문과 자료들을 도서관에 기증하였고, 로스앤젤레스 지역의 저널리스트로 예술, 정치계의 인사들과 교류하면서 좋은 평판을 얻었다. 그레이스는 1981년 92세의 나이로 별세했다.

▌허블 부부(그레이스, 에드윈)

21세기 과학이 인정하는 빅뱅(Big Bang) 우주는 138억 년 전에 탄생했다. 어느 유명한 우주론 학자는 빅뱅 이전을 무(無)라고 표현했다. 무(無) 자체가 불완전하기 때문에 붕괴하여 우주가 탄생했다는 논리이다.

우리 우주가 계속 팽창하여 산산이 찢어발겨지는 빅 립(Big Rip) 상태로 치닫거나, 빅뱅 이전으로 되감기를 하듯이 한 점으로 함몰하여 빅 크런치(Big Crunch) 상태가 될 거라는 종말 시나리오도 있다. 탄생이 있으면 종말이 있는 것은 당연할 텐데, 그 시간이 2조 년쯤 걸릴 거라는 추정도 있다. 2조 년은 결코 긴 시간이 아니다. 무한에 비하면 모든 것이 작디작은 것으로 축소되고 만다. 우주가 숲속의 반딧불처럼 작게 느껴질 때, 우리는 삶을 관조하게 된다.

그런데 우주의 종말이 올지라도 끝은 아니다. 무(無)에서 유(有)로, 유(有)에서 무(無)로. 그래서 니체는 영원회귀를 믿었던 것일까….

참 고 문 헌

- Albert Einstein 『*A New Determination of Molecular Dimensions*』 Dissertation University of Zurich. 1905.
- Albert Einstein 『*On A Heuristic of view about The Creation and Conversion of Light, March*』(1905) translation by I. Bernard Cohen and Anne Whitman. University of California press. 1999.
- Albert Einstein 『*On The Movement of Small Suspended Stationary Liquids Required by The Molecular-Kinetic theory of Heat*』(1905) Anallen der Physik. 2016.
- Albert Einstein 『*On the Electrodynamics of Moving Bodies, june 30*』(1905) Index Librorum Liberorum Fourmilab Table of Contents by John Walker. 2018.
- Albert Einstein 『*Die Grundlagen der allgemeinen Relativitätstheorie*』 Anallen Der Physik. 1916.
- Alfred Wegener 『*Die Entstehung der Kontinente und Ozeane*』 Vieweg & Sohn. 1928.
- Alfred Wegener 『*The Origin of Continents and Oceans*』 translated by John Biram. Dover Publications, INC, New York. 1966.
- Alan Moorehead 『*Darwin and The Beagle*』 Happer & Row, New York & Evanston. 1969.
- Antoine-Laurent Lavoisier 『*Elements of Chemistry*』 Dover Publications, New York. 1965.
- Aristarchus 『*Aristarchi De magnitudinibus, et distantiis Solis, et Lunae, liber*』 Francischinum. 1572.
- Carl von Linné 『*HORTUS CLIFFORTIANUS*』 Amstelædami. 1737.

- Carl von Linné 『*SYSTEMA NATURÆ*』Impensis Goder, Kiesewetteri. 1748.

- Carl von Linné 『*SPECIES PLANTARUM*』HOLMIÆ Impensis LAURENTII SALVIL. 1753.

- Carl von Linné 『*PHILOSOPIA BOTANICA*』VIENNÆ AUSTRIÆ. 1755.

- Carl von Linné 『*MANTISSA PLANTARUM*』GENRUM editionis VI. HOlMIÆ, 1767.

- Carl Wilhelm Scheele 『*Chemische Abhandlung von der Luft und dem Feuer*』Leipzig Verlag von Wilhelm Engelmann, 1894.

- Carl Wilhelm Scheele 『*The Discovery of Oxygen, Part 2: Experiments*』University of Michigan, 1906.

- Charles Robert Darwin 『*The origin of species by means of natural selection, or the preservation of favoured races in the struggle for life*』London: John Murray. 6th edition; with additions and corrections. Eleventh thousand. 1872.

- Charles Robert Darwin 『*The structure and distribution of coral reefs. Being the first part of the Geology of the voyage of the Beagle, under the command of Capt. Fitzroy, R.N. during the years*』(1832 to 1836), London: Smith, Elder, 1842.

- Charles Robert Darwin 『*The Voyage of the Beagle*』London: J. M. Dent & Sons LTD. 1906.

- Charles Robert Darwin 『*The Narrative of the Beagle Voyage, 1831~1836, Volume 3. Under the command of Captain Robert Fitzroy*』Edited by Katharine Anderson, Pickering & Chatto, 2012.

- Charles Darwin 『*Geological observations on the volcanic islands, visited during the voyage of H.M.S. Beagle, together with some brief notices on the geology of Australia and the Cape of Good Hope. Being the second part of the Geology of the voyage of the Beagle under the command of Capt. Fitzroy, R.N. during the years*』(1832 to 1836), London: Smith, Elder, 1844.

- Charles Lyell 『*Principles of geology : being an attempt to explain the former changes of the earth's surface, by reference to causes now in operation. v3*』London: John Murray, 1830.

- Cláudius Ptolemǽus 『*SYNTAXIS MATHEMATICA*』edidit J.L. Heiberg. LIPSIAE in Aedibus B. G. Teubneri. 1898.

- Edwin Hubble 『*The Realm of the Nebulae*』Dover Publications, New York. 1958.

- Francis Darwin 『The Life and letters of Charles Derwin, including an an Autobiographical chapter』 London: printed by William Clowes and sons, 1887.
- Galileo Galilei 『Dialogue Concerning the Two Chief World Systems』(1632) Stillman Drake
- Galileo Galilei 『DIALOGUES CONCERNING TWO NEW SCIENCES』(1638) Macmillan 영역(1914) LIBERTY FUND, INC.
- Gary R. Goldstein 『Lise Meitner and the Dawn of the Nuclear Age』 Department of Physics Tufts University Medford. 2008.
- Gunna Broberg 『CARL LINNÆUS』 Translation by Roger Tanner, Swedish institute, 2006.
- Isaac Newton 『De motu corporum in gyrum』 Cambridge University Library, 1684.
- Isaac Newton 『Opticks: Or, A treatise of the Reflections, Refractions, Inflexions and Colours of Light』 printed by Sam Smith and Beni Walford Printers th the Royal Society, 1704.
- Isaac Newton 『PHILOSOPHIÆ NATURALIS PRINCIPIA MATHEMATICA』 John Davis Batchelder Collection(Library of Congress), Henry Pemberton, Roger Cotes, Apud G. & J. Innys. 1726.
- Isaac Newton 『The Chronology of Ancient Kingdoms Amended』 London, 1728.
- James Hutton 『Abstract of a Dissertation, Concerning the system of the Earth, its Duration and Stability』 Royal Society of Edinburgh, 1785.
- Isaac Newton 『THE PRINCIPIA; Mathematical principles of Natural Philosophy』 A New transltion by I. Bernard Cohen and Anne whiteman, Berkeley: University of California Press, 1999.
- James Hutton 『Theory of the Earth; or an Investigation of the Laws Observable in Composition, Dissolution, and Restoration of Land upon the Grobe』 Royal Society of Edinburgh, 1788.
- John Cornwell 『Hitler's scientists : science, war, and the devil's pact』 viking. 2003.
- John Playfair 『Illustrations of the Huttonian theory of the earth』 Neill & Co. Edinburg. 1802.
- John Playfair 『The works of John Playfair, ESQ vol IV 』 Biological Account of the late James Hutton, M.D. F.R.S. Edin. p33~118. Edinberg, 1822.

- Jöns Jakob Berzelius 『*Jakob Berzelius : selbstbiographische Aufzeichnungen*』 Leipzig : J. Ambrosius, 1903.
- J. R. Partington 『*A History of Chemistry. vol* IV』 Macmilan education. 1964.
- Ludwig Eduard Boltzmann 『*Vorlesungen über Gastheorie* I , II』 Leipzig : Johann Ambrosius Barth, 1896, 1898.
- Patrick Moylana, James Lombardib, Stephen Moylanc 「*EINSTEIN's 1905 PAPER ON E =mc²*」 American Journal of Undergraduate Research. 2016.
- Robert A. Kyle, David P. Steensma 「*JÖNS JACOB BERZELIUS- A FATHER OF CHEMISTRY-*」 Mayo Foundation for Medical Education and Research. 2017.
- Robert Hooke 『*MICROGRAPHIA*』(1665) Fellow of the Royal Society. General Books LLCTM, Memphis, TN, USA. 2012.
- Robert Hooke 『*Lectures and collections: cometa; microscopium*』 printed for F. Martyn, prner to the Royal Society, at the Bell in St. Paul's Church-yard. 1678.
- S. Rajasekar, N. Athavan 『*Ludwig Edward Boltzmann*』 physics.hist-ph. 2006
- Thoma Heat 「*ARISTARCHUS OF SAMOS- =The Ancient COPERNICUS =*』 Oxford at The Clarendon Press. 1913.
- Willebrord Snell 「*Eratosthenes Batauus de terrae ambitus vera quantitate*」 apud Iodocum à Colster. 1617.
- William Charles Henry 『*Memoirs the life and scientific researches John Dalton*』 Cavendish Society, 1846.

- 갈릴레오 갈릴레이(Galileo Galilei)『새로운 두 과학 -고체의 강도와 낙하 법칙에 관한 대화』(1638) 이무현 역. 민음사. 1996.
- 갈릴레오 갈릴레이『시데레우스 눈치우스』(1610) 장헌영 역. 도서출판승산. 2004.
- 갈릴레오 갈릴레이『대화- 천동설과 지동설 두 체제에 관하여(1632)』 이무현 역. 사이언스북스. 2016.
- 김희준『원자론의 아버지 돌턴』 지식의 지평(21) 1~9. 대우재단. 2016.
- 낸시 포브스 & 배질 마혼『패러데이와 맥스웰』 박찬&박술 공역. 반니. 2015.
- 니콜라우스 코페르니쿠스『천체의 회전에 관하여』(1543) 민영기 & 최원재 공역. 서해문집. 1998.

- 데이비드 린들리『볼츠만의 원자』이덕환 역. 승산. 2003.
- 데이비드 E 브로디 & 아놀드 브로디『인류사를 바꾼 위대한 과학』김은영 역. 글담 출판. 2018.
- 레미 뒤사르『마리 퀴리』백선희 역. 동아일보사. 2003.
- 루이 파스퇴르『자연 발생설 비판』김학현 역. 한국과학문화재단. 서해문집. 1998.
- 리처드 S 웨스트폴『아이작 뉴턴』1~4권. 김한영, 김희봉 역. 알마출판사. 2016.
- 마리 퀴리『내 사랑 피에르 퀴리』금내리 역. 궁리출판. 2000.
- 마이클 패러데이『양초 한 자루에 담긴 화학 이야기』박택규 역. 서해문집. 1998.
- 박혜정『멜랑콜리』연세대학교출판문화원. 2015.
- 박홍균『세상에서 가장 쉬운 상대성이론』이비락. 2017.
- 반덕진『「고대 의학에 관하여」의 연구사』의학사 제18권 제1호(통권 제34호). 대한 의사학회. 2009.
- 사라 드라이, 자비네 자이페르『마리 퀴리』최세민 역. 시아출판사. 2005.
- 손영운『청소년을 위한 서양과학사』두리미디어. 2004.
- 송상용『로버트 훅의 재평가』역사학보. 120, 41~56. 1988.
- 송성수『근대과학을 종합한 최후의 마술사, 아이작 뉴턴』기계저널. 2008.
- 스콧 맥커천 & 바비 맥커천『천재들의 과학 노트 7』김충섭 역. 2016.
- 신재식『아이작 뉴턴의 종교와 과학의 상호관련성 연구』한국종교학회. 2004.
- 아이작 뉴턴『프린시피아 1, 2, 3』조경철 역. 한국과학문화재단편. 서해문집. 1999.
- 아이작 뉴턴『아이작 뉴턴의 광학』차동우 역, 한국문화사, 2018.
- 안드레아스 베살리우스『사람 몸의 구조』엄창석 해설. 그림씨. 2018.
- 알베르트 아인슈타인『상대성 이론: 특수 상대성 이론과 일반 상대성 이론』영역. 장 헌영(2012) 한역. 지식을만드는지식. 2012.
- 알프레드 베게너『대륙과 해양의 기원』김인수 역. 나남출판. 2010.
- 에른스트 페터 피셔『과학 인물 사전』김수은 역. 열대림. 2009.
- 에른스트 페터 피셔『막스 플랑크 평전』이미선 역. 김영사. 2010.
- 에브 퀴리『퀴리 부인』안웅렬 역. 동서문화사. 1987.
- 여인석『갈레노스의 질병개념』의사학12(1). 대한의사학회. 2003.
- 월터 아이작슨『아인슈타인 삶과 우주』이덕환 역. 까치글방. 2007.
- 윤실『원소를 알면 화학이 보인다』전파과학사. 2012

- 윤태욱 『윌리엄 하비의 해부학적 연구와 자연철학』 - 「동물의 심장과 혈액의 운동에 대한 해부학적 연구(*Exercitatio Anatomica de Motu Cordis Sanguinis in Animalibus*)」 (1628)의 번역과 주해 - 연세대학교 인문사회의학협동과정. 2010.
- 윤태호 『윌리엄 하비의 해부학적 연구와 자연철학』 연세의사학 제15권 제1호. 2012.
- 이에 마사노리 『허블-우주의 심연을 관측하다』 김효진 역. 에이케이커뮤니케이션즈. 2017.
- 이종필 『이종필의 아주 특별한 상대성이론 강의』 동아시아. 2015.
- 잭 렙체크 『시간을 발견한 사람 제임스 허턴』 강윤재 역. 사람과책. 2004.
- 제임스 R 뵐켈 『행성 운동과 케플러』 박영준 역. 바다출판사. 2006.
- 조정미 『산소는 누가 발견하였는가』 Journal of Basic Science, Feb, 1997.
- 조지 존슨 『리비트의 별』 김희준 역. 이명균 감수. 궁리. 2011.
- 존 S 릭던 『1905년 아인슈타인에게 무슨 일이 일어났나, 아인슈타인의 위대한 논문 5편』 염영록 역. 랜덤하우스중앙. 2006.
- 졸 쉐켈포드 『현대 의학의 선구자 하비』 강윤재 역. 바다출판사. 2006.
- 진 벤딕 『의학의 문을 연 갈레노스』 전찬수 역. 실천문학. 2006.
- 찰스 로버트 다윈 『비글호 항해기』 장순근 역. 전파과학사. 1993.
- 찰스 로버트 다윈 『종의 기원』 송철용 역. 동서문화사. 2013.
- 찰스 로버트 다윈 『찰스 다윈의 비글호 항해기』 장순근 역. 리젬, 2013.
- 최덕근 『내가 사랑한 지구』 휴먼사이언스. 2015.
- 캐서린 쿨렌 『천재들의 과학 노트 1~6, 8)』 황선영(1권)·최미화(2권), 곽영직(3권), 좌용주(4권), 양재삼(5권), 윤일희(6권), 박진주(8권) 각역. 지브레인. 2015.
- 콜린 A 로넌 『세계 과학 문명사 I, II』 김동광 & 권복규 공역. 한길사. 1997.
- 키티 퍼거슨 『티코와 케플러』 이충 역. 오상. 2004.
- 토마스 뷔르케 『별을 계산하는 남자』 전은경 역. 21세기북스. 2011.
- 토머스 쿤 『과학 혁명의 구조』 김명자, 홍성욱 역, 까치, 2013.
- 펜드리드 노이스 『사라진 여성 과학자들』 권예리 역. 도서출판 다른. 2018.
- 폴 드 크루이프 『미생물 사냥꾼』 이미리나 역. 반니. 2017.
- 프랑스와즈 발리바르 『아인슈타인: 우주를 향한 어느 물리학자의 고찰』 이현숙 역. 시공사. 1998.

- 과학 역사 연구소 Science History Institute https://www.sciencehistory.org
- 다윈 온라인 http://darwin-online.org.uk/
- 로저 피어스 Roger Pearse : https://www.roger-pearse.com
- 런던 왕립학회 회보 https://royalsocietypublishing.org
- 맥튜터 수학 문서 보관소 http://www-history.mcs.st-andrews.ac.uk
- 미국 국립 문서 보관소 https://www.archives.gov/
- 미국 도서관 협회 ALA http://www.ala.org/
- 미국 국립 생명 공학 정보 센터 NCBI https://www.ncbi.nlm.nih.gov/
- 바이오그라피 https://www.biography.com/scientist/ .
- 브리태니카 사전 https://www.britannica.com/
- 스텐포드 철학 사전 https://plato.stanford.edu
- 영국 왕립 화학 학회 https://www.chemistryworld.com/
- 옥스포드대학 뉴턴 프로젝트 http://www.newtonproject.ox.ac.uk
- 웁살라대학 도서관 http://www.uu.se/en/about-uu/history/linnaeus
- 인터넷 아카이브: https://archive.org/
- 천체물리학 데이터 시스템(The SAO/NASA Astrophysics Data System) http://adsbit.harvard.edu
- 케임브리지대학 디지털도서관 http://cudl.lib.cam.ac.uk/
- 프랑스 과학 아카데미 https://www.academie-sciences.fr/fr/
- 프랑스 국립교육부 디지털도서관 Persée http://info.persee.fr/
- 프로젝트 구텐베르그: https://archive.org/details/gutenberg

- 하버드-스미소니언 천문학 센터 https://hea-www.harvard.edu/
- 한국물리학회 http://www.kps.or.kr
- 허블 사이트 https://hubblesite.org/

출 처

① J Appl Physiol · VOL 98 · JANUARY 2005 · www.jap.org, Historical Perspective

② Robert Hooke 『Micrograpia』(1665), Wellcome Collection』 (그림 일부 수정)

③ 허블망원경(hubblesite.org)

④ 신재식, 『아이작 뉴턴의 종교와 과학의 상호관련성 연구』(2004) 종교연구, 34, 99-140.

⑤ by Walter Copeland Jerrold(1865~1929), Gutenberg.org

⑥ Quarterly Journal of Science, Literature and the Arts, 1821, volume XII

⑦ National Museum of Nature and Science, Tokyo

⑧ Royal Society of chemistry

⑨ 『Experiments on Colour, as perceived by the Eye』(1855) Royal Society of Edinburgh

⑩ NASA

⑪ 『A Treatise on Electricity and Magnetism』 Oxford Clarendon Press. 1873.

⑫ 『기체론 강의(Vorlesungen Üer Gastheorie)』 I 권. p28

⑬ The Royal Observatory Greenwich

⑭ 『히틀러의 과학자(Hitler's scientists: science, war, and the devil's pact)』(2003) p411, 원문 의역은 한국어 위키백과 인용

⑮ 『Experiments and Observations on different Kinds of Air』 archive.org

⑯ 스티븐 존슨 『공기의 발명』 비즈엔비즈, 2010. 본문 인용

⑰ 『Untersuchungen Üer Die Radioactiven Substanzen』(1904) p7

⑱ 『Untersuchungen Üer Die Radioactiven Substanzen』(1904) p42

⑲ Gunnar Broberg 『Carl Linnaeus』 Swedish Institute, 2006

⑳ INTERNATIONAL CHRONOSTRATIGRAPHIC CHART v2019/05 ICS

International Commission on Stratigraphy 각 시대를 표시하는 색깔은 원본과 동일함

㉑ Alan Moorehead 『Darwin and the Beagle』(1969)

㉒ Alan Moorehead 『Darwin and The Beagle』(1969)

㉓ 『The zoology of the voyage of H.M.S. Beagle』 by Charles Darwin, Richard Owen, John Gould, G. R. Waterhouse, Thomas Bell. London, Smith, Elder & Co. 1838.

㉔ Charles Robert Darwin 『The structure and distribution of coral reefs. Being the first part of the Geology of the voyage of the Beagle, under the command of Capt. Fitzroy, R.N. during the years 1832 to 1836』, London: Smith, Elder, 1842. 수록 그림 copy

㉕ 『The Origin of Continents and Oceans』(1961 영판) fig4.

㉖ 『Die Entstehung der Kontinente und Ozeane』(1929) Abb 6.

㉗ 『Die Entstehung der Kontinente und Ozeane』(1929) Abb 60.

㉘ 『The Origin of Continents and Oceans』(1961영판) fig 18. fig 23.

㉙ 『Die Entstehung der Kontinente und Ozeane』(1929) Abb 30. Abb 31.

㉚ 『The Origin of Continents and Oceans』(1961영판) fig 34.

㉛ 『Die Entstehung der Kontinente und Ozeane』(1929) Abb 36.

㉜ 『Die Entstehung der Kontinente und Ozeane』(1929) Abb 38.

㉝ 글라스고 지질학회지 p579

㉞ 『The Origin of Continents and Oceans』(1961 영판) fig 50, 『Die Entstehung der Kontinente und Ozeane』(1929 Abb 53.)

㉟ Andreas Vesalius 『De humani corporis fabrica』(1568)p123, p283

㊱ Louis Pasteur 『Éudes sur Le Vin』 L'IMPRIMERIE IMPÉIALE, 1866.

㊲ 『Éudes sur Le Vin』 fig31.

㊳ 『Éudes sur Le Vin』 fig41.

㊴ NCBI(National Center for Biotechnology Information)

㊵ Louis Pasteur in Pouilly-le-Fort(1881) by Auguste AndréLançn

㊶ Robert Koch 『Die Aetiologie der Milzbrandkrankheit(1876)』 p25

㊷ Camillum Francischinum. archive.org, National Central Library of Rome.

㊸ 『Geographia』(1845) Sumptibus et typis Caroli Tauchnitii, Book from the collections of Oxford University.

㊹ 『대화』의 글 발췌 인용. 사이언스북스, 이무현 옮김, 2016

㊺ 키티 퍼거슨『티코와 케플러』오상. 2004

㊻ 『우주의 신비』키티 퍼거슨『티코와 케플러』재인용

㊼ NASA. 사진은 찬드라 X-ray 망원경, 허블 우주 망원경, 스피처 우주 망원경을 이용하여 여러 파장으로 찍은 사진을 합성한 것.

㊽ American Astronomical Society · Provided by the NASA Astrophysics Data System

㊾ 허블의 저서『성운의 왕국(The Realm of the Nabulae)』(1936) p45 발췌

㊿ PNAS(Proceedings of the National Academic of Science of the USA)